Verlorene Erkenntnisse der Vergangenheit

Geheimakte MARS 20

© 2023 D. W. McGillen

Umschlagsfoto: Mit Lizenz

Paperback: ISBN: 9781548854096
Imprint: Independently published

Hardcover: ISBN: 9798861406246
Imprint: Independently published

ISBN-e-Book: ebenfalls erhältlich:

D.W. McGillen, 01.10.2023

Auch erhältlich:

Inhaltsverzeichnis

Rückblick

Die Uylaner, ein Hilfsvolk der Mächtigen, dringt in das gesicherte Hoheitsgebiet der Adramelech ein. Sie wollen sich für die Genmanipulation an ihrer Rasse rächen. Doch ein Kolonial-Planet der Mächtigen macht es ihnen nicht einfach.

Die wissenschaftlichen Genies Marin und Gareck leiten den Aufbau der großen Wurmloch-Verbindung nach Redartan. Die neue Republik rechnet mit einem Angriff der Mächtigen. Kanzler Tarn-Lim bittet das Neuen-Imperiums um aktive Unterstützung. Aufgrund eines Besuches der lantranischen Führung im Sol-System, wird von Aritron die Unterstützung der lantranischen Flotte zugesagt.

In dem getarnten Kunst-System der Santaraner kommt es zu einem Eklat mit dem großen Auditorium. Admiral Tarin wird aus seiner Stasis-Kammer erweckt und unterstützt seinen Kollegen der Admiralität. Hiernach beabsichtigt er den Evakuierungs-Planeten zu verlassen, um nach der Rasse zu suchen, die für den Angriff der Rigo-Sauroiden auf Natrid verantwortlich war.

Noch wurden die Uylaner, ein Hilfsvolk der Mächtigen, nicht aufgespürt. Eine neue Strategie des Regenten der Adramelech soll Abhilfe schaffen. Ihr ehemaliges Hilfsvolk verfolgt eigene Ziele. Erneut kommt es zu einer Eskalation mit ihren Herren. Admiral Tarin bereitet den Abflug seiner Flotte vor. Die Santaraner haben sich sehr weit von den alten Idealen der evakuierten Natrader entfernt. Während des Fluges trifft man auf die Daraner, die immer noch nach den alten Zerstörern ihrer Brutwelten suchen. Eine natradische Splittergruppe hilft der großen Flotte in Bedrängnis. Diese steht unter dem Schutz einer alten Species, welche die ehemaligen Natrader als Zöglinge betitelt. Die neue Republik Redartan rechnet mit einem Angriff der Mächtigen. Kanzler Tarn-Lim intensiviert seine Kontakte zu dem Neuen-Imperiums. Aritron verhandelt mit der hohen Empore, dem Ältestenrat seiner Rasse, zwecks der Beteiligung einer Beistandsflotte. Auch die Lantraner haben noch eine Rechnung mit den Adramelech offen. Völlig unerwartet trifft starke Unterstützung im Sol-System ein. Die Gemeinschafts-Flotte ist bereit für die Suche nach den Adramelech, die sich selbst die Mächtigen des Universums nennen.

Episode 19:

Den Uylanern, ein ehemaliges Hilfsvolk der Adramelech gelingt es Kolonien und Flottenträger der Adramelech auszuschalten. Das gerissene und kampferprobte Volk will den Regenten von seinem Thron stoßen. Die Flotte der Mächtigen musste sich aufsplitten und sucht in vielen Sektoren ihrer Spiralgalaxie nach den Abtrünnigen. In der Zwischenzeit formiert sich eine starke Allianz. Die neue redartanische Republik hat starke Unterstützung erhalten. Eine Flotte des Neuen-Imperiums wird durch ein schlagkräftiges Geschwader der Lantraner verstärkt. Sie haben mit den Mächtigen noch eine Rechnung offen. Dank dem Überläufer Adra'Metun, können Hinweise auf das Heimatsystem der hasserfüllten Adramelech gefunden werden.

Die rechtzeitig eingetroffene Evakuierungsflotte von Admiral Tarin vermutet hinter den Adramelech das Volk, welches für den Angriff der Rigo-Sauroiden auf Natrid verantwortlich war. Auch Admiral Tarin schießt sich mit seiner mächtigen Kampfflotte der Suche an. Dank einer Unterstützung von den Sorganis, gelingt es den Lantraner Geräte zu entwickeln, welche die Schutzschirme der Raumschiffe in Sekundenschnelle neu modulieren lassen. Hiermit ist es möglich, die gasförmige blaue Energiewolke des Zwischenraumes ableiten. Die wichtigste Waffe der Adramelech wird bedeutungslos. Die Flotte unter Führung des Neuen-Imperiums bereitet sich vor, um die

Adramelech für ihre Taten in der Vergangenheit zur Rechenschaft zu ziehen. Unverhofft tauchen weitere treue Verbündete auf, welche die Gemeinschaftsflotte unterstützen möchten. Der Flug durch das Wurmloch-Portal kann beginnen.

Friedensverhandlungen

Die Gemeinschaftsflotte des Neuen-Imperiums stand in dem Heimat-System der Adramelech. Die Zentralwelt des Regenten und das Imperium der Mächtigen war in seinen Grundfesten erschüttert worden. Die Spiralgalaxie Adramalon, seit ihrer Entstehung in dem Würgegriff der Adramelech, war endlich befreit worden. Die Gemeinschaftsflotte des Imperiums, unter einer Beteiligung von Kampf-Verbänden der Redartaner, der Evakuierungsflotte von Admiral Tarin, schweren Verbänden des Neuen-Imperiums, Kampfgeschwader der Green-Lizards, Verbände der Worgass und einer starken lantranischen Flotte, war es gelungen den unbelehrbaren Regenten von seinem Thron zu stoßen. Trotz des unerwarteten Angriffes der Uylaner, einem im Reagenzglas erschaffenen Hilfsvolk der Adramelech, welche die Zentralwelt und speziell die Zeitwellentürme des Planeten angriffen, gelang es dem Regenten des Wissens und der Erleuchtung Zadra-Scharun, mit seinen engsten Beratern ein Zeitfeld zu erzeugen und seinen Planeten in eine andere Zeitebene zu versetzen.

Die lantranischen Schiffe unter dem Kommando von Aritron, dem Weiser des lantranischen Volkes, versuchten noch mit starken Traktorstrahlen das Versetzen des Planeten zu unterbinden. Doch die freigesetzten Kräfte der globalen Zeitwellentürme reichten aus, um das benötigte Zeitfeld aufzubauen. Der Regent entwand sich dem Zugriff der Gemeinschafts-Flotte und den Konsequenzen. Zurück blieben das evakuierte Volk der Adramelech und willensstarke Offiziere, die sich einen Neuanfang für das Volk der Mächtigen vorstellen konnten. Die fünfte Welt und die siebte Welt des Systems lagen ebenfalls in der habitablen Zone. Die Offiziere der Adramelech suchten sich den fünften Planeten aus, der aufgrund seiner Größe und der vorhandenen Infrastruktur schneller als neue Wohnwelt strukturiert werden konnte. Er besaß bereits Produktions- Werft- und Industrieanlagen, die vor vielen Jahrhunderten von Drame'leur auf den vorgelagerten Planeten aufgebaut wurden. «

Die befehlsführenden Offiziere der Gemeinschaftsflotte hatten sich auf Aritrons 1.500 messenden Evolutions-Raumer versammelt und blickten auf den zentralen Bildschirm. Die letzten Flüchtlingsschiffe der Mächtigen landeten auf den überfüllten Raumhäfen des 5. Planeten. Die verbliebene Armada der Uylaner zählte noch 181.714 Schiffe. Erhebliche Verluste an Schiffen und den Besatzungen hatten dem befehlsgebenden Doronger das Leben gekostet. Der stellvertretende Befehlsführer Citgin Sirgan hatte kapituliert. Die Flotte musste sich zu dem 12. Planeten des Systems zurückziehen. Dort wurden sie von 200.000 Schiffen des redartanischen Imperiums bewacht.

Major Travis hatte Adra'Metun, einem Überläufer der Mächtigen und Mitglied des Widerstandes, sowie Lord Leitho'Greytin, dem Anführer des Widerstandes auf Drame'leur gebeten, einen Hyperkomm-Funkspruch zu senden. Die Kriegsschiffe unter dem Befehl des Widerstandes sollten sich in den Orbit des 7. Planeten des Systems zurückziehen. Ohne weitere Fragen führten die Befehlshaber der abtrünnigen Flotte den Befehl aus. Exakt 60.583 wurden von 25.000 Schiffen der Green-Lizards und 5.000 Großkampf-Schiffen der Worgass zu dem Planeten eskortiert.

Admiral Jordin'Rorxon, der militärische Oberkommandierende der Adramelech-Flotte und Prinz Dadra'Katyn, Befehlshaber der Flotte des Geheimdienstes, hatten dem Funkspruch von Major Travis Folge geleistet. Die von ihnen befohlene Flotte sollte ihre Schiffe auf dem 5. Planeten landen. Die Offiziere der Gemeinschafts-Flotte erkannten, wie sich die verbliebenen 209.266 Schiffe in kleine Geschwader aufteilten und in den Landeanflug übergingen. Die Kriegsschiffe tauchten in die Atmosphäre ein und flogen ihre Stützpunkte an. Nach der Flucht des Regenten mit seiner Zentralwelt, hatte Admiral Jordin'Rorxon kapituliert und das Ende der Kampfhandlungen bestätigt. Die Befehlshaber der Schiffe mussten resigniert zur

Kenntnis nehmen, dass ihrem Regenten Zadra-Scharun das Schicksal seines Volkes gleichgültig war.

Die 195.000 Schiffe der Evakuierungs-Flotte von Admiral Tarin, 50.000 Schiffe des Neuen-Imperiums und 500 Schiffe der Lantraner, rückten näher an den Planeten heran und sicherten ihn. Die neue Heimat der Adramelech war fest in dem Würgegriff der Gemeinschafts-Flotte des Neuen-Imperiums.

Major Travis blickte Aritron an.
»Langsam kommt Ordnung in das Durcheinander«, lächelte er. »Die Adramelech scheinen frustriert über ihren Regenten zu sein. Er ist geflüchtet und hat sie auf einem Scherbenhaufen sitzen lassen. «

»Das war nicht anders zu erwarten«, erwiderte der Lantraner. »Ich bin gespannt auf die Gespräche mit ihnen. Ihr stetiger Drang nach den Reinigungskriegen im Weltall muss unterbunden werden. Hierzu erwarte ich einen entsprechenden Vertrag mit ihnen. «

»Es geht nicht nur hierum«, bemerkte Kanzler Tarn-Lim. »Sie müssen einer friedlichen Koexistenz zwischen ihrem Einflussbereich und dem redartanischen Gebiet zustimmen. «

Commodore Run-Lac, der Stellvertreter des Kanzlers nickte.

»Ohne diese Zusage können wir nicht wieder zurückfliegen«, erklärte er. »Es muss ein Konsulat, oder auch eine redartanische Basis auf ihrer Welt eingerichtet werden, die uns über die Nichteinhaltung ihrer Bedingungen informiert.«

»Wie kann das aussehen? «, erkundigte sich Admiral Tarin. » Meine Flotte wird sich bald auf die Suche nach den Spuren der Rigo-Sauroiden, oder ihrer Herren begeben. Hier können wir nichts mehr für sie tun. «

»Sie haben uns bereits genug unterstützt«, lächelte Major Travis. »Trotzdem gibt es noch einen Punkt, den wir vielleicht besprechen könnten? «

Admiral Tarin blickte den Major fragend an.
»Ihren Informations-Offizier kenne ich noch als ein Mitglied des großen Auditoriums auf Santaron«, ergänzte er.

»Sie sprechen von Offizier Suterin? «, fragte der Admiral.

Major Travis nickte.

»Ganz richtig«, erwiderte er. »Er war ein konsequenter Verfechter der santaranischen Vorschriften. Ich weiß, dass sich Admiral Cartero mehrfach die Zähne an ihm ausgebissen hat. Suterin wird dafür sorgen, dass die Adramelech unsere Vorgaben erfüllen.«

»Falls Suterin diese Aufgabe übernehmen möchte, werde ich ihm nicht im Weg stehen«, lächelte der Admiral. »Er wäre somit ein neuer Bürger von Redartan.«

Die Offiziere blickten den Kanzler Tarn-Lim an. »Ich habe kein Problem hiermit«, antwortete der Kanzler. »Das Konsulat, oder nennen sie es einfach eine Überwachungs-Institution, wird sicherlich unter der redartanischer Verwaltung stehen. Unsere Beamten werden Suterin entsprechend unterstützen.«

»Dann wäre dieser Punkt geklärt«, sagte Major Travis. »Ich glaube nämlich, dass die Adramelech eine Zeit brauchen werden, bis sie sich mit der neuen Situation anfreunden können. Der Austausch gegenseitiger Informationen erfolgt über die Konsulate auf Redartan und auf Natrid.«

Adra'Metun und Lord Leitho'Greytin hatten ihre Hand erhoben.

Die Offiziere der Gemeinschafts-Flotte blickten sie an. »Wir sind verwundert, dass fremde Rassen uns direkt akzeptieren und als Gesprächsteilnehmer zulassen«, sagte Adra'Metun. »Vielleicht war das auch der Grund, warum sich in der Entwicklungsphase unserer Rasse unsere Gründerväter von der Gemeinschaft der Sterneninseln abwandten. Allein durch unsere stachelige Gestalt erinnern wir doch mehr an eine tierische Species als an eine geistig hochstehende Schöpfung. «

»Das wird nicht der Grund gewesen sein«, erklärte Aritron. »Auch wir waren bei diesen Konsultationen anwesend. Es war nie eine Frage des Aussehens, den eine Rasse von der Evolution zugesprochen bekommen hat. Es ging immer nur um die Vernunft und die geistige Kompetenz einer Species. Die Zusammenkünfte der ältesten Rassen im Universum standen unter einem hohen Kodex. Die starken Schöpfungen halfen den schwachen Species sich weiterzuentwickeln. Nie wurde von den ersten Rassen eine Versklavung, oder eine Ausrottung angesprochen. Das Wort minderwertige Species gab es einfach nicht. Als die Rassen nach vielen Jahrtausenden erkannten, dass sich nicht mehr viele Sternenreiche an diesen Kodex hielten, lösten sich diese Zusammenkünfte nach und nach auf.

Durch einige Rassen, ich nenne nur die Namen der Zierrakies, der Adramelech, der Arthropoden und der Myratoren, fiel das Haus der Zusammenkünfte immer weiter in sich zusammen. Es kam eine Zeit, in der sie nicht mehr die aktuellen Verträge der Gemeinschaft unterschrieben. Diese Rassen wollten expandieren und ihre Hoheitsgebiete ausdehnen. Von ihnen angestachelt, folgten die Treutanten, die Raguner und viele jüngere Species diesem Beispiel. Die Zusammenkunft der Ältesten fiel auseinander.

Viele von ihnen haben wir ab diesem Zeitpunkt nicht mehr gesehen. Gestern sahen wir es an dem Beispiel der Zierrakies, heute an den Adramelech, wohin sie diese Politik geführt hat. Keine Rasse kann moralisch, geistig, oder durch Waffengewalt eine ganze Sterneninsel kontrollieren. Nur durch die Freundschaft vieler Rassen zueinander und einer gemeinschaftlichen Ordnung, lässt sich so etwas überhaupt ermöglichen. Natürlich spielt auch der Kostenfaktor eine Rolle.«

Adra'Metun nickte.
»Das scheint unser Regent niemals begriffen zu haben«, erklärte er. »Für ihn war es selbstverständlich, dass die Spiralgalaxie Adramalon als Hoheitsgebiet für unsere Species reserviert war. «

»Jedoch unser Volk dachte anders«, ergänzte Lord Leitho'Greytin die Worte seines Vorredners. »Sie empfanden die Bevormundung unseres Regenten als nicht mehr hinnehmbar. Viele wichtige Persönlichkeiten des öffentlichen Lebens schlossen sich uns an. Sie versorgten uns mit Informationen und Zugangscodes. Durch sie gelang es, hochrangige Offiziere, Lords und Prinzen, die von dem Regenten zum Tode verurteilt worden waren, aus den Zellen zu befreien. Diese Personen sind uns freiwillig in den Untergrund gefolgt. «

»Die Mehrheit unserer Rasse hatte es nicht einfach und musste unter dem Regenten leiden«, fuhr Adra'Metun fort. »Ich muss ihnen erklären, dass unser Regent unsterblich war. Seit vielen Generationen stand er uns als Imperator, Denker und Gesetzgeber vor. Auf eine Ablehnung seiner Anordnungen und Erlasse, selbst wenn es nur darum ging, diese zu hinterfragen, stand die Todesstrafe in einem Schmerzverstärker. Zahlreiche Attentate von freien Widerstandskämpfern gingen ins Leere. Nie gelang es uns, ihm gefährlich zu werden. Seine schwarzen Regime-Soldaten schirmten seine Person vollständig ab. Wir kennen noch nicht einmal sein wahres Gesicht. Grundsätzlich zeigte er sich uns in seiner weiten Kutte, die Kapuze in sein Gesicht gezogen. «

Die Offiziere der Gemeinschaft-Flotte blickten die beiden Adramelech betrübt an.

»Ich verstehe«, antwortete Major Travis. »Dann wissen sie gar nicht, ob er ein Angehöriger ihrer Rasse ist?«

Die beiden Adramelech blickten irritiert auf den Major. »Warum sollte er es nicht sein?«, fragte Adra'Metun.

»Sie haben die Frage doch soeben beantwortet«, schloss sich Aritron dem Gespräch an. Mir ist klar, worauf der Major hinauswill. Sie erklärten uns, dass ihr Regent unsterblich ist und immer schon die Politik ihres Imperiums bestimmt hat.«

Adra'Metun nickte zurückhaltend. »Es ist bekannt, dass unser Regent über eine Auferstehungstechnik verfügt«, erklärte er. »Mein Mentor, der sich an Bord eines Schiffes des Widerstandes befand, wurde von ihm erst vor wenigen Tagen erneuert.«

»Woher kommt diese Technik?«, erkundigte sich Aritron. »Verfügen ihre Wissenschaftler über entsprechende Informationen, um ein solches Gerät nachzubauen?«

»Nein«, antwortete dieses Mal Lord Leitho'Greytin. »Trotz zahlreicher Anfragen wurde es uns nie gestattet, die Technik des Auferstehungs-Zentrums weiter zu erforschen.«

»Sehen sie«, antwortete der lantranische Weiser. »Diese Technik war nur für den Regenten und für seine wichtigsten Offiziere bestimmt.«

»Ich bin über den letzten Funkspruch ihres Regenten gestolpert«, sagte Major Travis. »Als wir ihn zu Kapitulation aufforderten, war er außer sich. Er lachte schrill und schien seine aussichtslose Lage nicht zu verstehen. Er tobte und teilte uns mit, dass wir nicht wissen würden, mit wem wir uns angelegt hätten. Er erklärte uns, dass seine Schlachten nicht nur in dieser Zeitepoche geführt würden. Er sprach in der Mehrzahl, nicht in einer Person. Der Regent teilte uns mit, dass er jetzt wisse, wer wir sind. Er drohte uns damit, seine Herren über diesen Angriff zu informieren. Sie würden unseren Planeten in der Vergangenheit bombardieren, um unserer Rasse den Lebensraum in der Zukunft zu entziehen.«

Der Major schaute die beiden Adramelech an.
»Ich ging davon aus, dass er über die Möglichkeit der Verschiebung seines Planeten in eine andere Zeitzone

sprach«, fuhr Major Travis fort.»Von welchen Herren reden sie, fragte ich nach. Der Regent teilte mit, dass er von einer Rasse spricht, dessen Kind er selbst eines ist. Für mich hörte es sich fast so an, als ob er wahnsinnig geworden wäre. Doch dann sagte der Regent folgendes. Wir Arthropoden besitzen die Fähigkeit, den Raum und die Zeit zu krümmen. Noch nie wurden wir von einer Species so gedemütigt, wie von ihrem Evolutions-Stamm. Wir werden ihren Planeten finden, so wie wir es schon einmal in der Milchstraße gemacht haben.

Doch scheinbar waren die Rigo-Sauroiden nicht gründlich genug. Aus den Trümmern ihrer Welt sind neue humanoide Kreaturen entstanden. Auch diese Abkömmlinge werden von uns beseitigt werden. Warten sie das Ende ihrer Tage ab. Wir werden uns wiedersehen. Dann wird Zadra-Scharun, der Regent des Wissens und der Erleuchtung zu ihrer Species sprechen und sie über ihre anstehende Vernichtung informieren. Das gleiche gilt auch für die überhebliche Saat der Lantraner. «

Wieder blickte Major Travis die Adramelech an.
»Ich möchte das Thema der Rigo-Sauroiden in Verbindung mit Admiral Tarin übergehen und sie fragen, was wissen sie über die Rasse der Adramelech? «, erkundigte er sich.» Scheinbar war ihr geschätzter Regent ein Wesen einer fremden Species. «

»Der Name ist uns nicht bekannt«, erwiderten Adra'Metun und Lord Leitho'Greytin. »Ich glaube, Admiral Tarin hat weitere Informationen, die er von meinem Mentor erhalten hat.«

Die Blicke richteten sich auf Admiral Tarin. Dieser nickte freundlich.

»Ich habe mir erlaubt, mit Kanzler Tarn-Lim zusammen, den Mentor Adra'Sussor zu verhören«, erklärte er. »Ein Teil der hier Anwesenden war bei dem Verhör dabei. Da er anfänglich nicht kooperierte, haben wir ihm ein Wahrheitsserum injiziert. Nach einer Weile fragte ich ihn, ob der Name Rigo-Sauroiden ihm etwas sagen würde.

Der Mentor verharrte einen Augenblick, dann lachte er schrill auf. Endlich gab er einige Informationen preis. Diese Rasse ist schrecklich und mordlüstern, erklärte er uns. Sie wurde in den Anfängen des Universums gezüchtet und auf störende Lebensformen losgelassen. Sie haben uns viel Arbeit abgenommen. Ich habe sie lange nicht mehr gesehen. Ich fragte ihn, ob diese Rasse von seinem Regenten gezüchtet worden wäre. Der Mentor antwortete mit einem knappen Nein. «

Admiral Tarin blickte die Offiziere an.

»Sie können sich vorstellen, dass die Enttäuschung in meinem Gesicht geschrieben stand«, fluchte er. »Ich fragte den Mentor erneut. Wer hat diese Species gezüchtet? Kennen sie die Herren der Rigo-Sauroiden? Nur widerwillig bekamen wir eine Antwort.

Diese Rasse wurde von unseren Herren ins Leben gerufen, erklärte der Mentor. Sie haben uns, die Rigo-Sauroiden, sowie andere Herrenrassen gezüchtet.«

Admiral Tarin lachte.
»Ein Aufschrei kam über die Lippen von Adra'Metun und Lord Leitho-Greytin, dem Kommandeur des Widerstandes«, erklärte der Admiral. »Sie wussten nichts hierüber. Die Aussage kann nicht stimmen, kombinierte Adra'Metun. Hierüber ist mir nichts bekannt. Du bist ein verlogener Sklave des Regenten, rief er seinem ehemaligen Mentor zu. Deine Aussage entspricht nicht der Wahrheit.«

Der Admiral blickte die Offiziere an.
»Wieder lachte der Mentor abwertend auf«, fuhr er fort.
»Nur langsam beruhigte er sich. Er schien nicht mehr ganz bei Sinnen zu sein. Diese Informationen stehen Schülern nicht zur Verfügung, erklärte er. Erst durch eine erfolgte

Auferstehung werden diese geheimen Informationen vervollständigt.«

Wieder ließ Admiral Tarin einige Sekunden verstreichen. Dann erzählte er weiter.

»Das bedeutet, dass die Adramelech auch von einer Herrenrasse gezüchtet wurden? «, fragte ich nach. »Das entspricht der Wahrheit, antwortete der Mentor kurz. Alle Lebewesen entstammen Züchtungen. Hieran ist nichts Besonderes.

Wie heißt diese Rasse, die ihre Nation und die Rigo-Sauroiden gezüchtet hat, erkundigte ich mich.

Unsere Herren nennen sich die Arthropoden, teilte der Mentor mit. Ihre Species ist alt und liegt an der Spitze der Evolution. Ihre Körper gleichen einer spinnenartigen Lebensform. Die Eier ihrer Brut werden in wissenschaftlichen Zentren manipuliert. Hieraus entstehen die Samen für die unterschiedlichen Species, die sie im Universum ausstreuen. Ein Teil dieser Aussaat entwickelt sich zu königlichen Parasiten. Sie besitzen die hoheitliche Aufgabe, die Anführer von starken Zivilisationen zu befallen. Hat sich ein Parasit erst einmal in einen Körper eingenistet, wird dieser von seinen Befehlen gesteuert. Die Abkömmlinge der Arthropoden sind vergleichbar mit Parasiten. Sie sind programmierbar und kennen nur ein Ziel. Die Befehle der Arthropoden umzusetzen.

Wo finde ich den Lebensraum dieser Arthropoden, fragte ich. Der Mentor schien nachzudenken.

Ihr Lebensraum ist das graue Universum, dort wo alles seinen Anfang nahm, antwortete er. Der Weg dorthin ist schwer zu finden und gut abgesichert. Niemand darf ohne Einladung in die dunkle Zone der Arthropoden einfliegen.«

Admiral Tarin verzog sein Gesicht.

»Im Anschluss wurde der Mentor leider durch zwei Schüsse aus der Pistole von Grun-Baris, dem Befehlshaber des redartanischen Geheimdienstes getötet«, sagte er. »Der Mentor hatte zwei Soldaten angegriffen und schwer verletzt. «

»Die Geschichte kennen wir«, entgegnete Aritron. »Nach unseren Erkenntnissen arbeiten die Arthropoden immer versteckt im Hintergrund. Sie meiden den Kontakt zu anderen Species. Trotzdem ist ihr Ruf geheimnisvoll und sagenumwoben. Laut Gerüchten, sind sie in einem grauen Universum beheimatet. Das wurde auch durch die Aussagen des Mentors bestätigt. In diesem Universum soll das Leben seinen Anfang genommen haben. Wo das ist, das entzieht sich leider auch unseren Kenntnissen.«

»Wissen sie mehr über diese Rasse?«, erkundigte sich Admiral Tarin.» Was sind das für Wesen?«

Aritron blickte ihn an.

»Es sind spinnenartige Wesen, die sich selbst als Spitze der Evolution sehen«, erklärte der Lantraner.»Das ist nichts Neues. Doch wenn man vergleichbare Species analysiert, dann findet man in der Regel die gleiche Staats-Ordnung. Wir haben untergegangene Kulturen solcher spinnenartigen Wesen gefunden. Unsere Wissenschaftler haben das Alter dieser Funde auf mindestens 150 Millionen Jahre geschätzt. Es sieht tatsächlich so aus, als ob zu dieser Zeit überdurchschnittlich viele Wesen dieser Species gelebt haben könnten.

Möglicherweise sind die Arthropoden eine Rasse, welche diese lange Zeitspanne überlebt hat. Die uns bekannten Insektoiden organisieren sich alle in großen Staaten. Frühere Analysen unserer Wissenschaftler zeigen, dass auf ihren Wohnwelten hunderte Millionen Individuen leben könnten. Ihre Welten sind arbeitsteilig organisiert und besitzen immer wenigstens drei so genannte Kasten. Arbeiter und Soldaten, weibliche Individuen und einige wenige Königinnen, als dritte Kaste zahlreiche männliche Individuen. Vor Hunderten von Millionen Jahren dienten die männlichen Individuen lediglich zur Paarung. Sie wurden in großer Anzahl in ringförmigen Palästen aufgezogen. Nach der Paarung verstarben die männlichen Arthropoden.

Doch dieser Fehler der Evolution scheint korrigiert worden zu sein. Neuere Untersuchungen ergaben, dass die männlichen Individuen weiterleben und als leitende Politiker, Offiziere und Befehlsgeber mithelfen, ihren immer größer werdenden Staat zu lenken. Ist dieser zu groß geworden, dann übernimmt ein Schwarm männlicher Individuen die Suche nach neuen Planeten. Ihm folgen von der Kaiserin ausgesuchte Getreuen, die ihr willenlos ergeben sind. Wird ein neuer Planet besiedelt, bestimmt die alte Königin eine sogenannte Stellvertreterin als Verwalter.

Diese organisiert den neuen Staat, ist aber im Verbund mit ihrer Ursprungswelt verpflichtet, der Königin im Notfall zur Seite zu stehen. Falls die Welt der Königin angegriffen wird, dann müssen alle Staaten auf neu besiedelten Planeten dieses Stammes die Kriegsschiffe mobilisieren und zur Unterstützung entsenden. Das Leben der Zentral-Königin und ihrer Welt hat höchste Priorität. «

»Dann wird es schwer werden, auch nur eine Welt der Arthropoden anzugreifen«, bemerkte Admiral Tarin. »Wir würden vermutlich unzähligen Schiffen gegenüberstehen.«

Aritron nickte nachdenklich.
»Bisher haben wir nicht viel von diesen Arthropoden bemerkt«, sagte er. »Auch besitzen wir kaum Informationen, um welches insektoide Volk es sich handelt. Unterschiedliche Staaten, die nicht von der gleichen Königin abstammen, können möglicherweise verfeindet sein. Das wäre eine Option, um mehr von diesen Wesen zu erfahren. Doch wo sich das graue Universum befindet, können wir nicht sagen. Unsere Erfahrungen stammen alle aus unterschiedlichen Galaxien, als wir vor vielen Millionen Jahren noch den Weltraum erkundet haben.«

Major Travis hatte fasziniert zugehört.
»Es könnte also durchaus sein, dass dieses graue Universum überbevölkert ist und die Arthropoden nach einem neuen Lebensraum suchen.«

Aritron nickte.
»Sie benötigen in der Regel eine heiße sandige Welt, mit nur wenigen bewaldeten Bereichen«, erklärte er. »Ihre

Lebensform ist robust und kann sich vielen Gegebenheiten anpassen. «

»Ohne dass wir weitere Koordinaten erhalten, sehe ich die Suche nach ihnen als zwecklos an«, bemerkte Admiral Tarin.»Wir könnten in ein Nest stechen und weitere galaktische Kriege verursachen. «

»Davor rate ich dringend ab«, warnte Aritron.»Bisher sind wir in dem uns bekannten Universum kaum auf Vertreter dieser Species gestoßen. Wir besitzen zu wenige Informationen über sie. «

»Möglicherweise konnte Admiral Jordin'Rorxon an Daten aus den geheimen Archiven des Regenten gelangen, bevor der Zentral-Planet des Regenten sich unserem Zugriff entzogen hat«, sagte Lord Leitho'Greytin.»Das werden wir aber erst bei einem Zusammentreffen erfahren. «

»Wir sollten uns erst einmal um die Adramelech kümmern«, bemerkte Kanzler Tarn-Lim.» Sie erwarten die Übergabe der Forderungen der Siegermächte. «

Die Offiziere der Gemeinschafts-Flotte blickten ihn an.
»Sie haben Recht«, lächelte Major Travis.»Der Regent ist geflüchtet und hat die Offiziere und sein Volk in den

Trümmern zurückgelassen. Eine Frage stellt sich jetzt, sollen wir das Volk ausbluten lassen, oder lieber unterstützen. Ich halte diesen Weg für bedeutend besser. Die Adramelech sollten sich zu einer befreundeten Rasse entwickeln. Hierdurch wird ein gutes Zusammenleben zwischen dem Adramelech-Imperium und dem kleineren redartanischen Imperiums gewährleistet. Wir alle kennen die andere Seite.

Als Beispiel nenne ich die Praktiken der Zierrakies. Auch sie hielten sich für die Spitze der Evolution. Sie haben jetzt erkannt, dass gegenseitige Kriege, Vernichtung von Material und Personal, keine dauerhafte Lösung bringen kann. Ferner möchte ich dem Widerstand der Adramelech die Möglichkeit geben, ihre Welt neu zu gestalten. Geben wir Adra'Metun und Lord Leitho'Greytin die Werkzeuge, um ihre Staatsform als Republik aufzubauen, frei von einem Regenten, um sie in eine neue Zeit zu führen. «

Adra'Metun und Lord Leitho'Greytin wussten nicht, was sie sagen sollten. Tränen rollten ihre Gesichter herunter. Gerührt drehten sie ihren Kopf ab. Nach einigen Sekunden fanden sie die Kraft, um zu antworten.

»Mit so viel Entgegenkommen hätten wir nicht gerechnet«, sagte Lord Leitho'Greytin.» Wir haben es uns nicht anmerken lassen, doch wir hatten mit immensen Reparaturzahlungen gerechnet. Mit dem Verlust unserer Raumschiffe und dem Abbau wichtiger Industriezweige, die letztendlich für ein Überleben unserer Rasse notwendig sind.«

Major Travis schaute Kanzler Tarn-Lim an.
»Können sie diesen Vorschlag mittragen? «, fragte er.» Die redartanische Flotte musste die meisten Verluste beklagen. Ich erinnere kurz an ihre eigene Geschichte. Sie wissen selbst, wie schwierig es ist, eine selbständige Republik aufzubauen. «

Der Kanzler lächelte die Adramelech an.
»Wie können wir etwas verlangen, das uns nach dem Abdanken unseres Kaisers nicht aufgebürdet wurde? «, fragte er.» Ich verlange lediglich einen intensiven Kontakt zu der Rasse der Adramelech, eine wirtschaftliche und technische Zusammenarbeit und einen Vertrag über eine gegenseitige Unterstützung. Ferner bitte ich um den Austausch von militärischen und wissenschaftlichen Personal, im Hinblick auf die blaue Energie des Zwischenraumes. Jede Rasse hat der anderen etwas zu geben. Das dient auch einem besseren Kennenlernen unserer Species. «

Die Adramelech verbeugten sich vor dem Kanzler.

»Es ist uns eine Ehre mit ihrem Imperium, ihren Wissenschaftlern und ihren Militärs zusammenzuarbeiten«, antwortete Adra'Metun. »Bitte verstehen sie, dass wir nicht die politische Führung unserer Welt repräsentieren können. Doch durch die vielen Angehörigen unseres Widerstandes, können auch Lord Fuito'Jeyfun, Admiral Jordin'Rorxon, Prinz Dadra'Katyn und Lord Pidra'Borxon unseren Wünschen nicht negativ gegenüberstehen. «

»Warten sie unsere Gespräche ab«, erwiderte Major Travis. »Ich hoffe, die politischen Führer ihres Volkes verhalten sich so einsichtig, wie sie es tun. Ich möchte nicht, dass wir energisch als Siegermächte auftreten müssen. «

»Dann ist von uns noch das Thema der Uylaner anzusprechen«, erwähnte Aritron. »Wie sollen wir uns ihnen gegenüber verhalten? «

»Wir können die Uylaner gut verstehen«, sagte Admiral Dragphan.

Er und Commander Breckphan hatten sich bisher still im Hintergrund gehalten und zugehört. Sie wussten, dass in ihrer Geschichte Ähnlichkeiten vorhanden waren.

»Wir müssen ihnen verständlich machen, dass der Regent das Übel war«, erklärte Admiral Dragphan. »Auch das Volk der Adramelech hat ein Recht darauf, sie ab heute neu zu entwickeln. «

Morass Zyran nickte. »In ihnen wird der gleiche Hass zu finden sein, wie seinerzeit in unserem Volk«, sagte er. »Die Worgass waren für unsere Sklaverei, unzählige Hinrichtungen und viele andere schlimme Dinge verantwortlich, die ich gerne vergessen möchte. «

Der blickte Admiral Dragphan und Commander Breckphan an.

»Bitte entschuldigen sie meine Worte«, entgegnete der Green-Lizard. »Ich rede von den Stämmen der Worgass in Andromeda. «

»Wir verstehen sie«, erwiderte Admiral Dragphan ernst. »Doch meine Meinung ist es, dass auch in diesen Brüdern von uns der Wunsch nach Freiheit keimt. Ich weiß nichts über die Gill-Grimm, die als militärischer Arm der Worgass-Clans installiert wurden. Ich weiß nur, sie dulden kein Versagen. Auch unsere Brüder werden getötet, wenn sie keinen positiven Vollzug ihrer Missionen melden können. «

Morass nickte.

»Entschuldigen sie«, antwortete er. »Das ist mir natürlich auch bewusst. Vielleicht finden wir irgendwann eine Möglichkeit, ihre Brüder ebenfalls aus der Sklaverei zu befreien.«

Aritron lächelte.

»Grundsätzlich ist unser Augenmerk auf die Milchstraße gerichtet«, erklärte er. »Trotzdem werde ich bei einigen befreundeten Rassen versuchen, Informationen über die Netzwerkdenker zu erhalten. Wichtig ist, dass wir nichts übereilen.«

»Dann sind wir uns über die Uylaner einig?«, fragte Major Travis.

Die Offiziere blickten ihn an.

»Versuchen wir mit ihnen zu sprechen«, empfahl Aritron. »Eine kleine Abordnung von ihnen sollte mit an den Friedensverhandlungen teilnehmen.«

Die restlichen Offiziere nickten.

»Dann schlage ich folgende Vorgehensweise vor«, entschied der Major. »Ich bitte Kanzler Tarn-Lim 250 Kampfschiffe seiner 5.000 Meter-Klasse in die Atmosphäre des fünften Planeten abzusenken. Sie werden von weiteren 250 Schiffen unserer 2.000 Meter-Klasse unterstützt. Zusätzlich werde ich Tarin-Jets patrouillieren lassen. Die Adramelech werden sehen, wer ihre Siegermächte sind. Wir landen mit jeweils drei Schiffen, ausgenommen die Uylaner. Diesen gestatten wir nur mit einem Schiff landen, auf dem sich ihre Befehlshaber befinden.

Wir schleusen 500 Kampf-Roboter aus, die uns sichern werden. Ferner möchte ich 2 Einheiten von Marines, unter dem Kommando von Sergeant Hardin, mitnehmen. Sie werden unsere Sicherheit garantieren. Ich hoffe es zwar nicht, aber möglicherweise ist mit Heckenschützen, oder Regimegegnern zu rechnen. Diese müssen im Vorfeld ausgeschaltet werden. «

»Mein Schiff wird ebenfalls von zwei Schiffen begleitet«, sagte Aritron. »Wir werden die Umgebung des Landeplatzes scannen und nach auffälligen Mustern suchen. Alle Adramelech, die sich bewaffnet auf Gebäuden, hinter Schutzwänden, oder in Hecken befinden, werden von uns neutralisiert. Erst wenn der Landebereich und der Ort der Verhandlungen gesichert sind, werden wir uns den Adramelech nähern. «

»Sind alle hier anwesenden Personen mit dem Vorschlag einverstanden? «, fragte Major Travis.

Die Offiziere der unterschiedlichen Schiffs-Verbände nickten.

»Dann informieren wir die Beteiligten«, entschied Aritron. »Würden sie das übernehmen, Herr Major? Sie sind bisher als Ansprechpartner bekannt.«

»Selbstverständlich«, erwiderte der Major. »Öffnen sie mir bitte eine Leitung zu der Leitstelle von Admiral Jordin'Rorxon.«

Aritron nahm eine Schaltung an der großen Steuereinheit seines Schiffes vor.

»Sie können sprechen«, antwortete er. »Die Verbindung sollte die Adramelech erreichen.«

Der Oberbefehlshaber griff nach dem Communicator. »Hier ist Major Travis, Oberbefehlshaber der redartanischen Unterstützungsflotte«, sprach er in das Gerät. »Ich rufe Admiral Jordin'Rorxon. Bitte melden sie sich.«

Es knisterte in der Leitung.
»Hier spricht Admiral Jordin'Rorxon«, tönte es aus der Hyperkomm-Funkverbindung. »Ich vertrete als Vorsitzender des Flotten-Kommandos die

Übergangsregierung der Adramelech. Sie lassen sich viel Zeit mit ihren Forderungen als Siegesmacht?«

»Sicherlich«, antwortete der Major. »Gewisse Dinge brauchen seine Zeit. Benennen sie uns einen Landeplatz, der nicht weit von ihrer Leitstelle entfernt liegt. Wir landen mit einigen Schiffen und sichern diesen Bereich ab. Sorgen sie dafür, dass ihre Soldaten den Bereich großräumig absperren. Schließen sie ihn für Zivilisten, für Anhänger des Regenten und für alle Personen, die nicht mit den Friedensverhandlungen einverstanden sind. Falls wir angegriffen werden, brechen wir die Verhandlungen ab und suchen nach anderen Lösungen. «

»Ich verstehe«, antwortete der Admiral zurückhaltend. Vermutlich hatte er die Mitteilung als Drohung aufgefasst. Doch es blieb ihm keine Wahl.

»Wir werden einen sicheren Bereich organisieren«, erwiderte er. »Landen sie auf dem Raumhafen des Flottenkommandos. Ich lasse ihnen einen Leitstrahl senden. «

»Denken sie bitte daran, dass auch eine Abordnung der Uylaner sich hierunter befindet«, ergänzte Major Travis. »Einige ihrer Führungs-Offiziere sind dabei, weil auch eine

Lösung für sie gesucht werden muss. Ich erwarte den gleichen Schutz für diese Abgesandten. «

»Machen sie sich keine Sorgen«, entgegnete der Admiral. »Ich werde mich mit dem Befehlshaber unseres Geheimdienstes unterhalten. Der Landeplatz wird großräumig abgeschirmt. «

»Danke«, antwortete Major Travis. »Wir sehen uns in Kürze. «

Die Verbindung wurde beendet.

Major Travis blickte die Offiziere auf Aritrons Schiff an. »Informieren sie bitte ihre Flaggschiffe, wie wir es besprochen haben«, sagte der Major.

Aritron nickte und nahm einige Schaltungen vor. »Der Schutzschirm dieses Schiffes verstärkt ihre mobilen Hyperkomm-Funkgeräte, um eine Verbindung zu ihren Schiffen aufzunehmen«, erklärte er. »Bereiten sie unseren Landevorgang vor. «

Die befehlsführenden Offiziere der Gemeinschafts-Flotte aktivierten ihre Geräte und nahmen Kontakt mit ihren Flaggschiffen auf.

Major Travis hatte Commander Brenzby gebeten, 250 Schiffe der Kaiser-Klasse an wichtigen Positionen, oberhalb von Werften und Flottenstützpunkten zu platzieren. Sie wurden von der gleichen Anzahl von Groß-Kampfschiffen der redartanischen Flotte unterstützt. Den Adramelech sollte deutlich gemacht werden, dass sie den Krieg verloren hatten. Zusätzlich befahl er seinem Stellvertreter, zahlreiche Kampf-Jets auszuschleusen und diese patrouillieren zu lassen.

»Wie viele Kampf-Jets stellst du dir vor?«, fragte der Commander.

Major Travis überlegte kurz.
»Zunächst einmal 300 Stück«, antwortete er. »Diese werden ausschließlich den Luftraum über unserem Landehafen und der provisorischen Regierung absichern.«

»Ich leite alles in die Wege«, bestätigte der Commander. »Soll ich Bodentruppen bereitstellen?«

»Darum wollte ich ebenfalls bitten«, antwortete der Major. »Bitte schleuse 500 Kampf-Roboter aus, die am Boden eine sichere Zone aufbauen. Ferner möchte ich zwei Einheiten von Marines, unter dem Kommando von

Sergeant Hardin, mitnehmen. Sie werden für unsere Sicherheit sorgen.«

»Ich habe verstanden«, erwiderte Commander Brenzby.

»Lande mit der Termar 1 und zwei weiteren Termar-Schiffen«, befahl der Major. »Wir haben im Kreis der Führungs-Offiziere beschlossen, jeweils mit drei Schiffen auf dem zugewiesenen Raumhafen vor dem Gebäude des Flottenkommandos niederzugehen.«

Der Commander hatte verstanden. Die Verbindung wurde beendet.

»Jetzt fehlt noch die uylanische Beteiligung«, bemerkte Aritron. »Soll ich das übernehmen?«

»Gerne antwortete«, Major Travis. Er blickte die restlichen Offiziere an. Niemand von ihnen machte einen Einwand geltend.

»KI, stelle eine Verbindung zu dem Flaggschiff der uylanischen Flotte her«, befahl der lantranische Befehlsführer.

»Die Hyperkomm-Funkverbindung ist aktiv«, meldete die KI.

»Hier spricht Aritron, von der Gemeinschaftsflotte des redartanischen Imperiums«, sprach er in den Funkgeber. »Ich rufe das Flaggschiff der Uylaner. «

Nach wenigen Sekunden knackte es in der Leitung. »Hier ist Citgin Sirgan«, tönte es aus der Leitung. »Ich bin der stellvertretende Flottenführer und Sprecher des Sigan-Clans. »Wir hören sie. «

»Landen sie mit ihrem Schiff auf dem Planeten der Adramelech«, teilte ihm Aritron mit. »Die Mächtigen sind zu Friedensverhandlungen bereit. Nehmen sie maximal drei Begleiter zu diesem Gespräch mit. Wir richten eine sichere Zone ein. Ihr persönlicher Schutz und der ihrer Begleiter werden garantiert. Der Raumhafen vor dem Gebäude des Flottenkommandos wurde uns zugewiesen.«

»Was sollen wir auf dem Planeten der Mächtigen«, tönte die Stimme von Citgin Sirgan aus den Lautsprechern. »Wir können ihnen ihre Taten nicht vergeben. «

Aritron blickte Major Travis an.
»Wie ich vermutet habe«, sagte der Lantraner. »Der Hass in den Uylanern brodelt still vor sich hin. «

Aritron hob den Funkgeber an seinen Mund.

»Es nützt nichts«, antwortete er. »Sie können wählen zwischen der Vernichtung ihrer Flotte, oder an einer Lösung der Probleme mitzuwirken. Erst dann entscheiden wir über ihre mögliche Rückkehr. Ich denke, dass sie ihre Familien wiedersehen möchten?«

Eine kurze Zeit verging. Vermutlich unterhielt sich der stellvertretende Flottenführer mit seinen Offizieren. Erneut knackte es in der Leitung.

»Wir sind einverstanden«, kam es knapp aus den Lautsprechern.

»Schließen sie mit ihrem Schiff zu unseren auf«, befahl Aritron. »Sie erhalten einen Leitstrahl und werden von sechs Schiffen der redartanischen Flotte eskortiert.«

Dann beendete er die Verbindung und gab den Communicator an Kanzler Tarn-Lim weiter.

»Informieren sie bitte ihre Flotte«, bat Aritron Kanzler Tarn-Lim. »Der befehlshabende Offizier möchte bitte sechs Schiffe abstellen, die das Flaggschiff der Uylaner zu uns begleitet.«

Der Kanzler nickte und wartete, bis die Verbindung stand. Dann informierte er einen Offizier seines Flaggschiffes.

Wenige Minuten später erkannten die Offiziere an Bord des lantranischen Schiffes, wie das redartanische Flaggschiff, begleitet von fünf Zerstörern einen Kurs einschlug, der zum Rendezvous der wartenden Schiffe der Gemeinschafts-Flotte führte. In ihrer Mitte eskortierten sie ein uylanisches Schiff.

»Ich habe einen Leitstrahl erhalten«, meldete die KI von Aritrons Schiff.

»Einrasten und meinen Befehl abwarten«, antwortete er. »Wir warten noch auf das Schiff der Uylaner. «

Geduldig blickten die Offiziere auf den Bildschirm. Sie beobachteten das näherkommende uylanischen Schiff. Es dauerte ganze 60 Minuten, bis das Schiff die wartenden Zerstörer der Gemeinschaftsflotte erreicht hatte.

Aritron griff nach dem Funkgeber.
»Hier spricht noch einmal Aritron«, meldete er sich. »Ich rufe Citgin Sirgan. Melden sie sich bitte. «

Der Uylaner antwortete sofort.
»Hier ist Citgin Sirgan«, tönte es aus den Lautsprechern.

»Sie empfangen einen Leitstrahl«, teilte Aritron mit. »Rasten sie diesen ein und folgen sie unseren Schiffen. Uns wurde ein Landehafen auf dem fünften Planeten zugeteilt. Dort werden die Verhandlungen stattfinden. Fahren sie alle Waffentürme ein und unternehmen sie keinen kriegerischen Akt. Unsere Einheiten werden sofort reagieren und das Feuer auf ihr Flaggschiff eröffnen. Habe ich mich klar ausgedrückt?«

»Wir haben verstanden«, antwortete der Uylaner. »Unsere Waffentürme sind eingefahren. Es droht keine Gefahr von uns.«

»In Ordnung«, erwiderte Aritron. »Folgen sie uns bitte. Ich werde jetzt unseren Schiffen den Befehl geben, auf dem Planeten zu landen.«

»Wir folgen ihnen mit unserer redartanischen Eskorte«, antwortete der Uylaner zynisch.

Er wusste, dass er sich nicht den kleinsten Fehler erlauben durfte, ohne sein Schiff der Zerstörung auszusetzen.

Endlich beschleunigten jeweils drei Schiffe von den unterschiedlichen Parteien der Gemeinschaftsflotte und gingen in den Sinkflug über. Langsam tauchten sie in die Atmosphäre des fünften Planeten ein. Das Flaggschiff von

Aritron flog als letztes Schiff los. Es wurde von zwei Evolutions-Raumer der 200 Meter Klasse begleitet.

Admiral Jordin'Rorxon, der militärische Oberkommandierende der Flotte, Prinz Dadra'Katyn, Befehlshaber des Geheimdienstes, Lord Fuito'Jeyfun, der ehemalige diensthabende Offizier der Leitstelle auf Drame'leur und Lord Pidra'Borxon, ein enger Vertrauter des Regenten, hatten sich auf dem Landefeld versammelt. Sie wollten die Abordnung der Siegermächte empfangen. Mit gemischten Gefühlen sahen sie dem Landevorgang der unterschiedlichen Schiffe zu.

»So unterschiedlich sie auch auf uns wirken«, sagte der Admiral. »Sie haben es geschafft ihre Schutzschirme so zu verstärken, dass unsere blaue Energie ihnen nichts mehr anhaben kann. Bevor falsche Gedanken aufkommen, möchte ich allen hier Wartenden mitteilen, dass die Fremden uns geistig und technisch ebenbürtig, wenn nicht überlegen sind.

Wir sollten in jedem Fall vermeiden, ihnen hochnäsig zu begegnen. Sie sind die Siegermächte, wir leider die Unterlegenen. Unser geschätzter Regent hat sich rechtzeitig abgesetzt. Wir dürfen jetzt die Trümmer beseitigen. Ich frage mich tatsächlich, ob es nicht besser gewesen wäre, uns früher des Regenten zu entledigen. «

»Wir können heute an dieser Situation nichts mehr ändern«, bemerkte Prinz Dadra'Katyn. »Für uns geht es um reine Schadensbegrenzung. Ich hoffe nicht, dass unser Volk zukünftig versklavt als Hilfsvolk in irgendwelchen Bergwerken arbeiten muss.«

Alle Offiziere blickten ihn mit versteinerter Miene an. »Dann werden wir den Krieg bis zum letzten Schiff weiterführen«, antwortete Lord Pidra'Borxon. »Wir lassen uns nicht ausbeuten.«

»Ich frage mich wirklich, ob sie und alle anderen Berater den Regenten nicht mit falschen Ansichten versorgt haben?«, fragte Admiral Jordin'Rorxon. » Ist ihnen nicht klar, dass wir kein einzelnes Schiff mehr in den Raum bekommen werden. Unser Planet ist vollständig abgeriegelt. Wir können lediglich zwischen einer Ausrottung unserer Rasse, oder dem Kompromiss wählen, den uns die Siegermächte anbieten werden.«

»Falls die Repressionen und die Auflagen der Sieger zu extrem sind, dann wähle ich den Suizid«, sagte Lord Fuito'Jeyfun. »Wir waren immer die Mächtigen. Nach dieser Einstellung sind wir erzogen worden.«

Prinz Dadra'Katyn lachte.

»Meinen sie die gestürzten Mächtigen?«, fragte er.»
Lernen sie ihre Aussagen besser zu kontrollieren. Sie
zeigen keine Verantwortung, wenn sie von einem Suizid
sprechen. Hiermit stellen sie sich auf die gleiche Stufe, wie
unser Regent. Wir haben eine Aufgabe für unser Volk.
Diese heißt, ihnen das Überleben zu ermöglichen.
Bekommen sie das endlich in ihren Kopf. Wir stehen an
einer Wende unserer Geschichte. Schauen sie doch, wie
viele unseres Volkes wir aus den Klauen des Regenten
retten konnten. Sie erwarten von uns eine neue sichere
Zukunft.«

»Ich stimme Prinz Dadra'Katyn zu«, bestätigte Admiral
Jordin'Rorxon.»Es geht zu diesem Zeitpunkt nicht um
einen Suizid für uns, weil wir möglicherweise mit
Reparaturzahlungen belegt werden. Diese werden wir in
den nächsten 100 Jahren nicht ausgleichen können. Es
geht darum, wie wir für unser Volk das Beste aus den
Gesprächen herausholen können. Uns sollte allen klar
sein, dass es nie mehr so wie früher werden darf. Unser
Bedarf an Regenten, Diktatoren und Kaisern, sollte für alle
Zeit gedeckt sein. Unser Ziel muss es sein, eine Republik
aufzubauen, in der jeder unseres Volkes seinen eigenen
Weg finden kann. Ohne die Bevormundungen und das
Drangsalieren eines Imperators.«

Die Führung der Adramelech ließen sich die Worte durch den Kopf gehen. Sie erkannten, dass der Admiral die Zeichen der Zeit erkannt hatte.

»Wir werden unsere Blicke nach vorne richten«, sagte Lord Pidra'Borxon. »Letztendlich wollten wir immer nur das Beste für unser Volk. Leider haben wir nicht die Tücke und die Hinterhältigkeit unseres Regenten durchschaut.«

»Das haben wir alle nicht«, betonte Prinz Dadra'Katyn. »Wir wurden geblendet von unserem Erfolg und von seinen Zielen eines unüberwindlichen Imperiums. Doch wir haben uns täuschen lassen. Nicht nur in der Adramalon-Spiralgalaxie gibt es Wesen, die mit einer guten Intelligenz gesegnet wurden.«

»Warten wir ab, wie die Gespräche mit den Siegermächten laufen«, sagte Admiral Jordin'Rorxon. »Nach meinem ersten Kontakt mit diesem Major Travis, halte ich ihn für einen vernünftigen Gesprächspartner. Er wird unsere Situation sicherlich schon bewertet haben. Schaut euch an, womit wir es zu tun haben. Unterschiedliche Rassen sind mit ihren Schiffen den Redartanern zu Hilfe geeilt. Es handelt sich um eine Rasse, die von unserem Regenten als minderwertige Humanoide bezeichnet wurde. Wie kam er zu dieser Auffassung. Warum verabscheute er diese Lebensform so abgrundtief? Jedenfalls ist bei ihnen eine Gemeinschaft festzustellen. Sie unterstützen sich im Notfall. Das von unserem Regenten erschaffene Hilfsvolk dagegen, hat sich gegen uns gewandt und uns gewaltige Probleme bereitet. «

Prinz Dadra'Katyn zeigte mit seinem Arm auf den Landehafen. Die Schiffe der Gemeinschafts-Flotte setzten nach und nach auf.

Die Adramelech hielten eine Hand vor ihren Augen. Staub wurde durch die Antriebe der Schiffe aufgewirbelt und flog durch die Luft. Laute Antriebsgeräusche wurden von dem Landehafen weitergetragen. Ein dumpfes Grollen lag in der Luft.

Mit zusammengekniffenen Augen blickten die wartenden Adramelech auf die verhassten Sieger, die ihnen jetzt Forderungen diktieren würden.

Langsam erstarben die Antriebe und liefen aus. Ruhe machte sich auf dem Raumhafen breit.

Die 5.000 Meter messenden Schiffe der Redartaner hinterließen den meisten Eindruck. Doch auch die Schiffe der Worgass und der anderen Alliierten ließen die Offiziere staunen. Das Schiff von Aritron stand in der

Mitte des Landehafens. Es wurde von zwei kleineren Schiffen der Lantraner abgeschottet.

Plötzlich sahen die Adramelech, wie sich aus diesem Schiff ein Schutzschirm aufbaute, sich ausdehnte und alle gelandeten Schiffe der Gemeinschafts-Flotte einschloss.

»Das ist es, was ich meine«, bemerkte Admiral Jordin'Rorxon. »Sie sorgen zunächst für die Sicherheit ihrer Schiffe und für ihr Personal. Ich bin mir fast sicher, dass dieser Schirm von unseren Waffen nicht durchbrochen werden kann.«

Die restlichen Adramelech staunten mit offenem Mund. So eine Technik hatten sie noch nicht gesehen.

Der Admiral zeigte mit einer Hand zum Himmel. Dort wurden 2.000 Meter Schiffe sichtbar, die scheinbar an unterschiedlichen Koordinaten Position bezogen und freischwebend in der Luft ihre Position hielten. Der Abstand zu dem Boden betrug lediglich 3.000 Meter. Ein Aufschrei ging durch die Beobachter, als sich ein zweites größeres Schiff zu dem Ersten gesellte. Auch es schien ebenfalls regungslos in der Luft zu verharren und auf neue Befehle zu warten.

Prinz Dadra'Katyn klappte seinen Communicator zusammen und steckte ihn in die Tasche seiner Uniform.

»Auf dem ganzen Planeten findet das gleiche Schauspiel statt«, erklärte er. »Überall positionieren sich zwei Schiffe über wichtigen strategischen Punkten«, teilen Beobachter meines Geheimdienstes mit. »Ob es Werften, Flottenstützpunkte, oder Garnisonen sind. Die Schiffe verharren in der Luft und warten ab. «

»Sie trauen uns nicht«, antwortete Admiral Jordin'Rorxon. »Wie sollten sie auch. Sie kennen uns nicht. «

Die Führung der Adramelech nicke nachdenklich.

Sie blickten in den Himmel und erkannten, wie einige der 2.000 Meter langen Schiffe zahlreiche Kampf-Jets ausschleusten. Von jeder Schiffsseite der Zerstörer verließen 10 Jets gleichzeitig die Ausflugsbuchten und stießen in die Atmosphäre vor. Sie flogen in Geschwadern über dem Landehafen und über die Flottenkommandantur, welche provisorisch die Staatsgeschäfte übernommen hatte. Die Blicke der Beobachter folgten den Fliegern. Waren diese aus dem Blickwinkel entwichen, kam schon das nächste

Geschwader heran und zischte über den Raumhafen hinweg.

»Sie überlassen nichts dem Zufall«, lächelte Admiral Jordin'Rorxon. »Von wegen minderwertige Humanoide. Wir müssen uns eher selbst als minderwertig bezeichnen, dass wir die Zeichen der Zeit nicht erkannt haben.«

»Auf dem Raumhafen passiert auch etwas«, bemerkte Lord Pidra'Borxon. »Ich glaube, es werden Kampf-Roboter ausgeschleust. Die Adramelech erkannten, wie in Zweierreihen gefährlich wirkende Metall-Kolosse eine Laserbrücke herunter schritten. In ihren Armbeugen lagen Lasergewehre. Auf dem Boden angekommen, formierten sie sich in kleineren Gruppen. Langsam verteilten sie sich und schritten auf das Ende des Schutzschirmes zu. Die Kolonne der ausgeschleusten Kampf-Roboter schien nicht abzubrechen.

»Es müssen Hunderte sein«, sagte der Admiral. »Die tiefroten Augen wirken furchteinflößend.«

»Sie sind viel größer als unsere eigenen Roboter«, bemerkte Prinz Dadra'Katyn. »Diese Ungeheuer würden unsere Einheiten in der Luft zerreißen.«

Dann schritten humanoide Kampftruppen aus einem Schiff. Auch in ihren Armbeugen lagen Lasergewehre. Die Humanoiden hatten Tarnkleidung angezogen. Ein leichtes Flimmern umgab sie.

»Die Humanoiden haben ihre Individual-Schirme aktiviert«, sagte Lord Fuito'Jeyfun. »Sie sind vor Energie-Strahlen geschützt. «

»Machen wir es anders? «, erkundigte sich Admiral Jordin'Rorxon. »Das ist ein reiner Schutzmechanismus. Sie befinden sich auf einem fremden Planeten. Das wissen wir aus eigener Erfahrung. Außerhalb des eigenen Territoriums sollte man mit vielen Gefahren rechnen. «

Die 48 Marines formierten sich unterhalb der Laserbrücke auf dem Flugfeld. Die Gruppe teilte sich auf und formierte sich zur Hälfte rechts und links der Ausstiegsbrücke. In der Mitte bildete sie eine Gasse, die scheinbar für die befehlshabenden Offiziere der Flotte gedacht war.

Die Adramelech schritten auf das Flugfeld, dem Schutzschirm entgegen. In 100 Metern Entfernung blieben sie stehen und warteten ab. Sie blickten auf die ausgefahrene Laserbrücke. Endlich nahmen sie eine Bewegung wahr. Zahlreiche Personen schritten die Brücke, des in der Mitte stehenden 1.500 Meter Schiffes herunter. Sie trugen unterschiedliche Kampfanzüge. Aus den anderen Schiffen kamen ebenfalls Wesen, die auf das besagte Schiff in der Mitte zugeeilt kamen.

»Es sind nicht nur humanoide Wesen«, stellte Prinz Dadra'Katyn erstaunt fest. »Zwei Lebensformen scheinen sauroiden Ursprungs zu sein. Ich erkenne ein pelziges Tier bei den Personen. Die restlichen Personen scheinen Humanoide zu sein.«

Plötzlich lachte Admiral Jordin'Rorxon auf. »Da kommen zwei Adramelech aus dem Schiff«, bemerkte er. »Die Fremden haben bereits Kontakt zu uns aufgenommen.«

Er ließ sich ein Fernglas geben und setzte es an sein Gesicht.

»Das ist Adra'Metun, der Gehilfe des von unserem Regenten so geschätzten Mentors«, sagte er.» Die andere Person, jetzt erkenne ich sie, ist Lord Leitho'Greytin. Der Anführer des Widerstandes. Sie konnten zahlreiche Schiffe unserer Flotte infiltrieren.«

»Wieso sind sie auf dem Schiff der Fremden?«, fragte Lord Pidra'Borxon.

Der Admiral blickte ihn an.

»Eine bessere Möglichkeit hätte es für sie nicht gegeben«, erwiderte der Admiral. »Ihr Gedanke war es, dass die Humanoiden ihnen bei der Beseitigung des Regenten helfen sollten. Ihr Plan scheint funktioniert zu haben. «

»Unser Regent ist geflüchtet und hat sich den Konsequenzen entzogen«, schimpfte Lord Pidra'Borxon. »Ich bin von ihm tief enttäuscht. «

Admiral Jordin'Rorxon blickte ihn an.

»Sie waren der engste Vertraute des Regenten«, sagte er. »Sein fähigster Stratege und sein Berater in geheimen Angelegenheiten des Imperiums. Haben sie nie daran gedacht, dass der Regent sie nur als Werkzeug missbraucht. Spätestens bei ihrer Amtsenthebung und der Verkündung ihrer Todesstrafe, hätten sie nachdenklich werden müssen. «

Lord Pidra'Borxon schüttelte seinen Kopf.

»Ich war besessen von meiner Arbeit«, antwortete er. »Bei mir liefen alle Informationen zusammen. Der Regent hat meine Vorschläge akzeptiert und diese umgesetzt. Ich konnte mich nie beklagen. «

»Auf welche Kosten? «, fragte Prinz Dadra'Katyn. » Sind ihnen die Exekutionen hochrangiger Politiker und

Offiziere nie mitgeteilt worden? Sagen sie uns nicht, dass sie nichts davon wussten?«

»Ich habe sie als notwendig angesehen«, erwiderte der Lord. »Der Regent erklärte mir stets, dass es sich um Regimegegner handeln würde.«

»Der Regent besaß zwei Gesichter«, erklärte Prinz Dadra'Katyn. »Ich frage mich eigentlich, ob wir genau wussten, wer er war. Durch sein Auferstehungs-Zentrum besaß er die relative Unsterblichkeit. In den zahlreichen Gesprächen mit ihm, hatte er mir nie sein wirkliches Antlitz gezeigt. Jedes Mal war seine Kapuze tief in sein Gesicht gezogen.«

Admiral Jordin'Rorxon blickte den Prinzen an. »Jetzt wo sie es sagen, kann ich das bestätigen«, antwortete er. »Auch wir Offiziere des Flottenkommandos sahen nie sein richtiges Gesicht.« Die beiden Offiziere drehten ihren Kopf und blickten Lord Pidra'Borxon an.

»Sie gehörten zur persönlichen Gefolgschaft des Regenten«, sagte Prinz Dadra'Katyn. »Ihnen gestattete der Regent einen Zugang zu seinen Privatgemächern. Haben sie sein wahres Gesicht gesehen?«

Der Lord schüttelte erneut seinen Kopf.

»Ich wurde an seiner Türe durch zwei seltsame Diener, in einer Kutte, empfangen«, erklärte er. »Sie schienen auf ihrem Rücken einen Buckel zu tragen. Jedenfalls ließ das die Wölbung unter ihrer Kutte vermuten. Einer von ihnen begleitete mich in ein Wartezimmer. Der andere fragte in der Zwischenzeit den Regenten, ob er Zeit für mich hätte. Es dauerte immer eine gewisse Zeit, bis der Diener zurückkam. Dann wurde ich von ihm zu dem Regenten begleitet. Er war nicht anders gekleidet, als sie ihn auch kannten. Er schien etliche von diesen dunklen Kutten zu besitzen. Sein Gesicht habe ich zu keiner Zeit erkennen können. «

»Leider kann ich nichts zu dieser Diskussion beitragen«, bemerkte Lord Fuito'Jeyfun. »Ich wurde erst vor kurzem von dem Regenten in den leitenden Stab erhoben. «

»Es kann also sein, dass wir einem Regenten gedient haben, der selbst kein Adramelech war? «, fragte Admiral Jordin'Rorxon. » Wie konnten wir nur so töricht sein. Warum ist uns das nicht früher aufgefallen? «

»Der Regent stand immer schon an der Spitze unseres Imperiums«, antwortete der Lord. »Nie haben wir seine Person in Frage gestellt. Er war über jeden Zweifel erhaben. Seine Befehle haben wir stets ausgeführt. «

»Wir haben uns auf ihn verlassen und das Denken verlernt«, entgegnete Prinz Dadra'Katyn.

Die Führungs-Offiziere der Gemeinschafts-Flotte hatten sich vor dem lantranischen Schutzschirm versammelt. Sergeant Brenzby und Heinze waren zu Major Travis aufgerückt. Sie standen an seiner Seite. Tart 1 und Tart 2 hatten sich rechts und links neben der Gruppe positioniert.

Thoran und Heran waren mit ihren Schiffen gelandet und standen neben Aritron. Er informierte sie über die neuesten Erkenntnisse. Morass unterhielt sich mit Raise und zwei weiteren Offizieren seiner Flotte. Kanzler Tarn-Lim und Commodore Run-Lac standen bei einer Gruppe von drei Worgass, die von Admiral Dragphan befehligt wurde.

Aritron trat auf Major Travis zu.
»Eigentlich warten wir nur noch auf die Uylaner«, sagte er. »Ihr Schiff ist gelandet, ihre Ausstiegsbrücke ausgefahren. Sie sollten mit einer kleinen Gruppe von drei Personen an den Friedensverhandlungen teilnehmen. «

»Sie empfinden Abscheu gegenüber den Adramelech«, erklärte Heinze. »Ich empfange ihre Gedanken, wie ein offenes Buch. Sie verstehen nicht, warum sie an den Gesprächen beteiligt wurden. Sie haben kein Interesse an einem Friedensvertrag mit ihren Herren. Sie möchten sie am liebsten auslöschen.«

»Ich verstehe«, antwortete Major Travis. »Kannst du ihre Gedanken beeinflussen?«, erkundigte er sich.

Heinze blickte seinen Vorgesetzten an.
»Ich will es gerne probieren«, antwortete er. »Doch es befinden sich noch eine Menge Uylaner, in den Schiffen nahe des 12. Planeten dieses Systems. Die Entfernung ist zu weit. Von hier aus kann ich diese Uylaner nicht wirkungsvoll erreichen.«

»Es reicht, wenn du es bei den befehlshabenden Offizieren schaffst«, sagte Major Travis. »Sie müssen später ihre Flotte überzeugen. Setze ihnen den Gedanken ein, nur wenn mit den Adramelech ein Friedensvertrag geschlossen wird, werden sie ihre Familien und Clans wiedersehen.«

Aritron blickte Major Travis an.
»Ist er hierzu in der Lage?«, erkundigte er sich.

Major Travis lächelte.

»Heinze hat besitzt verborgene Fähigkeiten«, antwortete er. »Er spielt gerne seine eigenen Möglichkeiten herunter. «

Der Ro legte seinen Kopf in den Nacken. Seine Gesichtszüge verkrampften sich. Schweißtropfen entstanden auf seiner Stirn.

Der Major wusste, dass sein Freund jetzt in die Gehirne der Uylaner eindrang und ihnen einen neuen Wunsch implantierte. «

Nach wenigen Sekunden klärten sich die Augen des Ro's. »Ich habe ihnen den Wunsch tief in ihrem Inneren verankert«, sagte er. »Diese Offiziere suchen bereits jetzt nach einem Grund, um nach Hause zurückkehren zu können. «

Er zeigte auf das Raumschiff, das versetzt hinter den Schiffen der Gemeinschafts-Flotte parkte.

»Sie steigen ihre Rampe herunter«, bemerkte er. »Wir sollten sie gebührend empfangen. «

Aritron sah, wie drei Uylaner langsam auf die Gruppe der wartenden Offiziere zuschritten. Ihr Gang war aufrecht und stolz. Sie trugen einen gepanzerten Schutzanzug. Ihre

Haut wirkte fast ledrig. Zwei gelbliche Insektenaugen musterten die wartenden Species interessiert. Sie waren sich ihrer Kraft bewusst. Vier Kampf-Roboter schritten auf die Uylaner zu und forderten sie zum Stehenbleiben auf. Sie erklärten ihnen, dass sie nach Waffen durchsucht werden müssten. Nur widerwillig ließen die Uylaner diese Prozedur über sich ergehen. Es schien alles in Ordnung zu sein. Die Kampf-Roboter ließen die Feinde der Adramelech weitergehen.

Aritron und Major Travis traten auf sie zu. Die drei Uylaner blieben stehen.

»Warum sind wir hier?«, fragte der Erste von ihnen, ohne eine Begrüßung.

»Sie werden an den Friedensgesprächen mit den Adramelech beteiligt«, sagte Aritron. »Wir möchten, dass sie zukünftig in Ruhe unter eigener Verwaltung leben können. Das setzt voraus, dass sie sich als Rasse mäßigen und den Kampf gegen ihre Herren einstellen. «

»Die Adramelech haben sich unsere Rache verdient«, sagte einer der Uylaner. »Wir sind nicht den weiten Weg geflogen, um unverrichteter Dinge wieder abzuziehen. «

»Mein Name ist Major Travis, stellte sich der Oberbefehlshaber des Neuen-Imperiums vor. »Mein Kollege ist Aritron. Wir sind beide von unterschiedlichen Rassen. Wie sie erkennen können, stehen wir zusammen, wenn Probleme zu lösen sind. «

Major Travis winkte Heinze, Morass, Admiral Dragphan, Admiral Tarin und Kanzler Tarn-Lim zu sich.

»Sie sehen hier unterschiedliche Species vor sich«, sagte Major Travis. »Die meisten von ihnen wurden von ihren Herren als Hilfsvölker und als Kanonenfutter gehalten. Erst durch unsere Einmischung wurde die Unterdrückung ihrer Rassen eingestellt. «

»Das ist löblich von ihnen«, antwortete der Uylaner. »Doch wir waren hierfür nicht verantwortlich. Wir haben eine Rechnung mit den Adramelech offen. «

Heinze hatte ermittelt, dass der Sprecher der stellvertretende Doronger war. Er nannte sich Citgin Sirgan. Er sandte seine Gedanken an Major Travis.

Major Travis blickte Heinze an und nickte.
»Citgin Sirgan«, sagte er. »Sie haben die Befehlsgewalt über ihre Flotte. Wir sind nicht hier, um die Ereignisse in der Vergangenheit zu diskutieren. Auch das Volk der

Adramelech war Jahrtausende unter der Knechtschaft ihres Regenten. Wer nicht seine Befehle ausgeführt hat, wurde gnadenlos exekutiert. Leider hat sich der Regent mit seinem Planeten unserem Zugriff entzogen. Wir haben versucht seinen Planeten mit starken Traktorstrahlen in dieser Zeitebene festzuhalten, doch es gelang uns nicht. Jetzt muss das Volk der Adramelech die Trümmer beseitigen und für die Machenschaften ihres Herrschers die Rechnung bezahlen. Ich sehe sehr viele Ähnlichkeiten zu ihrem Volk. Wenn sie nicht einsehen können, dass dieses Volk nur durch den Regenten ausgenutzt wurde, dann haben sie hier nichts zu suchen.

In diesem Fall fliegen sie bitte zurück zu ihrer Flotte und warten unsere Entscheidung ab, welche Vorgehensweise wir für sie vorsehen werden. Der Regent war kein Angehöriger der Adramelech. Nach unserer Meinung gehörte er einer fremden Rasse an, die Krieg, Tod und Verderben über die Rassen der Adramalon-Galaxie bringen wollte. Warum das sein Ziel war, entzieht sich unseren Kenntnissen. Vielleicht könnten wir Hinweise in den geheimen Datenbanken des Regenten finden. Doch zunächst gilt für alle Beteiligten, der Krieg ist zu Ende. Es wird nie mehr Reinigungskriege geben, die als Ziel die Vernichtung und Ausrottung andersartiger Species zum Ziel haben. Hiermit ist endgültig Schluss. «

»Woher kennen sie meinen Namen? «, fragte der Uylaner. » Ich hatte ihn nicht erwähnt. «

»Wir sehen und wissen wir viele Dinge«, antwortete der Major. »Doch beantworten sie bitte meine Frage. «

Aritron blickte den stellvertretenden Flottenführer an. »Wenn sie hiermit nicht einverstanden sind, dann ist es durchaus möglich, dass wir ihre Flotte vernichten «, sagte er ungeduldig. »Wir werden uns nicht mit Rassen aufhalten, die nur Rache und Vergeltung in ihren Köpfen verarbeiten können. Entscheiden sie jetzt und hier, ob sie zu ihren Familien und Clans zurückfliegen möchten und zukünftig ohne eine Beeinflussung durch die Adramelech leben und sich weiterentwickeln wollen. Die Mächtigen wurden geschlagen. Sie werden unserer Kontrolle unterliegen und zukünftig keine andere Rasse mehr belästigen. Sehen sie es als ihren Sieg an, dass sie in ihr Imperium eingedrungen sind und ihnen starke Schäden zufügen konnten. Nur durch ihre Ablenkung ist es uns gelungen, bis zu ihrem Sternensystem vorzudringen. Das ist bereits ein großer Sieg für ihre Flotte. «

Citgin Sirgan blickte seine begleitenden Offiziere an. Diese flüsterten ihm etwas zu. Langsam nickte der Befehlsführer.

»Etwas anderes wollten wir nicht«, antwortete er. »Das Ziel unserer Rache war es, unser Volk aus der Unterdrückung durch die Adramelech zu befreien. So wie sie es darstellen, war unsere Mission ein Erfolg. Es scheint, dass wir ihnen noch dankbar sein müssen?«

»Das erwarten wir nicht«, antwortete Aritron. »Wir bieten ihnen an, sie durch die Sicherheitsschleuse des Imperiums der Adramelech zu bringen. Fliegen sie nach Hause und leben sie auf ihren Planeten in Frieden. Niemand wird sie mehr belästigen. Doch wir haben ein Auge auf sie. Falls sie ihre neu gewonnene Freiheit ausnutzen, andere Rassen angreifen und sie ausrotten, oder vernichten sollten, dann werden wir zur Stelle sein. Wir holen das nach, worauf wir heute verzichtet haben. Die Vernichtung ihrer Rasse und aller ihrer Planeten. Diese einmalige Chance für ihr Volk, gewähren wir nur einmal. Nutzen sie diese.«

Der stellvertretende Uylaner blickte zu Boden. Er schien nachzudenken.

»Wir nehmen an«, sagte er schließlich. »Unser Ziel ist erreicht. Unsere Abtrennung aus dem Einflussbereich des Regenten wurde erreicht. Die Freiheit für unsere Rasse ist in greifbare Nähe gerückt. Ich hoffe, dass wir nie mehr einen Angehörigen dieser Rasse sehen müssen.«

Adra'Metun und Lord Leitho'Greytin traten aus dem Rücken der wartenden Offiziere der Gemeinschafts-Flotte in den Vordergrund.

Die Uylaner erkannten sie und fauchten furchteinflößend. Die Krallen ihrer Hände fuhren aus. Sofort richteten die natradischen Kampf-Roboter ihre Lasergewehre auf sie.

»Lassen sie ihre Abschreckungs-Rituale«, sagte Major Travis. »Wollen sie als Tiere, oder als denkende Wesen akzeptiert werden. Adra'Metun und Lord Leitho'Greytin sind Angehörige des Adramelech-Widerstandes. Ihnen haben wir es zu verdanken, dass dieser Sieg möglich wurde. Ihre Mitglieder haben große Teile der Flotte der Mächtigen infiltriert. Diese Flotten-Verbände haben nicht an einem Kampf teilgenommen und sich zurückgezogen. Sie sollten ihnen die Hand reichen. «

Adra'Metun und Lord Leitho'Greytin hielten den Uylanern ihre Hand hin.

»Wir entschuldigen uns im Namen unseres Volkes für die Manipulation ihrer Rasse«, sagte er.» Wenn es möglich gewesen wäre, hätten wir viel früher etwas unternommen. Alle Angriffe unseres Widerstandes wurden von den Spionen des Regenten erkannt und zurückgeschlagen. Unsere Leute ohne ein amtliches Gerichtsverfahren getötet. Wir haben es nicht besser gehabt als Angehörige ihres Volkes. Wir garantieren ihnen, dass wir eine neue Welt aufbauen. Diese wird ihre Rasse und keine andere in unserer Galaxie mehr belästigen. Das Versprechen geben wir ihnen.«

Nur zögernd ergriffen die Uylaner die Hand der Adramelech und schüttelten sie.

»Auch wir möchten einen neuen Anfang«, erklärte Citgin Sirgan. »Wir sind einverstanden.«

»Gut«, sagte Major Travis. »Sie nehmen an den Verhandlungen mit den Adramelech teil und zeigen ihren guten Willen. Sie geben bekannt, dass sie sich aus ihrem Imperium zurückzuziehen. Verzichten sie auf mögliche Ansprüche und auf Reparaturzahlungen. Das würde die Verhandlungen nur weiter anheizen. Ihre Flotte konnte den Adramelech schwere Verluste zufügen. Die Mächtigen stehen vor den Scherben ihres Regenten. Geben sie der neuen Rasse der Adramelech eine Chance, wie sie auch eine bekommen haben.«

Die Offiziere der Uylaner unterhielten sich aufgebracht. Der stellvertretende Befehlsführer hob nach kurzer Zeit seine Hand. Die Diskussion verstummte.

»Wir werden keine Ansprüche stellen«, antwortete er. »Entgegen unserer ursprünglichen Auffassung verstehen wir, dass der gehasste Regent für die Manipulation an unserer Rasse allein verantwortlich war.«

Major Travis und Aritron nickten.

»Einverstanden«, sagte Major Travis. »Dann lassen sie uns zu der provisorischen Führung der Adramelech gehen und einen Friedensvertrag aushandeln.«

Die Offiziere der Gemeinschafts-Flotte informierten ihre Schiffe. Aritron befahl der Hypertonic-KI seines Schiffes, den Schutzschirm abzuschalten.

Admiral Jordin'Rorxon, der militärische Oberkommandierende der Flotte, Prinz Dadra'Katyn, Befehlshaber des Geheimdienstes, Lord Fuito'Jeyfun, der ehemalige diensthabende Offizier der Leitstelle auf Drame'leur und Lord Pidra'Borxon, ein enger Vertrauter des Regenten, standen 100 Meter vor dem schützenden Energiefeld, welches die gelandeten Schiffe der Siegermächte abschirmte.

Kein Ton drang aus dem Schutzschirm nach außen. Er wirkte leicht gelblich und transparent. Sie sahen, wie die Offiziere der unterschiedlichen Rassen miteinander diskutierten. Plötzlich zeigte der Admiral auf ein Schiff, auf dessen Ausstiegsbrücke er eine Bewegung erkannt hatte. Es stand versetzt hinter den Schiffen der Gemeinschafts-Flotte.

»Da kommen die Uylaner«, sagte er.» Sie steigen ihre Rampe herunter. Auch sie werden an den Verhandlungen beteiligt. Von ihnen werden wir nichts Gutes erwarten können. «

Die Adramelech sahen, wie drei Uylaner langsam auf die Gruppe der wartenden Offiziere der Flotte der Siegermächte zu schritten.

»Ich sehe die Uylaner zu erstem Mal«, sagte Prinz Dadra'Katyn.»Sie tragen einen gepanzerten Schutzanzug. Nur ihr grüner Kopf schaut aus der Kleidung heraus. Ihre Haut wirkt ledrig. Sie sind viel größer als wir. «

»Es sind Kampf-Maschinen aus Knochen und Muskeln«, erwiderte Admiral Jordin'Rorxon.»Von unserem Regenten für die Vernichtung von anderen Rassen erschaffen. Sie sind sich ihrer Kraft bewusst. «

Vier Kampf-Roboter schritten auf die Uylaner zu und forderten sie zum Stehenbleiben auf.

»Sie werden nach Waffen durchsucht«, bemerkte Lord Pidra'Borxon. »Da fällt mir ein Stein vom Herzen. Die Uylaner sind unberechenbar.«

»Auch sie wurden geschlagen«, sagte Lord Fuito'Jeyfun. »Ihre Flotte befindet sich in der gleichen Lage, wie unsere. Ich hoffe sehr, dass sie die Verhandlungen nicht boykottieren.«

Geduldig beobachten die Offiziere der Adramelech die Gespräche zwischen den Beteiligten. Zunächst sah es so aus, als ob die Uylaner sich nicht an den Gesprächen beteiligen wollten. Immer wieder wandten sie sich ab und unterhielten sich untereinander.

»Hoffentlich verstehen sie unsere Lage«, sagte Admiral Jordin'Rorxon. »Die einzige Schuld, die man uns nachsagen kann, ist eine Ausführung der Befehle des Regenten, ohne nachzufragen.«

Die wartenden Offiziere der Adramelech nickten zustimmend.

Es vergingen weitere Minuten. Geduldig warteten die Führungs-Offiziere des gefallenen Imperiums der Mächtigen ab.

Plötzlich drehten sich die fremden Personen dem Schutzschirm zu. Dieser fiel in sich zusammen und gab den Weg frei. Gleichzeitig erkannten die Adramelech, wie die Waffentürme der gelandeten Schiffe ausfuhren und sich in alle Richtungen justierten.

Langsam schritt die Abordnung der Siegermächte auf die Adramelech zu. Ihre rechte und linke Seite wurde von jeweils 24 Marines des Neuen-Imperiums abgesichert.

Zwei Meter vor den Adramelech blieben sie stehen. Kampfroboter eilten heran und hoben ihre Lasergewehre. Die Adramelech blickten eingeschüchtert auf die 2.20 großen Metallkolosse, die sie mit tiefroten Augen anblickten. Sie wussten, dass eine einzige falsche Reaktion die Roboter zum Handeln zwingen würde.

Die vier Adramelech verbeugten sich vor den Offizieren. »Wir begrüßen sie auf dem fünften Planeten des Adramelech Sternen-Systems«, sagte der Admiral.

Die Offiziere erhoben sich wieder. »Mein Name ist Admiral Jordin'Rorxon«, stellte er sich vor. »Ich bin der militärische Oberkommandierende unserer Flotte. «

Er zeigte auf seine Begleiter.

»Darf ich ihnen Prinz Dadra'Katyn, Befehlshaber des Geheimdienstes, vorstellen«, ergänzte der Admiral.

»Neben ihm steht Lord Fuito'Jeyfun, der ehemalige diensthabende Offizier der Leitstelle auf Drame'leur und Lord Pidra'Borxon, ein ehemaliger enger Vertrauter des Regenten, den wir vor der Exekution retten konnten. Er wollte die Befehle des Regenten nicht mehr ausführen. «

Die Gruppe nickte zurückhaltend. Major Travis trat vor und stellte die Offiziere auf seiner Seite vor.

Major Travis winkte den Uylanern zu. Der stellvertretende Flottenführer Citgin Sirgan trat nach vorne und spuckte verächtlich auf den Boden.

»Erwähnen sie nicht mehr den Namen ihres Regenten in unserem Beisein«, sagte er.» Es ist schade, dass wir ihn nicht mehr zwischen unsere Krallen bekommen konnten.«

Die Adramelech wichen einen Schritt von dem Uylaner zurück. Er überragte sie um zwei Längen ihres Kopfes. Sie blickten ihn eingeschüchtert an.

»Ich weise sie jetzt zum letzten Mal daraufhin, sich wie denkende Wesen aufzuführen«, rügte ihn Major Travis.

»Sollten sie sich noch einmal so aufführen, dann lasse ich sie von den Kampf-Robotern zu ihrem Schiff zurückbringen. Alle Absprachen mit ihnen werden ungültig sein. Verspielen sie sich nicht unsere Gunst. «

Citgin Sirgan, der stellvertretende Befehlsführer der uylanischen Flotte blickte den Major an. Mürrisch schritt er einen Schritt zurück.

»Wir sind hier, um gemeinsam mit ihnen eine Lösung zu finden, wie das zukünftige Zusammenleben in dieser Galaxie aussehen kann«, erklärte Major Travis. »Es wird keine Kriege mehr geben. Falls sie sich nicht hiermit anfreunden können, dann müssen wir für das Volk der Adramelech eine andere Lösung finden. Diese wird ihnen aber sicherlich nicht gefallen. «

»Wir sind die Unterlegenen«, antwortete Admiral Jordin'Rorxon. »Es ist verständlich, dass wir jetzt mit Forderungen belegt werden. Ich weise aber direkt daraufhin, dass wir als evakuiertes Volk nur über minimale Zahlungsreserven verfügen. Die Schätze des Regenten, unsere Zentralbank und die Zahlungsmittel der obersten Vollkommenheit, sind mit Drame'leur in eine unbekannte Dimension entschwunden. Ich verstehe zwar, dass das redartanische Imperium nach einer Wiedergutmachung strebt, um die vernichteten Schiffe und auch die Familien der getöteten Besatzungsmitglieder zu entschädigen.«

»Nicht nur die Redartaner«, antwortete Major Travis. »Doch lassen sie uns in ihr Gebäude gehen. Dort wird es sich angenehmer sprechen lassen.«

Der Admiral nickte.
»Bitte folgen sie uns«, sagte er.

Langsam schritt die Gruppe auf das nicht weit entfernte Gebäude des Flottenkommandos zu. Die provisorische Regierung der Adramelech, versuchte sich gerade auf dem Planeten einzurichten. Weit entfernt von dem Landefeld standen unzählige Raumschiffe, aus denen Flüchtlinge ausgeschleust wurden. Sie wurden in Truppentransportern zu ihren neuen Unterkünften gebracht. Die Marines des Neuen-Imperiums, eskortierten die Offiziere zu dem Gebäude. Die Gruppen Kampf-Roboter sicherten großräumig die Umgebung ab. Ihre akribischen Blicke nahmen jede Kleinigkeit war. Doch es wurden keine Attentäter und Heckenschützen ausgemacht. Die Adramelech hatten genug mit sich selbst zu tun.

Die Eingangspforte des großen Flachgebäudes wurde von zwei Sicherheits-Soldaten gesichert. Sie traten irritiert beiseite, wie die Kampf-Roboter auf sie zu marschierten. Vorsichtshalber wurden sie entwaffnet. Major Travis hob seine Hand. Die Gruppe blieb stehen. Sergeant Hardin gab 60 Kampf-Robotern den Befehl den Innenraum des Gebäudes zu sichern. Die Shy-Ha-Narde drangen mit gelenkigen Schritten an den Offizieren vorbei in das Gebäude. Dann folgte Sergeant Hardin mit 12 Marines. Sie sahen sich intensiv um. Auch hier standen Sicherheits-Wachen, die sich nicht rührten, als die 2.20 großen Kampf-Roboter auf sie zuschritten. Freiwillig gaben sie ihre Waffen ab. Die Marines drängten die Sicherheits-Soldaten der Adramelech in eine Ecke zusammen. Die Sicherheit für die Offiziere der Gemeinschaftsflotte wurde nicht in andere Hände übergeben.

Sergeant Hardin war zufrieden. Er öffnete seinen Communicator und teilte seinem Vorgesetzten mit, dass der Raum des Flottenkommandos gesichert war.

Major Travis blickte Admiral Jordin'Rorxon an.
»Sie werden unsere Vorsicht verstehen?«, fragte er.

Der Admiral nickte.
»Wir haben alles im Vorfeld gesäubert«, antwortete der Admiral. »Uns ist auch nichts daran gelegen, dass jetzt noch ein Eklat passiert. Doch gehen sie weiter vor, wie sie es für richtig halten. «

»Danke«, antwortete der Major.

Er winkte seinen Begleiter.
»Der Raum ist gesichert«, sagte er. »Wir können weitergehen. «

Die Eingangshalle war mit Bildern und Pflanzen und Statuen dekoriert. Diese Außenstelle des Flottenkommandos hatte nur eine untergeordnete Funktion gespielt. Alle wichtigen Entscheidungen wurden bisher auf Drame'leur getroffen. Der fünfte Planet lag zu nahe an dem Zentral-Planeten des Systems, um eine übergeordnete Funktion zu erhalten.

Die Gruppe schritt durch einen langen Korridor auf eine breite Türe zu.

Admiral Jordin'Rorxon zeigte auf die Türe.
»Dahinter befindet sich unser Festsaal«, erklärte er. »Er ist groß genug für unsere Verhandlung. Es haben sich bereits einige wichtige Politiker dort versammelt. Erschrecken sie nicht. Wir haben sie alle gescannt und durchleuchtet. «

»Danke für die Info«, erwiderte Major Travis.
Er informierte Sergeant Hardin über das Gespräch.

Die Kampf-Roboter öffneten die Türen. Mit erhobenen Waffen schritten sie nach und nach in den Saal. Ohne ihre Blicke von den Politikern zu lassen, positionierten sie sich rechts und links an der Wand, neben dem Eingang. «

Sergeant Hardin gab seinen Marines ein Zeichen. Auch sie drangen in den Saal ein und bildeten eine Gasse für die nachfolgenden Offiziere.

Es war still geworden in dem Saal. Die Politiker, Offiziere und Führungsmitarbeiter des Flottenkommandos verharrten regungslos auf ihren Stühlen und sahen die gefährlich wirkenden Kampf-Roboter mit gemischten Gefühlen an. Sergeant Hardin gab Major Travis ein Zeichen. Er führte die Gruppe der Befehlshaber der Gemeinschaftsflotte an. Ihm folgten Admiral Jordin'Rorxon und Prinz Dadra'Katyn. Langsam schritten sie zu einem Podest, welches vor den Abgeordneten stand.

Ein Aufschrei wurde hörbar, als Adra'Metun und Lord Leitho'Greytin, gefolgt von drei Uylanern den Raum betraten. Abwertende Rufe wurden laut. Ein lautes Pfeifkonzert zog durch den Raum.

Admiral Jordin'Rorxon hob seine Arme in die Luft.

»Unterlassen sie unverzüglich ihre abwertenden Bemerkungen«, befahl er. »Sie erschweren uns die Verhandlungen ungemein. Es ist nicht zu ändern, dass die Siegermächte die Besiegten aburteilen. Bedanken sie sich bei ihrem geflüchteten Regenten. Wie sie alle wissen, hat er sich rechtzeitig in Sicherheit gebracht. Ihm sollten sie dieses Pfeifkonzert widmen.«

Die Menge beruhigte sich langsam. Die Worte des Admirals schienen gewirkt zu haben.

Prinz Dadra'Katyn trat an das Mikrofon. »Wir stehen hier heute nicht als die Mächtigen, sondern als ein besiegtes und betrogenes Volk«, sprach er in ein Mikrofon. »Wer es von ihnen immer noch nicht begriffen hat, der sollte sich schleunigst über unsere Situation aufklären lassen. Der Regent hat uns für seine Reinigungskriege missbraucht. Sein tiefer Hass gegen alle andersartigen Rassen im Universum, hat uns erst an diesen Tiefpunkt unserer Geschichte gebracht.

Immer mehr Schiffe, immer höhere Kosten, immer mehr gezüchtete Hilfsvölker, welche die Schmutzarbeit für ihn ausführen mussten. Wir alle waren von seinem Erfolg jahrtausendelang geblendet. Der Regent, ein unsterblicher Herrscher, dank seines Auferstehungs-

Zentrums. Diese Technik hat er unseren Wissenschaftlern nie zugänglich gemacht. Ich frage euch nach dem Warum?«

Die Masse war still. Sie dachte über die Worte des Prinzen nach.

Prinz Dadra'Katyn fuhr fort.

»Die Ehre der Auferstehung ließ er nur seinen engsten Vertrauten zukommen«, ergänzte er. »Das Volk, die normalen Mitarbeiter des Regenten, durften das Wort Auferstehung nicht einmal in den Mund nehmen. Jeder Adramelech, der seine Pläne hinterfragte, verschwand kurze Zeit später aus unserem Blickfeld. Wir müssen leider heute davon ausgehen, dass der Regent sie alle hat hinrichten lassen. So befreite er sich von seinen unliebsamen Widersachern. Ich habe mich mit Admiral Jordin'Rorxon und Lord Pidra'Borxon lange unterhalten. Der Lord war der engste Vertraute des Regenten. Als er seinen Plänen widersprach, wurde auch er seines Amtes enthoben und ohne eine Gerichtsverhandlung zur Exekution abgeschoben. Denken sie über meine Worte nach. Das war unser Regent. «

Der Prinz machte eine kleine Pause, bevor er weitersprach.

»Recherchen meines Geheimdienstes ergaben, dass der Regent vermutlich kein Angehöriger unserer Rasse war«, erklärte er.

Ein Aufschrei ging durch die Menge. Einige der Politiker waren aufgesprungen.

»Das kann nicht sein«, schimpfte jemand. »Das hätten wir bemerkt.«

»Der Regent war immer unser Befehlshaber«, sagte ein anderer. »Wieso sollte er nicht von unserer Art sein?«

»Schaut in euch selbst an und dann schaut auf den Regenten«, sagte Lord Pidra'Borxon. »Ich kannte ihn lange genug. Nie hat er sich ohne seine Kutte gezeigt. Seine strenge Befehlsführung ließ diesen Verdacht nicht in uns aufkommen. Doch geht in euer Innerstes. Sucht in euch den Hass gegen andere Rassen. Ihr werdet feststellen, dass er nicht existiert. Der Regent hat uns seine Gedanken aufgezwungen. Wir haben funktioniert und seine Befehle ausgeführt. Doch auch ich, wie auch andere Vertraute des Regenten, die Offiziere des Flottenkommandos und ihr Oberbefehlshaber Admiral Jordin'Rorxon, mussten meine Bedenken bestätigen. Niemand hat jemals das wahre Gesicht des Regenten sehen können.«

Wieder diskutierte die Menge aufgebracht durcheinander. Sie konnte die Aussagen von Prinz Dadra'Katyn und Lord Pidra'Borxon nicht glauben.

Der Lord stieg von dem Podest und schüttelte seinen Kopf.

»Die Politiker sind noch nicht überzeugt«, sagte der zu Major Travis.

Dieser nickte und drehte sich nach den beiden Widerstandskämpfern um.

»Versuchen sie es«, sagte er. »Sie haben jetzt die einmalige Chance ihre Politiker von ihren Eindrücken zu überzeugen. «

Die Uylaner standen etwas im Hintergrund und hörten mit eiserner Mine zu.

Die beiden Angehörigen des Widerstandes stiegen die drei Stufen des Podestes hoch. Als sie in den Vordergrund schritten, pfiff die Menge erneut ihre Ablehnung heraus.

»Bitte Ruhe«, sprach Admiral Jordin'Rorxon in das Mikrofon. »Alle Personen in diesem Saal, die sich nicht gebührend benehmen können, lasse ich bei den nächsten Unmutsäußerungen von den Kampf-Robotern aus dem Saal entfernen. Hierauf haben sie mein Wort. «

Schlagartig wurde es still. Die Politiker wussten, dass die Worte des Admirals der Wahrheit entsprachen. Auch er war bereits eine Legende des Imperiums.

Adra'Metun trat vor das Mikrofon. »Ihr alle kennt mich«, sagte er. »Ich war der Schüler des Mentors Adra'Sussor. Sein Ziel war es stets, den Regenten zu beeindrucken. Aus diesem Grunde griff er nur mit seinen 12 Schiffen das Imperium der Redartaner an. «

Er zeigte auf Kanzler Tarn-Lim und seine Begleiter. »Doch leider hatte der Mentor nicht mit dem Überlebenswillen dieser Species gerechnet«, fuhr Adra'Metun fort. »Seine zwölf Schiffe wurden vernichtet. Ich konnte mich in einem Jet retten. So schwebte ich im All, alle Hoffnung bereits aufgegeben. Mein Sauerstoff-Vorrat verbrauchte sich ziemlich schnell. Ich hatte bereits mit meinem Leben abgeschlossen, als humanoide Schiffe kamen und mich retteten. Sie machten keinen Unterschied zwischen Freund und Feind. «

Adra'Metun blickte die Anwesenden an. Sie hörten gespannt zu.

»Auf diesem Wege lernte ich die gehassten Humanoiden kennen«, fuhr der Schüler des ehemaligen Mentors fort. » Ich erkannte, dass sie ganz anders waren, als der Regent uns immer wissen ließ. Sie waren mitfühlend und behandelten mich gut. Ich fasste Vertrauen zu ihnen. Sie erklärten mir, dass sie nicht beabsichtigten irgendeine Rasse anzugreifen, noch weniger sie auszulöschen. Aber sie wären technisch in der Lage, sich zu verteidigen. «

Adra'Metun blickte die anwesenden Adramelech an. »Das geschätzte Abgeordnete und Offiziere, ist das Recht jeder Rasse«, sagte er. »Unser Regent des Wissens und der Erleuchtung war ein Betrüger. Das Leben seines Volkes war ihm stets egal. Er wollte lediglich sein Imperium immer weiter ausdehnen. Koste es, was es wolle. Ich möchte die Worte meines Vorredners unterstützen. Major Travis hat mir die Aufzeichnung eines Gespräches gegeben, das er mit unserem Regenten geführt hat.

Als seine Gemeinschaftsflotte unseren Zentral-Planeten erreicht hatte, forderte er den Regenten zur Kapitulation auf. Dieses Gespräch wird ihnen bestätigen, dass wir jahrtausendelang einem Betrüger gedient haben. Er hat nicht nur uns, sondern auch das Volk der Uylaner ausgenutzt und für seine Zwecke missbraucht. «

Adra'Metun blickte auf Citgin Sirgan, den Befehlsführer der uylanischen Flotte.

Dieser nickte bedächtig.

»Hören sie genau zu«, sagte Adra'Metun. »Lesen sie zwischen den Sätzen, welche Antwort der Regent dem Oberbefehlshaber der Siegermächte gegeben hat. «

Adra'Metun hielt ein kleines Gerät vor das Mikron. Er stellte die Wiedergabe an.

»Sie hören den Originalton des Hyperkomm-Funkgespräches zwischen dem Major und unserem geflüchteten Regenten«, erklärte er.

Die Abgeordneten und die Offiziere des Saals lauschten gespannt.

»Hier spricht Major Travis, von der Kolonie der Redartaner«, klang es aus den Lautsprechern. »Ich rufe Regent Zadra-Scharun, den Befehlshaber der Adramelech. «

Es knisterte einen Augenblick in der Leitung. Dann wurde die Stimme des Regenten hörbar.

»Ich bin Zadra-Scharun, der Regent des Wissens und der Erleuchtung«, antwortete der Regent herablassend. »Was wollen sie, verabscheuungswürdige, humanoide Kreatur?«

»Ihre Flotten wurden besiegt«, erklärte der Major. »Ihre bodengebundene Verteidigung wurde ausgeschaltet. Wir fordern ihre bedingungslose Kapitulation, ansonsten vernichten wir ihre gesamte Flotte und ihren Planeten.«

Schrill lachte der Regent auf.
»Sie wissen nicht, mit wem sie sich angelegt haben«, tobte er. »Unsere Schlachten werden nicht nur in dieser Zeit geführt. Wir wissen jetzt, wer sie sind. Ich werde unsere Herren über ihren Überfall informieren. Sie werden ihren Planeten in der Vergangenheit bombardieren, um ihrer Rasse den Lebensraum in der Zukunft zu entziehen. Sicherlich ist ihnen das nicht unbekannt?«

Erneut lachte der Regent schrill auf.
»Von welchen Herren sprechen sie?«, fragte der Major nach.

»Ich rede von der Rasse, dessen Kind ich selbst eines bin«, kreischte der Regent. » Wir Arthropoden besitzen die Fähigkeit, den Raum und die Zeit zu krümmen. Noch nie wurden wir von einer Species so gedemütigt, wie von ihrem Evolutions-Stamm. Wir werden ihren Planeten finden, so wie wir es schon einmal in der Milchstraße gemacht haben. Doch scheinbar waren die Rigo-Sauroiden nicht gründlich genug. Aus den Trümmern ihrer Welt sind neue humanoide Kreaturen entstanden. Auch diese Abkömmlinge werden von uns beseitigt werden. Warten sie das Ende ihrer Tage ab. Wir werden uns wiedersehen. Dann wird Zadra-Scharun, der Regent des Wissens und der Erleuchtung zu ihrer Species sprechen und sie über ihre anstehende Vernichtung informieren. Das gleiche gilt auch für die überhebliche Saat der Lantraner. «

Adra'Metun beendete die Aufnahme. Er blickte die fassungslos blickenden Politiker an.

»Ich hoffe, sie haben verstanden, was ich ihnen mitteilen wollte«, erklärte er. »Der Regent redet von seinen Herren, die ihn beauftragt haben, jahrtausendelang unser Volk auszunutzen und für seine Pläne zu missbrauchen. Ferner teilt er uns mit, dass er ein Kind einer Rasse ist, die sich Arthropoden nennen. Brauchen sie noch mehr Beweise? «

Leises Stimmengeflüster wurde laut. Die Offiziere und Politiker redeten durcheinander.

»Geschätzte Anwesende«, sagte Adra'Metun. »Wir sind heute hier erschienen, um die Strafe für unsere Dummheit zu empfangen. Doch bevor Major Travis zu ihnen spricht, möchte ich meinen Freund und Kollegen an das Mikrofon bitten. «

»Danke«, sagte Lord Leitho'Greytin, als Adra'Metun den Platz am Mikrofon freigab.

»Verehrte Adramelech«, sprach der Lord in das Mikrofon. »Die Worte von Adra'Metun entsprechen der Wahrheit. Sein Mentor wurde von uns getötet, als er einen zweiten Anlauf unternehmen wollte, die humanoide Rasse der Redartaner zu vernichten. Er wollte sich Ehre bei dem Regenten verdienen. Der Mentor hätte die Mission besser abgelehnt. Der Regent ist mit seinem Zentral-Planeten und allen engen Vertrauten in eine andere Zeitepoche geflüchtet. Hierdurch kann der Mentor nicht mehr auferstehen.

Wir werden für alle Zeit auf ihn verzichten müssen. Der Widerstand ruft es laut aus. Es ist gut so. Der Mentor war nichts anderes als ein Lakai der Regenten. Einige wenige Adramelech haben Zadra-Scharun begleitet. Sie glaubten ihm mehr als uns verschrienen Abtrünnigen des Widerstandes. Heute möchte ich nicht in der Haut der Adramelech stecken, die ihn begleitet haben. «

Er ließ seine Worte wirken. Dann fuhr er fort. »Wie sie wissen, bin ich der Anführer des Widerstandes«, teilte er mit. »Wir haben bereits lange mit großer Sorge den Irrsinn des Regenten verfolgt. Seine Befehle waren nicht auf das Wohl unseres Imperiums ausgelegt, sondern grundsätzlich auf die Vernichtung von andersartigen Lebensformen. Das schien seine einzige Daseinsberechtigung zu sein. Viele Offiziere seines Stabes, die aufgrund seiner grausamen Befehle Bedenken bekamen und diese hinterfragten, verschwanden kurze Zeit später aus ihrem Amt und dem öffentlichen Leben. Niemand hat sie mehr gesehen.

Erst als es uns gelang, seine straffe Verwaltung zu infiltrieren, wurden wir über den Verbleib dieser Personen informiert. Sie alle wurden von unserem Regenten eliminiert. Ich brauche ihnen nicht zu erklären, wie empört wir waren. Ab dieser Zeit gelangten wir an immer neue Informationen über Personen, die von ihm ohne eine Gerichtsverhandlung in den Kerker seines Palastes geworfen wurden, um später hingerichtet zu werden. Viele dieser ehemaligen treuen Mitarbeiter des Regenten, konnten von uns befreit werden. Sie alle haben sich unserem Widerstand angeschlossen. «

Er blickte die anwesenden Personen an.

»Sie bekommen jetzt ein hoffentlich besseres Bild von unserer Organisation«, erklärte er. »Sie sahen nur die Sabotagen und Anschläge, die wir zur Ablenkung durchführen mussten. Ich sage ihnen heute, wir sind stolz hierauf. Unter diesem Deckmantel konnten viele Rettungsaktionen von namhaften Personen durchgeführt werden, die unter Umständen auch ihrer Familie angehören könnten. Sie verstehen sicherlich, dass wir diese Personen verstecken mussten. Sie durften in der Öffentlichkeit nicht mehr auffällig werden. Jetzt wo der Regent geflohen ist, freuen sich unsere Mitglieder wieder Kontakt zu ihren Familien aufnehmen zu können. «

Lauter Beifall wurde laut. Ein Teil der Abgeordneten stand auf und jubelte.

Lord Leitho'Greytin hob seine Hände in die Luft und bat um Ruhe.

»Ich möchte noch meine Rede beenden«, fuhr er fort. »Unser Ziel war es, die Flotte des Imperiums zu infiltrieren. Schon lange waren uns die Vernichtungskriege des Regenten ein Dorn im Auge. Doch durch die strengen Personal-Kontrollen des Flottenkommandos, ging dieser Prozess nur langsam voran. Wir waren noch nicht an dem Ziel angekommen, als sich die Ereignisse überschlugen. Die Uylaner, eine von unserem Regenten erzeugte Rasse, war in das Imperium der Mächtigen eingedrungen. Die Besatzungen der Flotte wurden alarmiert, die Schiffe besetzt. Es gelang uns nicht, weitere Schiffe zu infiltrieren.

Trotzdem ist unser Erfolg beachtlich. Über 60.000 Schiffe folgten unserem Befehl und brachen den Kampf ab. Das Personal und diese Schiffe konnten erhalten bleiben. Die Schiffe werden zu gegebener Zeit an eine neue Republik zurückgegeben. Das war immer unser Ziel. Eine Regierungsform zu bilden, in der alle Adramelech sicher leben können, ohne das Drangsalieren unseres Regenten ertragen zu müssen. Mehr habe ich nicht zu sagen.«

Der Lord verbeugte sich und machte das Mikrofon frei. Die anwesenden Politiker und Offiziere applaudierten. Erst jetzt erkannten sie die erfolgreichen Taten des Geheimdienstes.

Admiral Jordin'Rorxon und Prinz Dadra'Katyn traten vor das Mikrofon.

»Die Siegermächte sind zu uns gekommen, um uns ihre Forderungen zu diktieren«, sagte der Admiral.» Hier und jetzt geht es um unsere Zukunft. Haltet euch mit Zwischenrufen zurück. Es ist bereits eine Ehre, dass sie zu uns auf den Planeten gekommen sind. Sie hätten uns auch auf einem ihrer Schiffe empfangen können. Wir sind nicht in der Lage, Forderungen stellen zu können. In der Hoffnung, dass sie uns eine Möglichkeit offenlassen, uns von den Scherben des Regenten zu befreien, bitten wir um Gnade vor ihnen. «

Admiral Jordin'Rorxon, Prinz Dadra'Katyn und Lord Pidra'Borxon verbeugten sich vor den Offizieren der Gemeinschaftsflotte und vor den Uylanern. Dann traten sie von dem Mikrofon zurück.

Major Travis stieg mit Aritron auf das Podest.

Aritron blickte die Politiker mit ernstem Blick an.
»Ich bin der Weiser des lantranischen Volkes«, erklärte er.
»Wenn sie so wollen, das Oberhaupt, der Anführer, oder auch ein Präsident. Schon lange beobachten wir die denkwürdige Vorgehensweise ihres Volkes. Der Schmerz über die Ausrottung zahlreicher Lebensformen trieb uns die Tränen in die Augen. Wir fragten uns, was für ein erbärmliches Volk sind die Adramelech? Warum rotten sie ganze Zivilisationen aus? Warum hat keiner von ihnen etwas hiergegen unternommen? «

Aritron ließ seine Worte bei den Anwesenden wirken.
»Noch vor einigen Jahrtausenden hätten wir dieser Misere selbst ein Ende bereitet und ihnen das Gleiche

angetan«, fuhr er fort.»Doch die Zeiten haben sich geändert. Wir sind eine Gemeinschaft von unterschiedlichen Rassen geworden. Hierzu gehört auch das redartanische Imperium. Als ihr Hoheitsgebiet von ihrem Mentor angegriffen wurde, mussten wir handeln. Eine große Gemeinschaftsflotte wurde zusammengestellt. Sie sehen hier Angehörige von unterschiedlichen Rassen, die alle füreinander einstehen. Eine neue Technik wurde installiert, die uns immun gegen die blaue Energie ihrer Raumschiffe machte. Dann starteten wir mit dem Vorsatz, ihre Flotte und ihren Planeten zu vernichten. «

Aritron trat von dem Mikrofon zurück.

Major Travis nickte ihm zu.
»Mein Name ist Major Travis«, sprach er in das Mikrofon.
»Ich bin der Oberbefehlshaber der Gemeinschaftsflotte, der jetzt die Aufgabe hat, mit ihnen einen Friedensvertrag auszuhandeln. Das ist der Vorteil einer Siegermacht. Sie kann eine Rasse versklaven, oder ausbluten lassen. Mein Vorredner hat Recht. Unsere Wut auf sie, wurde durch ihren Mentor Adra'Sussor angefeuert. Sein Angriff ließ uns eine Verteidigungs-Flotte zusammenstellen, die ihr Imperium aus den Angeln heben sollte. Die mehrfachen Angriffe auf ein Mitglied unseres Imperiums mussten aufhören. Als wir dann mitbekamen, dass von ihrem

Mentor Adra'Sussor, ein Commander der redartanischen Patrouillen-Flotte gefoltert und manipuliert wurde, entschlossen wir uns zu einem schnellen Handeln. Eine solche Vorgehensweise gegen denkende Lebensformen war uns fremd. Wir sind zu ihnen gekommen, um das Volk der Adramelech zu töten, zu vernichten und auszurotten. Ihre Planeten sollten gesprengt und vernichtet werden. Nichts mehr sollte an ein Imperium der Mächtigen erinnern.«

Major Travis blickte die Adramelech an.

»Sie sehen also, wozu ein tiefer Hass fähig ist«, ergänzte er. »Danken sie ihrem Schüler Adra'Metun. Er war ein Gefangener auf unserem Planeten. Durch ihn haben wir von ihrer Situation erfahren. Ihm können sie heute verdanken, dass sie noch lebend vor uns stehen dürfen. Sicherlich sind die Uylaner mit dem gleichen Hass in ihr Gebiet eingedrungen. Auch sie wollten sich aus der Knechtschaft ihres Regenten befreien. Die lange Zeit der Demütigung musste beendet werden. Gleichzeitig wollten sie sich rächen. Ein Volk künstlich erzeugt, immer wieder missbraucht und als minderwertige Kreaturen verschrien, hatte sich selbst aus der Genmanipulation ihres Regenten befreit. Sie waren erwachsen geworden und hatten sich die Technik ihrer Herren angeeignet. Es ist nicht verwunderlich, dass sie nach Vergeltung riefen.«

Major Travis ließ eine kleine Pause vergehen. Dann fuhr er fort.

»Ich frage Admiral Jordin'Rorxon, alle hier anwesenden Politiker und das Volk der Adramelech«, sagte Major Travis. »Möchten sie ein Mitglied des heutigen Universums werden, oder lieber den Expansionskurs ihres Regenten fortführen. Entscheiden sie sich richtig. Sie haben Adra'Metun gehört. Ihm gebührt unser Respekt. In seiner Person und der von Lord Leitho'Greytin erkennen wir noch ein Mitgefühl für das Leben anderer Wesen. Falls es ihnen verlorengegangen sein sollte, dann müssen wir uns eine andere Lösung für sie ausdenken. Sind sie bereits so weit, dass sie weiterleben und die Koexistenz fremder Species akzeptieren könnten? Diese Frage muss uns Admiral Jordin'Rorxon beantworten. Er wird ihre Antworten aufnehmen und uns informieren. Hiernach werden wir unsere Forderungen offenlegen. «

Admiral Jordin'Rorxon und Prinz Dadra'Katyn traten vor das Mikrofon.

»Ich bin es leid, für alles den Kopf hinzuhalten«, erklärte er. »Es bricht eine neue Zeit für das Volk der Adramelech an. Ich bitte hier und jetzt um eine verbindliche Abstimmung. Wir werden uns nicht in lange Debatten verstricken. Sind alle Anwesenden bereit auf den

Vorschlag von Major Travis einzugehen? Nur durch einen Neuanfang, wird es eine Zukunft für unser Volk geben. Ich bitte um ihr Handzeichen. Wer ist für ein Zusammenleben mit anderen Völkern in Adramalon?«

Alle Politiker und Offiziere hoben ihren Arm in die Luft. Es gab keine Gegenstimme.

Admiral Jordin'Rorxon lächelte.
»Ich danke allen Anwesenden«, sagte er. »Mir fällt ein Stein vom Herzen. Damit ist es endgültig. Der Anfang wird schwer sein, doch es ist nach meiner Meinung die richtige Entscheidung. Wir müssen uns auf dieser Welt vieles neu aufbauen. Doch ich sage euch, wir werden es schaffen. Dieses Mal ohne die Einmischung eines fremden Regenten.«

Die Anwesenden saßen still in ihren Stühlen. Ihnen war klar, dass sie kaum eine andere Möglichkeit hatten.

Major Travis trat erneut vor das Mikrofon.
»Ich bin erstaunt?«, sagte er.» Mit ihnen geht eine Veränderung vor. Aus diesem Grunde habe ich mit allen Beteiligten der Siegermächte gesprochen, dass wir der Rasse der Adramelech, die sich nicht mehr die Mächtigen nennen dürfen, eine Chance für die Zukunft geben. Die Redartaner werden ein Konsulat auf ihrem Planeten

errichten. Die Abgesandten überwachen die Einhaltung der Friedensverträge. Gleichzeitig wird ihr Volk ein Konsulat auf Redartan einrichten. Beide Zivilisationen öffnen sich und versuchen sich besser zu verstehen. Es wird einen Austausch technischer, wissenschaftlicher und kultureller Zusammenarbeit geben. Neben den politischen Konsultationen, sollten möglichst schnell Handelsbeziehungen aufgenommen werden.

Eine Intensivierung der Beziehungen steht an oberster Stelle. Falls sie diese Vereinbarung mittragen, werden die Siegermächte auf Reparaturzahlungen verzichten. Wir stellen keine weiteren Forderungen an das Volk der Adramelech. Vielmehr sagen wir ihnen eine Unterstützung zu, um alle evakuierten Adramelech auf dem fünften Planeten dieses Systems zu versorgen. Stellen sie eine Liste mit dringenden Artikeln zusammen. Ob es Unterkünfte sind, Wasser und Lebensmittel, Wärmeerzeuger, oder andere Dinge. Wir bringen sie zu ihnen. Das wird in dem Friedensvertrag fixiert. «

Es war still in dem Saal. Man hätte eine Stecknadel fallen hören können. Langsam verarbeiteten die Adramelech die Worte des Majors.

Beifall füllte den Saal. Die Anwesenden waren aufgesprungen und jubelten. Sie klatschten mit ihren

Händen und trampelten mit ihren Füßen. Mit dieser Gnade hatten sie nicht gerechnet.

Major Travis hob seine Arme.
»Freuen sie sich nicht zu früh«, sagte er. »Sie haben sich nicht nur uns zu Feinden gemacht. Sorgen sie dafür, dass dies nicht mehr vorkommt. Ich gebe das Wort an Citgin Sirgan weiter. Er ist der stellvertretende Befehlsführer der uylanischen Flotte.«

Schlagartig wurde es wieder still in dem Saal. Stolz stieg der Uylaner auf das Podest. Er blickte die Menge der anwesenden Adramelech an.

Dann fletsche er seine Zähne und fauchte sie an.
»Haben sie Angst?«, fragte er.» Diese Zähne haben schon viele von ihrer Art zerrissen.«

Gemurmel wurde unter den Anwesenden laut.
Er hob eine Hand hoch und fuhr seine Krallen aus.

»Diese Krallen wollten wir ihnen in ihre Körper rammen und ihr Fleisch als Festmahl verzehren«, teilte Citgin mit.
»Wir sind in ihr Imperium eingedrungen, um ihre Zivilisation auszulöschen und um ihre Planeten zu vernichten. Wir bildeten uns ein, damit würde unsere Rache befriedigt sein. Unsere Wut, über ihre lange

Genmanipulation an unserer Rasse, kannte keine Grenzen mehr. Doch je näher wir ihrem System kamen, umso mehr Schiffe und Besatzungen verloren wir. Unser Doronger, ein Befehlsführer vergleichbar mit ihrem Regenten, ging über Leichen. Auch ihm war das Wohl seines anvertrauten Personals gleichgültig. Leider erkannten wir das zu spät. Aus diesem Grunde haben wir vor der Übermacht der Flotte des Neuen-Imperiums kapituliert. Falls sie nicht da gewesen wäre, hätten wir ihnen den Todesstoß versetzt. Wie Major Travis bereits mitteilte, können sie froh sein, dass die humanoiden Wesen rechtzeitig zur Stelle waren, um ihr System von dem Regenten zu befreien.

Obwohl wir uns wie wilde Tiere aufführen, können wir trotzdem zwischen Gut und Böse unterscheiden. Wir erkennen jetzt, dass alleine ihr Regent für die Gräueltaten verantwortlich war, die unserer Species angetan wurden. Die Rasse der Adramelech war nichts anderes als sein Werkzeug. Falls ihre Vermutung stimmt, dass ihr Regent von einem anderen Blut abstammt, werden wir ihn und seine Gattung suchen. Falls sie weitere Beweise für ihre Behauptung finden, ihnen Koordinaten über den Verbleib seiner Welt in die Hände fallen, lassen sie es uns wissen. Wir werden ihn finden und hart bestrafen. Das verspreche ich.«

Der Uylaner machte eine kurze Pause.

»Ich bin kein Uylaner der großen Worte«, fuhr er fort. »Hierfür sind unsere Politiker zuständig. Doch wir können erkennen, wenn eine Rasse den Befehlen ihres Imperators hilflos ausgeliefert ist und sie sich nicht aus diesem Würgegriff befreien kann. Wir Uylaner haben beschlossen, den Friedensvertrag ebenfalls zu unterschreiben, wenn die provisorische Führung der Adramelech uns in die Selbstbestimmung entlässt. Wir möchten keinen Kontakt mehr zu ihnen. Wenn sie diesen Zusatz in dem Friedensvertrag akzeptieren, werden wir uns zurückziehen und keine Ansprüche mehr gegen sie stellen. Das ist unsere Bedingung. Wir werden den Ältestenrat auf Garadum von unseren Eindrücken berichten. Ich bin mir sicher, dass wir auf ihn einwirken können, keine weiteren Vergeltungsflotten mehr auf den Weg zu ihnen zu schicken. «

Admiral Jordin'Rorxon stieg auf das Podest herauf. Er hielt dem Uylaner die Hand hin.

»Wir sind einverstanden«, sagte er. »Niemals hätten wir gedacht, ihnen einmal so gegenüberzustehen. Ich entschuldige mich im Namen des ganzen Volkes der Adramelech für alles, was ihnen angetan wurde. Wir schämen uns aufrichtig, nicht eher gehandelt zu haben. Niemals hätten wir von ihnen mit dieser Güte gerechnet.«

Nur widerwillig ergriff der Uylaner die Hand des Admirals und schüttelte sie.

»Wir auch nicht«, antwortete er. »Das können sie mir glauben.«

Major Travis trat auf die Beiden zu.

»Es ist ein neuer Anfang für beide Seiten«, erklärte er. »Versuchen sie das Beste hieraus zu machen.«

Der Uylaner blickte ihn zurückhaltend an. »Brauchen sie mich noch?«, fragte Citgin.

»Eigentlich nicht«, erwiderte Major Travis. »Wir werden die Verträge bis Morgen ausarbeiten. Wenn diese unterschrieben sind, dann können sie in ihre Sterneninsel zurückfliegen.«

»Danke«, antwortete der Uylaner. »Wir fühlen uns unter so vielen Adramelech nicht wohl. Wir gehen auf unser Schiff zurück.«

»Machen sie das«, lächelte der Major. »Sie haben gut geredet. Das hat den Adramelech zu denken gegeben.«

Der Uylaner nickte und ging zu seinen Begleitern. Gemeinsam schritten sie aus der Halle des Flottenkommandos.

Die nächsten Stunden vergingen wie im Flug. Die Offiziere der Gemeinschafts-Flotte arbeiteten den Friedensvertrag aus. Beamte des Neuen-Imperiums und der Adramelech fixierten ihn in schriftlicher Form. Auf den Wunsch von Aritron, wurde Admiral Jordin'Rorxon, Prinz Dadra'Katyn und Lord Pidra'Borxon hinzu gerufen, um Unstimmigkeiten im Vorfeld auszuräumen. Er und seine Begleiter stimmten zu, dass zunächst eine Flotte von 30.000 Schiffen der Gemeinschaftsflotte, die Aktivitäten der Adramelech überwachen sollten.

Admiral Jordin'Rorxon erinnerte noch einmal an die Zusagen der provisorischen Regierung. Nach der Flucht des Regenten, wollte man möglichst schnell eine Republik ausrufen und dem Volk der Adramelech die Möglichkeit zur freien Entfaltung geben. Er sicherte zu, dass Angriffe auf andere Rassen der Vergangenheit angehörten. Niemals mehr würde sich seine Rasse in die Abhängigkeit eines Imperators begeben.

Zwischenzeitlich hatte Aritron seinen Mitarbeiter Giratron gebeten, ein Wurmloch nach Redartan zu öffnen. Major Travis hatte Commander Benfort aufgefordert, General Poison über den erfolgreichen Verlauf der Mission zu informieren. Ferner ihn zu bitten, weitere Schiffe auszurüsten, die notwendige Hilfsgüter liefern sollten.

Insbesondere wurden Notunterkünfte, Lebensmittel und Geräte zur Trinkwasseraufbereitung benötigt. Die evakuierten Adramelech sollten schnell in geordnete Verhältnisse gebracht werden. Der Notfallplan funktionierte. Bereits gegen Mittag öffnete sich ein Wurmlochfenster und spuckte 500 Transportschiffe der Kaiser-Klasse aus, deren Laderäume voll bestückt waren. General Poison ließ es sich nicht nehmen, die Flotte selbst zu befehligen.

Admiral Jordin'Rorxon staunte über die Geschwindigkeit der Nothilfe des Neuen Imperiums. Er wies den Schiffen außerhalb der provisorischen Verwaltung einen Landehafen zu. Techniker der Adramelech arbeiteten einen Lagerplan für Notunterkünfte aus. Währenddessen wurden schwere Maschinen und Material aus den Raumschiffen entladen. Techniker des Neuen-Imperiums und Wissenschaftler der Adramelech arbeiteten Hand in Hand. Plötzlich schien es so, dass niemand von ihnen je etwas anderes gemacht hätte. Es war egal, ob es Personen der Adramelech, oder humanoide Wesen des

Neuen-Imperiums waren, welche die Anweisungen gaben.

Alle Personen arbeiteten Hand in Hand. Sie wurden von einem Heer von Arbeits-Robotern unterstützt. Nach der Installation von Trinkwasser-Bohrstationen verlegten die Roboter Leitungen in alle Richtungen und bauten die vorgefertigten Wohneinheiten auf. In Windeseile entstand eine neue Stadt, die 80.000 Adramelech eine Unterkunft bieten konnten. Doch diese reichten bei weitem nicht aus. Großraumzelte wurden ausgeladen und im Rücken der neuen Wohneinheiten aufgebaut. Auch hier konnten 100.000 Adramelech eine vorübergehende Bleibe finden. Viele von ihnen hatten durch die Flucht des Regenten und des Zentralplaneten in eine andere Zeitepoche, ihr ganzes Hab und Gut verloren.

Weitere Wurmlöcher wurden geöffnet. Jetzt trafen redartanische Transportschiffe mit Versorgungsgütern ein. Auch ihnen wurden Landeplätze zugewiesen.

Agrar-Wissenschaftler der Adramelech ließen sich von Wissenschaftlern des Neuen-Imperiums das mitgebrachte Saatgut erklären. Sie verstanden schnell, wie es nutzbar ausgesät und verarbeitet werden konnte. Ununterbrochen summte der Communicator von Admiral Jordin'Rorxon. Mitarbeiter gaben ihm positive

Vollzugsnachrichten, oder fragten ihn nach der Bewältigung vorliegender Probleme. Nach einer Stunde quälender Nachfragen, richtete der Admiral eine Sonderkommission ein, die sich nach seinen Vorgaben um diese Fälle kümmern sollte. Immer mehr Adramelech wurde eine Aufgabe übergeben, die sie ihm Rahmen des Aufbaues der Stadterweiterung durchführen sollten.

General Poison hatte die Ausschleusung des mitgebrachten Materials überwacht. Obwohl er fremd auf dem fünften Planeten des Systems der Adramelech war, wies er alle Techniker und Arbeiter intensiv ein, wie mit den überbrachten Gerätschaften umzugehen war. Gegen Abend kam er mit sechs Marines, die für seine Sicherheit verantwortlich waren, in das Gebäude des Flottenkommandos geschritten.

Major Travis stellte den General der Führung der Adramelech vor. Admiral Jordin'Rorxon verbeugte sich respektvoll und dankte dem General.

»Sie beschämen uns mit ihrer großzügigen Hilfe«, sagte er. »Wir hatten niemals zu hoffen gewagt, dass ein humanoides Volk uns in dieser schwierigen Lage zur Seite stehen würde. Der Aufbau unserer eigenen Industrie geht mit großen Schritten voran. Doch es wird noch einige Zeit benötigen, bis wir hier auf diesem Planeten

Gebrauchsgüter des täglichen Lebens produzieren können.«

»Das verstehen wir«, antwortete der General. »Wir helfen gerne einsichtigen Freunden, die in Not geraten sind. Doch im Gegenzug erwarten wir auch die Einhaltung der Vereinbarungen. Falls es zukünftig irgendwelche Probleme geben sollte, sprechen sie uns an. Wir werden gemeinsam eine Lösung finden. Kanzler Tarn-Lim hat einen direkten Draht zu uns. Nutzen sie diese Kontakte.«

»Das werden wir in jedem Fall«, antwortete der Admiral. »Wir haben erkannt, dass es mit Freunden einfacher geht, anstehende Probleme zu lösen.«

Der Schriftführer des Friedensvertrages kam auf Major Travis zugeschritten.

»Wir haben den Vertrag fertig«, sagte er. »Alle ihre Wünsche wurden berücksichtigt. Prinz Dadra'Katyn hat ihn verlesen und ist einverstanden. Die Beteiligten können ihn jetzt unterschreiben.«

»Danke«, sagte Major Travis. »Bleiben sie noch etwas hier, falls die Abgeordneten Änderungen wünschen. Sie werden noch über das Dokument abstimmen.«

»Danke für ihre Mühe«, lächelte auch Admiral Jordin'Rorxon. »Das Gleiche gilt auch für alle Beamten. Ich habe im Nebenraum Getränke und etwas zu Essen servieren lassen. Ich glaube, sie haben sich eine kleine Stärkung verdient. «

Der Schriftführer bedankte sich und informierte seine Kollegen. Die Gruppe der Schriftführer ließen es sich nicht zweimal sagen, die gingen schnellen Schrittes aus dem Verhandlungsraum.

»Lassen sie uns zu den Delegierten gehen«, sagte Lord Pidra'Borxon. »Sie warten bereits den ganzen Vormittag auf uns. «

»Wir haben noch einmal Einzelgespräche mit ihnen geführt und sie von der Notwendigkeit des Vertrages überzeugt«, sagte Admiral Jordin'Rorxon. »Es ist neu für sie, dass sie jetzt einen Vertrag unterschreiben müssen, der ihre Zukunft regelt. Bisher waren wir immer die Siegermächte. «

»Rechnen sie mit Problemen? «, erkundigte sich Aritron. »Eigentlich nicht«, antwortete der Admiral. »Doch es sind freie Personen. Falls ihnen eine Klausel nicht gefällt, dann werden sie es uns mitteilen. Auch die Delegierten merken bereits, dass der Druck des Regenten von ihnen abgefallen ist. Sie können sich zum ersten Mal in ihrem Leben eigene Gedanken machen, was das Beste für unser Volk ist.«

»Sie erkennen hoffentlich noch, wer die Siegermacht vertritt?«, fragte Aritron.» Unverschämte Forderungen werden von uns nicht erfüllt. «

Admiral Jordin'Rorxon lächelte den Lantraner an.
»Machen sie sich keine Sorgen«, erwiderte er.»Aus diesem Grunde haben wir nochmals mit allen Abgeordneten unter vier Augen gesprochen. Wir haben sie daran erinnert, wie großzügig sie bereits waren. Sie werden die Forderungen nicht überziehen. «

»Ich überspiele den Vertrag auf die Bildschirme der Abgeordneten«, sagte Lord Pidra'Borxon. Sie können ihn schon einmal studieren, bis wir zu ihnen stoßen. «

Admiral Jordin'Rorxon nickte ihm bestätigend zu.

Admiral Tarin trat auf seinen Kollegen zu.
»Jetzt wo alles in die richtige Richtung läuft, möchte ich sie auch kurz auf etwas ansprechen«, sagte er.

Admiral Jordin'Rorxon blickte ihn an.

»Ich habe sie nicht vergessen«, antwortete er. »Es ist meinem Nachrichten-Offizier gelungen, das geheime Datenarchiv des Regenten abzufragen. Alle Hinweise mit dem Namen der Arthropoden wurden von ihm auf diesen Speicherkristall kopiert. «

Der Admiral zog einen grünen Kristall aus seiner Uniformjacke und reichte ihn Admiral Tarin.

»Bitte haben sie Verständnis, dass ich ihn mir nicht ansehen konnte«, sagte er. »Es hat einfach bisher die Zeit gefehlt. Ich habe eine Kopie der Daten. Wenn sich die Situation auf unserem Planeten etwas beruhigt hat, werde ich mir die Daten ansehen. Vielleicht kann ich noch etwas zu ihrer Suche beitragen. «

Admiral Tarin war begeistert.
»Vielen Dank«, antwortete er. »Sie haben mir sehr geholfen. Ich hoffe wirklich, dass dieser Kristall Hinweise auf diese mysteriöse Rasse gibt. «

»Was wollen sie machen, wenn sie die Arthropoden gefunden haben? «, fragte Admiral Jordin'Rorxon. » So wie ich den Hinweis unseres Regenten an Major Travis verstanden habe, scheint es sich um eine sehr weit entwickelte Species zu handeln. Wer den Raum krümmen kann, wird auch über entsprechende Abwehrwaffen verfügen.«

»Die haben wir auch«, lächelte Admiral Tarin. »Wir werden nicht ohne eine vorherige Sondierung über sie herfallen. Ich lasse den Kristall auswerten. Möglicherweise erhalten wir neue Informationen und müssen unseren Plan ändern.«

»Es ist auch möglich, dass sie auf unseren Regenten stoßen«, ergänzte Admiral Jordin'Rorxon. »Vielleicht gibt es dort viele von seiner Art. Ich kenne eine Rasse mit diesem Namen nicht persönlich. Ich rate in jedem Fall zur Vorsicht.«

»Das werden wir sein«, entgegnete Admiral Tarin. »Gehen sie zu ihren Delegierten. Major Travis wartet bereits auf sie.«

Major Travis, Commander Brenzby, Heinze, Aritron und Tart 1 und Tart 2 standen etwas abseits und beobachteten das Gespräch zwischen den beiden Admiralen.

Nach einer kurzen Zeit trat Admiral Jordin'Rorxon zu der wartenden Gruppe.

»Entschuldigen sie«, sagte er. »Ich musste Admiral Tarin noch einen Wunsch erfüllen.«

»Handelte es sich um die geheimen Daten über die Arthropoden?«, fragte Major Travis.

Der Admiral nickte.
»Mein Kollege will sich auf die Suche nach ihnen machen«, erklärte er. » Er hofft neue Hinweise auf die Rasse der Rigo-Sauroiden zu finden.«

»Hoffentlich verrennt sich Admiral Tarin da nicht in etwas«, antwortete Aritron. »Man sollte keine schlafenden Geister wecken.«

»Sie scheinen diese Species zu kennen? «, fragte Commander Brenzby.

Aritron schaute ihn an.
»Nein«, antwortete der lantranische Weiser kurz. »Doch ich kenne einige Gerüchte über sie. Diese verheißen nichts Gutes.«

Mehr wollte Aritron nicht hierzu sagen. Er drehte sich um und folgte Major Travis. Dieser hatte mit Admiral Jordin'Rorxon und den restlichen Offizieren der Gemeinschaftsflotte bereits den Nebenraum verlassen.

Unter Führung von Admiral Jordin'Rorxon, Prinz Dadra'Katyn und Lord Pidra'Borxon schritt die Gruppe in den großen Abstimmungssaal des Flottenkommandos.

Unbewaffnete Sicherheits-Soldaten der Adramelech öffneten bereitwillig die große Türe. Als die Abordnung der Siegermächte in den Saal schritt, wurden sie mit lautem Beifall empfangen. Die Abgeordneten und die anwesenden Führungsoffiziere waren von ihren Stühlen aufgesprungen und applaudierten minutenlang.

Dadra'Katyn und Lord Pidra'Borxon schritten die Stufen hoch zu dem Rednerpult hoch. Der Admiral schnippte kurz gegen das Mikrofon. Ein dumpfer Knall wurde über die Lautsprecher wiedergegeben.

»Geschätzte Politiker und Offiziere«, sprach er in das Gerät. »Sie alle präsentieren unsere provisorische Regierung. Sie haben sich heute hier versammelt, um über den Friedensvertrag mit der Gemeinschaftsflotte des Neuen-Imperiums abzustimmen. «

Der Admiral ließ eine kurze Pause vergehen, dann sprach er weiter.

»Sie alle haben gesehen, was außerhalb dieses Gebäudes vor sich geht«, sagte der. »Dank der großzügigen Hilfe unserer Siegermächte werden alle Adramelech eine trockene Unterkunft erhalten. Einen vorübergehenden Platz, den sie ihr Eigen nennen dürfen. General Poison, ein maßgeblicher Oberbefehlshaber des Neuen-Imperiums hat nicht lange gezögert, als er von unseren Nöten informiert wurde. Er ist mit 500 großen Transportschiffen gekommen, die Maschinen, Gerätschaften und das Nötigste an Bord haben, um uns die nächste Zeit unser Leben zu vereinfachen.

Die gleiche Anzahl von Schiffen wurde von dem redartanischen Imperium geschickt. Kanzler Tarn-Lim wollte hinter dem General nicht zurückstehen. An dieser Stelle möchten wir noch einmal unseren aufrichtigen Dank aussprechen.«

Wieder erfüllte rauschender Beifall den Saal.

»Sie alle haben den Friedensvertrag auf ihrem Bildschirm«, ergänzte der Admiral. »Er enthält nicht mehr und nicht weniger Details als die Formulierungen, die mit ihnen besprochen wurden. Das Flottenkommando, der Geheimdienst und Lord Pidra'Borxon sind mit dem Wortlaut einverstanden. Jetzt fehlt noch ihre Zustimmung, damit der Vertrag von beiden Seiten unterschrieben werden kann. Sprechen sie uns ihr

Vertrauen aus und helfen sie mit, an dem Aufbau unserer neuen Republik. Drücken sie den grünen Knopf vor ihnen für ihre Zustimmung, die rote Taste gegebenenfalls für ihre Ablehnung. Doch ich hoffe inständig, dass sie heute den Stein für unsere Zukunft legen. Wir werden nicht mehr alleine im Universum die Probleme lösen müssen. Falls sie einverstanden sind, dann haben wir neue Freunde gefunden, die uns in Notfällen unterstützen und für Recht und Ordnung sorgen werden. Errichten wir eine neue und bessere Sterneninsel. Nicht nur für uns, sondern für alle Rassen, die in ihr Aufwachsen und leben möchten.«

Erneut jubelten die Anwesenden. Die Mitarbeiter des Flottenkommandos schienen eine gute Arbeit geleistet zu haben. Sie konnten die Politiker positiv auf den Vertrag einstimmen.

»Treffen sie jetzt ihre Entscheidung«, forderte der Admiral. »Eine zweite Chance wird es für uns nicht mehr geben. «

Schlagartig wurde es ruhig in dem Saal. Die wahlberechtigten Anwesenden drückten auf ihre Knöpfe. Ein vierseitiger Bildschirm senkte sich von der Decke herab. Er zeigte nach allen Seiten das Wahlergebnis an.

Die Hypertronic-KI des Flottenkommandos brauchte nur Sekunden, um das Wahlergebnis zu verarbeiten.

Lauter Jubel war von den Rängen der Delegierten zu hören.

Admiral Jordin'Rorxon lächelte, als er das Ergebnis las. Exakt 97 Prozent der Delegierten hatten zugestimmt. Lediglich 3 Prozent der Anwesenden waren sich unsicher und gaben eine negative Stimme ab.

»Das Ergebnis ist bindend«, teilte er mit. »Die Mehrheit hat zugestimmt. Wir können den Vertrag jetzt unterschreiben.«

Er drehte sich zu den Anwesenden um. Er riss seine Arme nach oben.

»Danke«, sprach er in ein Mikrofon. »Danke euch allen. Der heutige Tag wird in die Geschichte eingehen. Wir allen können stolz auf uns sein. Der Regent ist geflüchtet. Seine Knechtschaft ist beendet. Alle Adramelech können aufatmen und sich auf gute Zeiten freuen. Dieser heutige Tag wird zukünftig jedes Jahr ein Feiertag für uns sein. Wir werden die Befreiung nicht vergessen. Dieser Tag wird unser Fundation Day sein. Das wird das erste Gesetz sein, dass wir auf diesem Planeten beschließen.«

Die Delegierten waren aufgesprungen und jubelten. Nie war ihre Freude so groß gewesen. Sie alle erkannten, dass sie ab jetzt an den Regierungsgeschäften intensiv beteiligt wurden.

Langsam klang der minutenlange Beifall ab. Die Anwesenden erhoben sich und verließen den Saal. Drei Saaldiener trugen drei große, in Leder gebundene Bücher herein. Auf ihnen stand in goldenen Buchstaben das Wort

FRIEDENSVERTRAG

Ein Saaldiener klappte es auf. Auf der zweiten Seite stand geschrieben, Friedensvereinbarung zwischen der Gemeinschaftsflotte des Neuen-Imperiums, den Uylanern und den Adramelech.

Admiral Jordin'Rorxon, Major Travis und Citgin Sirgan, der stellvertretende Flottenführer der Uylaner, unterschrieben die drei Bücher als erste Personen. Dann folgten die weiteren Offiziere der Gemeinschaftsflotte und der Adramelech und die Offiziere der Uylaner. Die Reihe der Unterschriften wurde immer länger. Die Zeremonie dauerte einige Minuten. Dann klappten die Saaldiener die Bücher zu. Ein Exemplar wurde Admiral

Jordin'Rorxon überreicht, dass zweite Major Travis ausgehändigt und das dritte Citgin Sirgan übergeben

Lord Suito'Beytun blickte die Gäste an. »Die Formalitäten wurden erledigt«, sagte er. »Dürfen wir sie zu einem Getränk und kleinen Speisen einladen. Wir haben in einem Raum etwas angerichtet.«

Citgin Sirgan schüttelte seinen Kopf. »Wir gehen zurück auf unser Schiff«, erklärte er. »Wir haben wunschgemäß den Vertrag unterschrieben. Jetzt wollen wir nur noch hier weg.«

»Ich verstehe sie«, sagte Major Travis. »Gehen sie auf ihr Schiff. Sie können bald zurückfliegen.«

Die restlichen Offiziere nickten. Sie folgten dem Lord Suito'Beytun in einen kleinen Raum.

Das Essen duftete, unterschiedliche farbige Getränke wurden angeboten. Die unterschiedlichen Parteien kamen sich näher. Es wurden leidenschaftliche Gespräche geführt und Informationen ausgetauscht.

Admiral Tarin versuchte immer wieder Hinweise auf die Arthropoden, oder die Rigo-Sauroiden zu finden, doch alle Versuche misslangen. Durch die relative

Unsterblichkeit des Regenten mussten die Ereignisse bereits tief in der Vergangenheit liegen.

Admiral Jordin'Rorxon blickte Aritron an. »Sind sie zufrieden? «, erkundigte er sich.

Der Lantraner nickte.

»Der Regent ist verschwunden«, erwiderte er. »Auch wir haben erkannt, dass er für das ganze Übel verantwortlich war. Wir kannten ihre Rasse immer nur als Vernichter nachwachsender Zivilisationen. Erst jetzt, als wir persönlich mit ihnen sprechen durften, bekommen wir ein anderes Bild von ihrer Species. Nur wer kommuniziert, kann andersartige Rassen verstehen. «

»Wir haben es begriffen«, antwortete der Admiral. »Ich hoffe sehr, dass wir weiterhin Kontakt zu ihnen halten dürfen, möglicherweise durch unser Konsulat auf Redartan? Wir haben erkannt, dass wir viel von ihnen lernen können. «

Aritron lachte.

»Erwarten sie nicht zu viel«, erwiderte er. »Jede Rasse sollte sich in seiner technischen Entwicklung selbst weiterentwickeln. Hieran wird sich nichts ändern. «

»Es reicht uns, wenn wir wissen, dass notfalls starke Verbündete zur Stelle sind«, erwiderte der Admiral.

»Rechnen sie damit, dass der Planet des Regenten irgendwann wiederauftauchen wird?«, erkundigte sich Aritron.

»Die Möglichkeit ist vorhanden«, antwortete der Admiral. »Doch wir werden wachsam sein. Er wird sein geliebtes Imperium nur noch verändert vorfinden. Da bin ich mir sicher. In absehbarer Zeit, werden ihm immer weniger Adramelech nachtrauern.«

Die Stunden zogen sich dahin.

Major Travis trat auf die Führung der Adramelech zu. »Wir werden uns mit dem größten Teil unserer Verbände auf den Heimflug begeben«, sagte er. »Alle Weichen sind gestellt. Warten sie nicht zu lange mit dem Aufbau ihres Konsulats auf Redartan. Es ist wichtig, dass ein kommunikativer Austausch stattfindet. Wir werden eine Wurmloch-Station in ihrem Sternen-System errichten. Dann wird es ihnen möglich sein, kurzfristig zu uns zu gelangen. Doch das ist noch Zukunftsmusik. Alles hängt davon ab, wie sie die Auflagen umsetzen. Dann sehen wir weiter.«

»Seien sie unbesorgt«, antwortete der Admiral. »Wir Adramelech haben die Zeichen der Zeit erkannt. Der Prozess ist nicht mehr umkehrbar.«

Die Offiziere der Gemeinschaftsflotte verabschiedeten sich. Admiral Jordin'Rorxon, Prinz Dadra'Katyn und Lord Pidra'Borxon begleitete sie noch zu dem Raumhafen vor dem Gebäude. Sie wateten ab, bis die Schiffe gestartet waren und in dem blauen Himmel immer kleiner wurden. Dann drehten sie sich um und schritten in das Gebäude der provisorischen Regierung zurück.

Atlanta und Thoran

50.000 Jahre vor dem Angriff der Sauroiden

Wie Heuschrecken am Himmel kommen sie mit ihren Raumschiffen und fallen über das kaiserliche Imperium her. Sie werden die Sonne über den bewohnten Planeten verdunkeln. In der Tiefe des Alls bauen sie eine Armada auf. Ihr Hass wird die humanoiden Zivilisationen in der Milchstraße auslöschen. Niemand konnte sie bisher aufhalten. Es sind grüne, schreckliche Wesen, ohne jegliche Gefühle. Ihre Reißzähne und Klauen werden geschärft. Sie sind willenlose Befehlsempfänger, die ihren Herren kompromisslos dienen, ohne deren Befehle zu hinterfragen. Sie haben nur ein Ziel, das natradische Imperium in seinen Grundfesten zu erschüttern. Tief in dem grauen Imperium sammeln sie sich und warten auf ihren Einsatzbefehl. Von Tag zu Tag werden sie mehr. Die künstlichen Brutstätten ihrer Herren erwecken eine Armee von mordlüsternen Bestien zum Leben. Der einzige Sinn ihres Lebens ist, Tod und Vernichtung über die humanoiden Species der Galaxie zu bringen.

Schweißgebadet wachte Atlanta auf. Sie blickte sich um. »Alles war nur ein Albtraum«, dachte sie. »Ich bin in meiner Kabine. Nichts hat sich geändert. «

Langsam richtete sie sich auf.

»Du hattest einen schlechten Traum«, sandte die M-KI beruhigende Worte an ihr Kunstgeschöpf. »Deine Gedanken haben mich erschreckt. «

»Es war alles so klar und so deutlich«, antwortete die Königin von Atlantis. Als ob mir irgendjemand gedanklich eine Warnung gesandt hätte. «

»Wer sollte das sein? «, erkundigte sich ihre Mutter. » Niemand auf unserer Welt kann Gedanken senden, geschweige diese lesen. «

»Ich kann es dir nicht sagen«, antwortete Atlanta. »Es war mehr als nur ein Traum. Alles war so intensiv und grauenvoll. «

»Beruhige dich«, sandte die M-KI ihre Worte. »Niemand bedroht unser Imperium. Es gibt keine Species in der Galaxie, die unsere technische Überlegenheit besitzen. «

»Tief in einem grauen Universum braut sich etwas zusammen«, antwortete Atlanta. »Dort scheint eine alte Species zu existieren, die eine Armada von Millionen von Schiffen aufbaut. Sie scheinen in der Lage zu sein, in künstlichen Brutstätten unzählige von willenlosen Kriegern zu produzieren, die für einen Angriff auf unser

Imperium gedrillt werden. Es sind schreckliche Wesen mit grüner Haut, Reißzähnen und langen scharfen Krallen. «

»Wir kennen solche Lebensformen nicht«, erwiderte die M-KI. »Unsere Forschungsflotten sind in die Kleine Magellanschen Wolke eingedrungen und unser Kaiser bricht heute mit 25.000 Schiffen auf, um unsere Kolonien in Andromeda zu besuchen. «

»Das ist mir bekannt«, antwortete Atlanta. »Sicherlich wirst du Recht haben, es wird nur ein Traum gewesen sein. Wer sollte es wagen, unser Imperium anzugreifen. Danke für deine Unterstützung. «

»Gerne«, antworte die Mutter. »Deine Gedanken sind auch meine Gedanken. Ich bemerke es, wenn du dir Sorgen machst. Sei ohne Furcht. Der Kaiser wacht über uns. «

Atlanta bemerkte, wie sich ihre Mutter aus ihren Gedanken zurückzog. Erleichtert atmete sie auf. Sanft strich sie ihr langes Haar zurück und reckte sich. Leichtfüßig sprang sie aus ihrer Liege und schritt zu ihren großen Fenstern.

»Öffnen«, flüstere sie.

Die Schutzwände aus Natrid-Stahl fuhren in die Verkleidung der Wand zurück und gaben den Blick auf ihre große Basis frei. Erste Sonnenstrahlen leuchteten am Horizont und spielten sich auf dem ruhigen Meeresspiegel. Der Sonnenschein leuchtete durch ihr dünnes Schlafgewand und offenbarte ihren gut geformten Körper unter dem edlen Stoff. Sie schaute nach rechts und erkannte, wie Wissenschaftler, Techniker und unzählige Arbeitsroboter bereits wieder an der Erweiterung ihrer Basis arbeiteten.

Sie hatte noch die Worte von Kaiser Quoltrin-Saar-Arel in Erinnerung.

»Die Atlantis-Basis wird zu einem unüberwindlichen Bollwerk in unserem System ausgebaut«, teilte er mit. »Niemand wird sich wagen unser Imperium anzugreifen, falls doch, dann werden wir gewappnet sein. Tarid wird mögliche angreifende Schiffsverbände stellen, falls sie von der Sonne aus in unser System einfliegen. Die neuen Abwehr-Geschütze hier auf Atlantis und das Abfangbollwerk auf dem Trabanten Lorz werden hierfür sorgen. Niemanden wird es gestattet, uns in den Rücken zu fallen. Du wirst die Steuerung der Anlagen übernehmen. Ich vertraue auf dich. «

Atlanta drehte sich von dem Fenster ab und ging in ihre Nasszelle. Vor dem Eingang ließ sie ihr Schlafgewand von ihrem Körper rutschen. Ihr makelloser Körper spannte sich. Die Kombination aus Wasser, Dampf und der Hygienedusche, versorgten sie mit frischer Energie.

Wohltuend genoss sie die Reinigung. Sie trocknete sich ab und stieg in einen ihrer Kampfanzüge, den ihr persönlicher Roboter für sie bereitgelegt hatte. Dank ihrer engen Beziehung zu dem Kaiser, durfte sie über ein Klon-Bad verfügen, dass ihren Körper generierte. Ferner durfte ihre Mutter geklonte Körper anfertigen, wenn ihr eigener beschädigt, oder unbrauchbar geworden war.

Atlanta war ein weiblicher Klon, den die Tarid M-KI auf Wunsch des Kaisers Quoltrin-Saar-Arel für sich und seine externen Belange ins Leben befohlen hatte. Sie wirkte in ihrem Aussehen weicher als die natradischen Wesen von Natrid, welche ihr Befehle gaben. Sie war eine Züchtung aus programmierbarer natradischer DNA und dem besten unverbrauchten DNA-Material, das der Planet Tarid hervorgebracht hatte. Das gelungene Experiment einer planetaren DNA-Verbindung zweier Welten. Atlanta war 1.90 Meter groß, schlank und durchtrainiert.

Als Kleidung bevorzugte sie ihre spezielle Taja, die sie hauteng auf ihrem Körper trug. Der natradische schwarze

Kampfanzug eignete sich für viele Aufgaben. Ihre Hüfte umschlang ein Waffengurt, der auf jeder Seite einen Holster aufwies, in denen schwere natradische Laser-Waffen saßen. Ihre langen strohblonden Haare reichten ihr bis zu den Schultern. Die rosa braune Hautfarbe gab ihr ein berauschendes Aussehen. Sie bevorzugte ihre geklonten Körper in der Altersstufe 35 Jahre bis 45 Jahre zu übernehmen. Atlanta hatte Zugriff auf mehrere lebenserhaltende Geräte, aus den geheimen wissenschaftlichen Abteilungen des Kaisers.

Ihr Wissen konnte sie in jeden neuen Köper downloaden. Früher war sie die heimliche Geliebte des aktuellen Kaisers. Diese Zeiten waren vorbei. Heute verstand sie sich gut mit ihm. Entsprechend dieser Tatsache durfte sie sich auch spezielle Eigenarten leisten. Sie konnte Geheimnisse für sich bewahren. Denn auch der Kaiser war ein geheimer Spender für ihr gemischtes und optimiertes DNA-Material. Sie konnte gedanklich eine Verbindung zu ihrer M-KI herstellen.

Ihr Albtraum kam ihr wieder in den Sinn.
»Wann wird es passieren? «, fragte sie sich.

Trotz aller Bemühungen ihrer Mutter, sie auf andere Gedanken zu bringen, ließen sie die Erinnerungen nicht mehr los.

Still seufzte sie vor sich hin. Sie schritt nochmal zu ihren großen Fenstern und blickte hinaus. An 35 Stellen ihrer Basis wurden Erweiterungen durchgeführt. Sie waren noch nicht fertig, doch die Arbeiten gingen zügig voran. Weiter nördlich bauten Industriefirmen ihre Hallen und Gebäude auf. Sie alle waren für die Infrastruktur der großen Basis notwendig. Ihr Gemach lag in dem großen Verwaltungsturm der Basis, in der auch einige Etagen unter ihrer Unterkunft die Leitstelle untergebracht war. Aus ihrem Fenster blickte sie steil nach unten. Sie erkannte viele Privatgleiter, die das Straßenbild der Basis prägten. Ferner Antigrav-Busse, Transporter und offene Gleiter, die Personal beförderten. Das rege Treiben in ihrer Basis liebte sie.

»Eine so große Anlage braucht viel Personal«, dachte sie. »Wir haben hier nur die Besten von ihnen. Hierauf achte ich bei jeder neuen Einstellung. Atlantis ist autark und kann sich selber helfen. «

Noch nie hatte sie bei der großen Natrid Hypertronic-KI um Unterstützung gebettelt. Dank ihrer engen Verbundenheit mit dem Kaiser, war dies auch nicht notwendig. Er erfüllte ihr fast jeden Wunsch.

Atlanta dachte an ihre Anfänge, vor vielen Jahrtausenden zurück.

»Kaiser Quoltrin-Saar-Arel ist ein sehr emotioneller Führer unseres Volkes«, dachte sie. »Früher musste ich ihm auch privat dienen. Ich habe es gerne gemacht, da ich ein Kind seiner Wünsche war. Doch irgendwann verblasste das Verlangen Quoltrin-Saar-Arel an mir und er suchte sich andere Gespielinnen. Seit dieser Zeit hat sich unser Verhältnis in treue Freundschaft gewandelt. Vermutlich auch, weil er erkannt hatte, dass seine Atlantis-Basis sich bei mir in guten Händen befindet. Seit dieser Zeit akzeptieren wir und schätzen uns. «

Atlanta hatte lange gewartet, bis sie wieder einen Mann in ihr Herz schließen konnte. Seit vielen Jahrhunderten erhielt der Kaiser Besuch von lantranischen Abgesandten.

»Quoltrin-Saar-Arel hatte mich in einem privaten Gespräch hiervon unterrichtet, dass es sich um ein altes Volk in der Milchstraße handelt«, erinnerte sie sich. »Die Lantraner versuchten auf ihn einzuwirken, die Führungsrolle in der Milchstraße zu übernehmen. Angeblich wurde durch sie der Samen für viele humanoide Rassen in unserer Sterneninsel ausgestreut. Diese jungen Rassen sollten von den Lantranern geschützt werden. «

Atlanta dachte an die inoffizielle Aussage des Kaisers. »Sie spielen sich auf, als ob ihnen die Milchstraße gehören würde«, teilte er ihr mit. »Ich bezweifele stark, dass sie für die Ausbreitung des Lebens in der Milchstraße verantwortlich waren.«

Atlanta grinste bei dem Gedanken. »Das war auch der Grund, warum Quoltrin-Saar-Arel die Verhandlungen in die Länge zog«, dachte sie. »Er teilte mir mit, dass sich das natradische Imperium niemals von einer anderen Rasse abhängig machen werde. Ich fragte ihn, warum er die Gespräche dann nicht abbrechen würde. Er antwortete, dass er erst prüfen wollte, was die Lantraner uns für technische Errungenschaften offerieren könnten. Falls sie hilfreich für die weitere Entwicklung unserer Rasse wären, dann könnte er sich vorstellen, zum Schein auf ihre Wünsche einzugehen.«

Atlanta schüttelte ihren Kopf. »Ich habe ihn vor einem falschen Spiel gewarnt«, dachte sie. »So gewinnt man keine Verbündeten, habe ich ihm mitgeteilt.«

Der Kaiser sah mich nur irritiert an.

»Wofür brauchen wir Verbündete?«, fragte er. » Es gibt niemanden, der uns gefährlich werden kann. Ich habe meine Flotte, dich und deine Basis. «

Atlanta dachte nach.

»Der Kaiser brach die Verhandlungen mit den Lantranern nicht ab, sondern fragte die Abordnung immer wieder nach neuen Zugeständnissen«, erinnerte sie sich. »Einmal erhielt ich einen Hyperkomm-Funkspruch von Quoltrin-Saar-Arel, der mich unterrichtete, dass ein Regierungsmitglied der lantranischen Abordnung gerne die Atlantis-Basis besichtigen möchte. Ich sollte ihm alles zeigen und seine Wünsche erfüllen. «

Atlanta schmunzelte, als ihr die Gedanken in den Sinn kamen, dass ihr Kaiser diesen Satz vermutlich nicht ganz so wörtlich gemeint hatte.

»Doch als ich Thoran das erste Mal begegnete, da konnte ich bereits seine intelligente geistige Aura spüren«, dachte sie.» Er war einen halben Kopf größer als ich, besaß krauses schwarzes Haar und einen Bart, welcher um sein Kinn herumreichte. Als er mich anblickte, konnte ich die gleiche hellblaue leuchtende Augenfarbe erkennen, wie ich sie auch besaß. Thoran bevorzugt als Kleidung ebenfalls seinen Kampfanzug. Er lächelte nur, als ich seine Gedanken auslesen wollte. Er sagte mir, dass wir uns doch lieber normal unterhalten sollten. Dabei käme man sich näher. Er war ein Waffenexperte, Schwertkämpfer und ein durchtrainierter Krieger. Ganz so, wie ich es liebte. Sein Lächeln und sein unausgesprochenes Verlangen ließen mein Herz höherschlagen. Schon damals verzehrte ich mich, ihn näher kennenzulernen.«

Atlanta blickte auf die Fußgänger, die unterwegs waren. Einige von ihnen waren neu auf der Basis und blickten sich interessiert um. Eine Flotte von 12 Schiffen der Kaiser-Klasse flog in ihren Blickwinkel. Sie steuerte eine Freifläche an und ging in den Landanflug über.

»Es wird wieder neues Material geliefert«, erkannte sie. »Vermutlich ist es Natrid-Stahl für die Erweiterungsbauten.«

Zahlreiche Kampfjets überflogen die Basis. Es waren Einheiten, die den Flugverkehr über der Basis kontrollierten.

Atlanta schnallte sich ihren schweren Waffengürtel um. Ein letzter Blick in den Spiegel bestätigte ihr gutes Aussehen. Sie schritt aus der Kabinentüre nach außen. Zahlreiche Personen waren in dem Gang unterwegs. Eine Gruppe der geistigen Kaste kam auf sie zugeschritten.

Atlanta beobachtete sie. Alle Angehörigen der religiösen Kasten trugen weiße Kutten, auf denen in Brusthöhe das Zeichen des kaiserlichen Imperiums und ihrer zugehörigen Kaste aufgedruckt war. Sie verbeugten sich vor ihr und bezeugten ihren Respekt. Atlanta trat zur Seite, um sie passieren zu lassen. Ein älterer Geistlicher blickte sie an.

»Der Untergang wird in dem grauen Universum geplant«, flüsterte er ihr zu. »Seien sie auf der Hut. Wenn sich die Bestien zusammenrotten, dann kommt der Untergang über unser Reich. Die Kreaturen werden sich an unserem Blut ergötzen und unser Imperium erschüttern. Nur der Glaube kann sie besiegen. «

Da war er wieder, der Albtraum, der sie nicht ruhig schlafen ließ.

»Wer sind sie? «, fragte sie den Geistlichen. » Wo liegt das graue Imperium? «

»Wir sind Gläubige«, antwortete das Mitglied der geistigen Kaste. »Der Kaiser will unsere Warnungen nicht ernst nehmen. Doch wir sind Traumdeuter und haben gestern eine Vision gehabt. Grüne Wesen mit Fangzähnen und scharfen Klauen werden irgendwann über uns herfallen und unsere Heimat verwüsten. «

»Sagt mir Bescheid, wenn ihr weitere Visionen erhaltet«, bat sie den Geistlichen. »Ich nehme euch gewiss ernst.«

Sie durfte es nicht aussprechen, doch sie erkannte, wie sich in den Gesichtern der Geistlichen neue Hoffnung breitmachte. Sie lächelten vor Begeisterung; aber nicht wegen ihres Glaubens. Atlanta erkannte, dass sie eine große Last von ihren Schultern genommen hatte. Ein Gläubiger nickte ihr zu.

»Nach dem schweren Verlust des Untergangs unseres Paradieses werden sie zur Stelle sein, um den Übergang in ein Neues-Imperium zu verwalten«, flüsterte er ihr zu.

»Es wird nicht besser, oder schlechter sein als unser heutiges Imperium. Doch es wird nach Liebe, Freundschaft und Zusammenhalt ausgerichtet sein.«

Atlanta schüttelte ihren Kopf.
»Falsch«, dachte sie. »Das ist eine grobe Fehleinschätzung der Situation. Nichts deutet auf einen Angriff auf unser Imperium hin. Die technische Ausrüstung und die Bereitschaft unseres Imperiums, waren noch nie so hoch, wie in dieser Zeitepoche.

»Was meinen sie hiermit? «, fragte sie den Geistlichen.

Der blickte sie verständnislos an.

»Haben sie es nicht selbst vernommen? «, erkundigte er sich. » Die Götter haben uns persönlich gewarnt. Wie Heuschrecken am Himmel kommen sie mit ihren Raumschiffen und fallen über das kaiserliche Imperium her. Sie werden die Sonne über den bewohnten Planeten verdunkeln. In der Tiefe des Alls bauen sie eine Armada auf. Ihr Hass wird die humanoiden Zivilisationen in der Milchstraße auslöschen. Niemand konnte sie bisher aufhalten. Es sind grüne, schreckliche Wesen. Ihre Reißzähne und Klauen wurden geschärft. Sie sind willenlose Befehlsempfänger, die ihren Herren kompromisslos dienen, ohne deren Befehle zu hinterfragen. Sie haben nur ein Ziel, das natradische Imperium in seinen Grundfesten zu erschüttern. «

Atlanta trat einen Schritt zurück. Sie erkannte, dass der Geistliche von dem gleichen Albtraum berichtete, der sie quälte.

»Sie müssen sich irren«, antwortete sie. »Es gibt niemanden, der uns gefährlich werden kann. «

Diesmal war es der Geistliche, der seinen Kopf schüttelte.

Er blickte seine Kollegen an.

»Sie begreifen es einfach nicht«, sagte er. »Ihnen ist der Glaube verloren gegangen. «

»Ist es ihnen zu verdenken? «, fragte ein anderer. » Der Untergang liegt noch in weiter Ferne. Ihre Kindeskinder werden wieder die Leittragenden sein. «

Er blickte Atlanta an. »Der Untergang wird von den Göttern vorhergesehen«, antwortete er. »Er wird wie ein Schwert der Vergeltung über Natrid hereinbrechen. Glauben sie unseren Worten. Noch nie haben wir von unseren Göttern falsche Hinweise erhalten. «

Dann drehten sich die Geistlichen ab und gingen weiter ihres Weges.

Atlanta schritt in Gedanken weiter den breiten Korridor entlang. Die Hinweise der Geistlichen gaben ihr zu denken.

»Hörst du mich Mutter? «, fragte sie. »Hast du das Gespräch mit den Geistigen verfolgen können? Sie haben die gleichen Informationen erhalten. Für sie ist es eine Warnung ihrer Götter. «

»Ich habe das Gespräch verfolgt«, antwortete die M-KI beruhigend. »Die Angehörigen der geistigen Kaste leben in einer anderen Sphäre. Für sie sind viele Dinge von göttlicher Hand erschaffen worden. Sie glauben noch an die Götter der ersten Stunde, die Natrid als Feuerball aus der Sonne gezogen wurde.«

»Sie haben den gleichen Traum gedeutet, wie ich ihn erhalten habe«, sandte Atlanta ihre Gedanken an die Mutter. »Es ist schon sehr verwunderlich, dass mehrere Personen die gleichen Informationen erhalten. Das widerspricht jeder Logik.«

»Ich habe ihn nicht empfangen«, erwiderte die M-KI. »Demnach kann ich deine Empfindungen nicht als real bestätigen. Die Traumdeutungen der Geistlichen lassen sich in der Regel nicht nachvollziehen. Sie sind emotionell und aufgrund ihres Glaubens zu deuten.«

»Das ist mir bewusst«, antwortete Atlanta. »Trotzdem werde ich die Angelegenheit weiter untersuchen.«

»Mach das, mein Kind«, antwortete die M-KI. »Wenn du weitere Informationen findest, teile sie mit bitte mit. Bis zu diesem Zeitpunkt lege ich keine besondere Beachtung auf diese Träume.«

Dann beendete sie den Kontakt zu Atlanta.

»Es ist eine Frage des richtigen Zeitpunktes«, dachte Atlanta. »Aus vielen Vorahnungen wurden schon immer realistische Gefahren. Das haben wir in der Vergangenheit schmerzhaft lernen müssen. Warum sind die Geistlichen so angesehen. Sagen sie uns die Wahrheit? Kann nicht aus ihren Vorahnungen Wahrheit entstehen? Warum sind sie sich so sicher?«

Letztendlich glaubte sie nicht an die Weissagungen einzelner Propheten. Doch in dieser Angelegenheit war sie sich unsicher. Sie hatte die gleichen Albträume durchlebt.

Langsam schritt sie weiter durch den großen Korridor. Hier begannen die Leitstellen der Basis. Der geheime Bereich wurde durch ein breites Schott gesichert, vor dem zwei Sicherheits-Soldaten standen. Als sie Atlanta erkannten, salutierten sie gebührend.

Atlanta erwiderte den Gruß. Die Soldaten öffneten bereitwillig das Schott und ließen sie eintreten. Schnellen Schrittes ging sie auf die Brücke der Basis zu.

»Da kommt ja die Sehnsucht meines Herzens«, hörte sie eine Stimme, seitlich von ihr sagen.

Ein Grinsen breitete sich in ihrem Gesicht aus. Sie drehte ihren Kopf der Stimme zu. Thoran saß in dem Wartebereich und lächelte sie verführerisch an.

»Ich wurde nicht auf die Brücke gelassen«, monierte er beleidigt. »Man forderte mich auf, hier auf dich zu warten.«

Atlanta ging auf ihn zu. Mit ihren hellblauen Augen schmunzelte sie ihn an.

»Du kennst die Vorschriften«, flüsterte sie ihm zu. »Warum versuchst du immer wieder allein auf die Brücke zu kommen?«

»Ihr macht euch zu vielen Gedanken«, sagte er. »Das Unvermeidliche lässt sich sowieso nicht aufhalten. Trotz vieler Sicherheitsmaßnahmen finden doch alle Saboteure einen Weg.«

»Es ist ein ausdrücklicher Befehl unseres Kaisers, dass sich keine unbefugten Personen Zutritt verschaffen«, antwortete sie. »Ich halte das für eine gute Vorgabe.«

Thoran blickte sie an.

»Von so einer hübschen Kommandantin lasse ich mir gerne Befehle geben«, lachte er.

Dann zog er sie an sich und drückte ihr einen festen Kuss auf den Mund.

Atlanta ließ es gewähren und erwiderte ihn leidenschaftlich. Nicht nur Überraschung, sondern auch aufkeimende Freude machte sich in ihr breit.

»Warum bist du hier? «, fragte sie.

»Unser Weiser spricht nochmals mit deinem Kaiser über ein harmonisches Imperium, in dem alle Rassen sich auf Augenhöhe begegnen können«, erklärte er. »Er appelliert an ihn, den militärischen Schutz für die Völker in der Milchstraße zu übernehmen. «

»Immer noch das alte Thema? «, lächelte Atlanta. » Ihr seid schon fast vernarrt hierin. «

»Ohne eine gemeinsame Zusammenarbeit wird es keinen Frieden unter den Völkern geben«, sagte Thoran. »Wir haben das Gefühl, das es eurem Kaiser schwerfällt, andere Species zu akzeptieren. Doch das ist eine Voraussetzung für die Unterstützung durch uns. «

Atlanta hatte ein Geräusch gehört. Sie wand sich aus den Armen von Thoran und drehte sich um. Sie registrierte, wie zwei Soldaten vorbeigingen, die sie abfällig musterten. Sie drehte ihren Kopf wieder Thoran zu.

Vor ihr stand ihr Held, fast zwei Meter groß, kräftig gebaut und muskulös und genau wie sie, mit einer relativen Unsterblichkeit ausgestattet.

»Ich habe dich vermisst«, flüsterte sie ihm zu und biss ihm ins Ohrläppchen.

Er lachte sie an.
»Das habe ich auch«, antwortete er. »Ich habe etwas freie Zeit erhalten und kann diese mit dir verbringen. Würdest du mir Tarid zeigen, außerhalb dieser Station. Ich bin sehr gespannt hierauf. «

»Das ist nicht ungefährlich«, antwortete Atlanta. »Es gibt viele wilde Stämme auf dem Festland. Noch nicht alle verhalten sich kultiviert. «

»Mach die keine Sorgen«, antwortete Thoran. »Mein Schwert liegt in meinem Evolutions-Schiff, meinen Strahler trage ich an meiner Hüfte und an meinem Handgelenk befindet sich mein Energiering.

Atlanta blickte auf seinen Arm.

»Was kann man damit alles machen? «, erkundigte sie sich. » So ein Spielzeug haben wir hier nicht. «

Thoran nahm den Metallring herunter. Er bestand aus 12 Ringen, die aufeinanderlagen. Er schüttelte sie kurz und hielt eine Art Ringdiskus in den Händen. Dann drückte er einen Knopf an dem mittleren Ring. Ein Energiefeld flammte auf.

»Diese Waffe wird personalisiert«, erklärte er. »Mir macht die Energie nichts aus, doch fasse die Waffe niemals an. Deine Hand würde sofort verbrennen. «

»Wie stark ist sie? «, fragte Atlanta.

»Stark genug«, lächelte Thoran. »Der Diskus schneidet auch den stärksten Natrid-Stahl in kleine Stücke. Aufgrund der Personalisierung kehrt der Diskus immer wieder zu seinem Besitzer zurück. «

Er blickte die erstaunte Atlanta an.

»Soll ich es demonstrieren? «, lachte Thoran.

»Auf keinen Fall«, monierte Atlanta. »Du würdest sofort den Sicherheitsbereich alarmieren. «

»Warte hier auf mich«, sagte Atlanta. »Ich muss noch in die Leitstelle, die Arbeitsschichten für heute einteilen. «

Sie drückte ihm einen Kuss auf die Wange und schritt in schnellem Tempo auf die Brücke.

Thoran nickte und schaute ihren wiegenden Hüften nach.

Die diensthabenden Offiziere salutierten, als ihre Kommandantin eintraf.

»Status? «, fragte sie. » Liegt irgendetwas Besonderes an?«

Ihr 1. Offizier kam auf sie zugetreten. »Alles ist ruhig, Kommandantin«, bestätigte er. »Es liegen keine besonderen Meldungen vor. Lediglich einige Schiffe von Natrid mit Baumaterial, haben für heute ihre Landung angemeldet. Sie sind alle mit dem kaiserlichen Siegel versehen. «

»Das heißt, sie sind als geheim deklariert«, antwortete sie.

Ihr 1. Offizier nickte

»Nur ausgesuchtes Personal von Kaiser Quoltrin-Saar-Arel darf die Schiffe betreten«, bestätigte er. »Die Ladung untersteht der Geheimhaltung.«

»Hoffentlich schleusen wir uns auf diesem Wege nicht irgendwann einmal Saboteure in die Basis ein«, erwiderte Atlanta. »Langsam geht mir der Kaiser mit seiner Heimlichtuerei gewaltig auf die Nerven. Wie sollen wir hier für die Sicherheit sorgen, wenn wir keine Informationen für die Ladung der Schiffe erhalten.«

Der 1. Offizier zuckte mit seinen Schultern.
»Wollen sie das dem Kaiser mitteilen?«, erkundigte er sich.

Atlanta nickte zustimmend.
»Es wird Zeit, dass ich das dem Kaiser klarmache«, entschied sie. »Er befindet sich im Moment in einer Konferenz mit lantranischen Besuchern. Danach fliegt er mit einer Flotte von 25.000 Schiffen nach Andromeda und besucht dort unsere neuen Kolonien. Wenn er zurück ist, werde ich ihn ansprechen.«

Der 1. Offizier nickte und lächelte.
»Dafür wünsche ich ihnen viel Erfolg«, antwortete er.

Der Ortungsoffizier der Basis hob seine Hand.

»Ich habe ein Naada-Schiff im Landungsanflug«, meldete er.»Die Landung wurde von uns nicht genehmigt. «

»Sofort identifizieren«, befahl Atlanta.»Bekommen wir die ID's des Schiffes? «

Der Ortungsoffizier nickte. Sie drückte auf einen Knopf an ihrem Steuerpult. Alarmsirenen heulten durch die Basis. Die außerhalb liegenden Abwehrtürme richteten sich auf und nahmen das Schiff ins Visier.

»Es ist die Torin-Arel«, antwortete der Ortungsoffizier.»Die Kaiserin gibt sich die Ehre. «

Atlanta beendete den Alarm.»Auch die Kaiserin kann um eine Landegenehmigung bitten«, sagte sie ärgerlich.»Die Frau fehlt uns jetzt noch auf der Basis. «

Ärgerlich blickte sie ihren 1. Offizier an.»Gehen sie bitte auf das kaiserliche Landedeck und empfangen sie unsere Kaiserin gebührend«, befahl Atlanta.»Fragen sie bitte, was sie wünscht? «

Der 1. Offizier salutierte und verließ die Brücke. Er aktivierte 24 Kampf-Roboter, die ihn eskortierten.

Auf dem großen Bildschirm der Zentrale verfolgte Atlanta, wie das Naada-Schiff zur Landung ansetzte und den Bodenkontakt herstellte. Dann erstarben die Antriebe. Arbeitsroboter strömten aus dem Seiteneingang der Basis. Sie rollten einen breiten roten Teppich aus.

Atlanta schüttelte ihren Kopf. »Was ist das für ein Aufwand, den wir jedes Mal betreiben müssen, wenn ein Angehöriger der Herrscherfamilie auf unserer Basis landet«, flüsterte sie.

Sie sah auf dem Bildschirm, wie ihr 1. Offizier mit seinen Kampf-Robotern aus dem großen Eingang der Basis schritt. Jeder der Roboter trug eine Fahne mit dem kaiserlichen Symbol. Jeweils 12 von ihnen positionierten sich rechts und links des roten Teppichs.

Sor-Gun, der 1. Offizier blieb am Anfang des Teppichs stehen und wartete ab. Die Laserbrücke des Schiffes öffnet sich. Zehn Elite-Soldaten kamen die Laserbrücke herunter und sicherten die Umgebung. Einer von ihnen sprach etwas in einen Communicator. Dann folgten vier weibliche Personenschutz-Soldatinnen der Kaiserin. Erst jetzt trat Torin-Arel aus dem Schiff. Sie blickte sich nach allen Seiten um. Ihr edles Gewand war mit einer großen Schleppe versehen. Es leuchtete glitzernd unter der

Sonneneinstrahlung. Die Kaiserin war sich ihres adeligen Ranges bewusst. Langsam schritt sie die Laserbrücke des Schiffes hinunter. Auf dem Teppich wurde sie eng von den weiblichen Soldaten des kaiserlichen Personenschutzes eskortiert. Ohne eine Miene zu verziehen, schritt sie auf Sor-Gun zu.

Dieser verbeugte sich tief und ehrte die Kaiserin. Dann richtete er sich auf.

»Ich darf sie im Namen der Kommandantin auf der Atlantis-Basis begrüßen«, sagte er. »Ihr Besuch kommt unangekündigt?«

»Ich bin im Namen meines Mannes hier«, antwortete die Kaiserin. »Quoltrin-Saar-Arel benötigt seinen Protokoll-Roboter Jahol-Sin. Er wird ihn auf seinem Flug nach Andromeda begleiten.«

»Ich verstehe«, antwortete der 1. Offizier.

»Ist Atlanta verhindert, um mich selbst zu begrüßen?«, fragte Torin-Arel. » Warum werde ich von einem Atlanter empfangen?«

Der 1. Offizier hatte mit dieser Frage bereits gerechnet. Er wusste, dass seine Kommandantin und die Königin kein gutes Verhältnis zueinander pflegten. Er vermutete, dass die Kaiserin wusste, dass Atlanta früher einmal die heimliche Geliebte ihres Mannes war. Ihm war es bewusst, dass die Kaiserin es nicht verstand, dass ihr Mann seiner geklonten Kommandantin so viele Freiheiten zugestand.

Mit leicht zugekniffenen Augen blickte er Torin-Arel an. »Sie muss sich leider um einen lantranischen Gast kümmern«, antwortete er.» Sie wissen sicherlich, dass die lantranische Führung derzeit mit ihrem Mann verhandelt. «

»Besuch von Außerhalb «, antwortete sie schnippisch.» Ich habe hiervon gehört. Ist die Kaiserin nicht beachtenswerter als das Oberhaupt eines nicht zu unserem Imperium gehörigen Volkes? «

»Hierzu steht mir keine Meinung zu«, entgegnete Sor-Gun.»Ich habe mitbekommen, dass es sich bei den Lantraner um ein altes Volk handeln soll. Sie waren angeblich bereits lange Zeit vor uns in der Milchstraße. Es gehen Gerüchte um, dass sie technisch weit über uns stehen. «

»Glauben sie alle Gerüchte, die sie hören?«, erkundigte sich die Kaiserin.» Warum haben besitzen sie den dann kein eigenes Imperium? Können sie mir das erklären?«

»Scheinbar ist das nicht ihre Lebensgrundlage«, antwortete der 1. Offizier.»Über diesen Punkt scheinen sie schon lange hinaus zu sein.«

Die Kaiserin sah ihn an.»Genug geredet«, unterbrach sie ihn.»Bringen sie mich sofort zu ihrer Kommandantin.«

Sor-Gun nickte.»Der Protokoll-Roboter ihres Mannes befindet sich in seinen kaiserlichen Gemächern«, teilte er ihr mit.»Auf der Brücke der Basis werden sie ihn nicht finden.«

»Was sie nicht sagen?«, antwortete die Kaiserin verächtlich.» Sie scheinen tatsächlich zu glauben, dass mir das nicht bekannt ist. Ich wiederhole jetzt meine Bitte noch ein letztes Mal Barbar. Bringen sie mich unverzüglich zu ihrer Kommandantin.«

Die vier weiblichen Soldaten des kaiserlichen Personenschutzes traten grimmigen Blickes auf den 1. Offizier zu.

Sor-Gun wusste, was jetzt geschah. Die 24 Kampf-Roboter der Basis ließen ihre Fahnen fallen und schalteten auf ihren Kampfmodus um. Tiefe rote Augen blickten die Kaiserin und ihre Soldatinnen des Personenschutzes an.

Der 1. Offizier hob seine Hand.
»Das wird nicht nötig sein«, sagte er.

»Die Eskorte der Kaiserin trat freiwillig wieder einen Schritt zurück.«

Er blickte die Soldatinnen an. Sein Blick sprach Bände. Widerwillig folgten die Soldatinnen der Anweisung.

»Das wird ein Nachspiel haben«, fluchte die Kaiserin. »Wie können sie es wagen?«

»Das können sie sich selbst auf ihre Fahne schreiben«, antwortete Sor-Gun. »Hätten sie ihren Besuch vorschriftsmäßig angemeldet, dann würde es keine Probleme geben. So haben sie das ganze Tagesgeschäft unserer Leitstelle durcheinandergebracht. Ich werde ihr Auftreten meiner Kommandantin melden und einen Eintrag ins Logbuch vornehmen. Sicherlich wird ihr Mann nicht begeistert sein.«

Torin-Arel wollte etwas hierauf antworten, doch der 1. Offizier blickte ihr in die Augen.

»Folgen sie mir bitte«, sagte Sor-Gun in einem ernsten Ton.

Langsam schritt er voraus.

»Die Kaiserin geht mir gehörig auf die Nerven«, dachte er. »Alle Hochgeborenen halten sich für etwas Besseres.«

Er spürte, wie ein Schauer seinen Rücken herunterlief. »Wie lange wird sie noch die Frau unseres Kaisers sein«, dachte er. »Quoltrin-Saar-Arel besitzt genügend Gespielinnen, von denen er jederzeit eine Aktuelle zu seiner offiziellen Frau machen kann. «

Während er in die Eingangshalle schritt«, dachte er hierüber nach.

»Weiß Torin-Arel nichts von seiner ehemaligen heimlichen Geliebten? «, fragte er sich.» Sind es jetzt Jahre, oder schon Jahrzehnte, ohne dass ihr die Wahrheit offenbart wurde. Ich bedauere diese Frau eigentlich. Sie ist in einem Palast eingeschlossen und nur zu repräsentativen Zwecken vorhanden. Irgendwann wird sie ausgetauscht werden. «

Die Gruppe schritt langsam durch die Korridore. Sie liefen nach links, an zahlreichen Büros und technischen Abteilungen vorbei. Dann endlich erreichten sie die große Leitstelle der Basis. Torin-Arel blickte in den Warteraum, in der Thoran geduldig auf Atlanta wartete.

Die Blicke der Kaiserin und des Lantraners trafen sich für einen kurzen Moment. Torin-Arel nickte dem Lantraner zu.

Sor-Gun blieb stehen und musterte die hochgewachsene junge Frau, deren Haare in einem roten Ton schimmerten.

»Ihre Eskorte hat hier keinen Zutritt«, sagte er. »Einen Augenblick, ich melde sie an. «

Dann verschwand er in der Leitstelle.
Zwei Kampf-Roboter stellten sich vor den Schott und riegelten es ab.

In dem Gesicht der Kaiserin arbeitete es. Es schien ihr nicht zu gefallen, vor der Türe warten zu müssen. Der Schott öffnete sich, Sor-Gun trat heraus.

»Sie können eintreten«, sagte er. »Unsere Kommandantin empfängt sie jetzt. «

Die Kaiserin rauschte an ihm vorbei und betrat die Brücke der Basis. Atlanta stand vor ihrem Kommandostuhl und gab Anweisungen.

Torin-Arel bemerkte sofort die Erregung, die bei den Offizieren der Leitstelle entstand. Nicht oft durften sie ihre Kaiserin aus der Nähe betrachten. Schnellen Schrittes trat sie auf die Kommandantin der Basis zu. Atlanta drehte sich um und lächelte sie an.

»Kaiserin Torin-Arel«, sagte sie erstaunt. »Was führt sie in unsere Basis?«

Atlanta lächelte die Kaiserin verschmitzt an.
»Ich möchte mich über ihren 1. Offizier beschweren«, sagte die Kaiserin in einem ernsten Tonfall. »Er hat es gewagt, meiner Eskorte mit Kampfrobotern zu drohen.«

»Das kann nicht sein«, erwiderte Atlanta, »Er hat sich lediglich an das Protokoll ihres Mannes gehalten. Ich habe das Gespräch verfolgt. Es ist Vorschrift bei unangemeldeten Besuchen, dass Kampf-Roboter auf jede Kleinigkeit reagieren, unabhängig von dem Rang oder des Namens der Besucher. Der Schutz unserer Basis ist vorrangig einzustufen.«

»Ich werde mich beschweren«, tobte die Kaiserin.

»Davon rate ich dringend ab«, entgegnete Atlanta. »Ich schlage vor, wir vergessen ihren Auftritt und belästigen ihren Mann nicht mit solchen Nebensächlichkeiten. Damit wäre uns beiden geholfen.«

Kaiserin Torin-Arel wollte Atlanta an den Hals springen, doch sie erkannte, dass die Kommandantin Recht hatte.

Sie nickte. »Einverstanden«, schmunzelte sie. »Wir werden uns gelegentlich nochmals sehen. Vielleicht genießen sie dann nicht mehr die Gunst meines Mannes.«

Atlanta lachte laut auf. »Das Gleiche gebe ich an sie weiter«, entgegnete sie. »Ich hoffe, dass sie noch lange Kaiserin unseres Imperiums bleiben dürfen. Je öfter wir uns begegnen, umso mehr schätze ich sie als ranghöchste Natraderin.«

Torin-Arel blickte sie irritiert an. Sie wusste die Äußerung von Atlanta nicht einzuordnen.

»Was kann ich für sie tun? «, erkundigte sich die Befehlshaberin der Basis. » Leider habe ich nur wenig Zeit für sie.«

»Mein Mann braucht seinen Protokoll-Roboter Jahol-Sin«, antwortete sie. »Er möchte ihn mit auf seinen Flug nach Andromeda nehmen.«

»Ich verstehe«, erwiderte Atlanta. »Er ist in seinen privaten Gemächern. Ich lasse ihn sofort holen.«

Sie blickte Sor-Gun an. »Kümmere dich bitte hierum«, befahl sie. »Jahol-Sin begleitet den Kaiser. Lasse ihn bitte holen.«

Der 1. Offizier salutierte und eilte aus der Leitstelle der Basis.

»Eingehender Hyperkomm-Funkspruch«, meldete der Funk-Offizier. 15 Schiffe mit Material für die Erweiterungs-Bauten bitten um Landegenehmigung.«

Atlanta blickte ihn an. »Leite sie auf die Plattform 7 um«, befahl sie. »Der direkte Zugang wurde von dem Schiff der Kaiserin blockiert.«

Der Funkoffizier gab den Befehl durch. Atlanta sah, wie er seinen Kopf schüttelte.

»Der Commander der Schiffe protestiert«, erklärte er. »Er möchte sie sprechen. «

»Legen sie auf die Lautsprecher«, antwortete sie. »Die Verbindung steht«, meldete der Funk-Offizier. »Sie können sprechen.

»Hier ist Atlanta, sprach sie in ihren Communicator. »Was gibt es für Probleme? «

»Hier spricht Admiral Vrin Turgon«, hallte es aus den Lautsprechern. »Wir protestieren aufs Energischste. Wenn wir auf Plattform 7 landen, dann dürfen wir das ganze Material durch 6 Hallen transportieren. Es ist schon schlimm genug, dass unsere Kriegsschiffe zu Transportschiffen umfunktioniert wurden. Jetzt haben wir auch noch die Arbeit mit dem Material. «

»Bedanken sie sich bei der Kaiserin«, antwortete Atlanta. »Sie ist unangemeldet auf ihrem reservierten Landeplatz gelandet. Sie hat uns nicht kontaktiert. Wir konnten ihr keinen anderen Landeplatz zur Verfügung stellen. Wollen sie mit der Kaiserin sprechen? «

»Ich verzichte dankend hierauf«, erwiderte der Admiral. »Dann unterbrach er die Verbindung. «

Atlanta blickte die Kaiserin an.

»Sie sehen hier, was sich aus solchen Situationen ergibt«, erklärte sie.»Der Admiral scheint nicht mehr gut auf sie zu sprechen sein. Ein Teil des Materials ist für die Erweiterung der Gemächer ihres Mannes gedacht. Sicherlich wird er hierüber nicht begeistert sein. Es scheinen kostbare Dinge dabei zu sein.«

»Ich habe verstanden«, antwortete die Kaiserin kleinlaut. »Zukünftig melden wir uns an.«

Das Schott der Brücke sprang auf. Sor-Gun führte den Protokoll-Roboter Jahol-Sin herein. Vor der Kaiserin blieb er stehen.

»Ich bringe den Protokoll-Roboter ihres Mannes«, sagte er.

Torin-Arel blickte den glänzenden Roboter an.

»Jahol-Sin meldet sich zu Diensten«, sagte der Roboter. »Wie kann ich helfen?«

»Folge mir«, sagte die Kaiserin.»Du begleitest meinen Mann nach Andromeda.«

Ohne sich zu verabschieden, schritt die Kaiserin durch das Schott.

Atlanta winkte ihrem 1. Offizier zu.
»Begleite sie zu ihrem Schiff«, befahl sie. »Ich bin froh,
wenn sie die Basis wieder verlassen hat. «

Sor-Gun nickte und lief hinter ihr her. Außerhalb der
Leitstelle befahl er seinen Kampf-Robotern ihm zu folgen.
Er wollte die Kaiserin sicher zu ihrem Schiff geleiten.

Weit entfernt in einer anderen Galaxie, sechs Wochen
vorher.

Das gewaltige Kriegsschiff der Arthropoden befand sich
im Landeanflug auf Rigo-Dorwn. Der todbringende
Zerstörer wies eine Länge von 5.000 Metern auf. Ein
gigantisches Raumschiff, einer längst als ausgestorben
geglaubten Rasse. In die Tiefen des Weltraums hatten sie
ihren Hass immens weiter geschürt. Versteckt in dem
grauen Universum, zogen sie es vor, sich vor den Blicken
anderer Species zu verstecken. Nichts sollte von ihren
geheimen Plänen bekannt werden. Seine gleichgroßen
Begleitschiffe schwenkten in eine orbitale Umlaufbahn
um den Planeten ein. Der Oberbefehlshaber der Flotte
hatte den Planeten gescannt. Zufrieden lehnte er sich in
seinem Kommandostuhl zurück.

»Sie haben Recht behalten«, sagte er zu den neben ihm
stehenden Wissenschaftlern. »Die Population unserer

grünen Kämpfer hat sich auf 8 Millionen Wesen erhöht. Die Brutstationen sind ein voller Erfolg.«

»Es ist nicht anders als bei den Hilfsvölkern, die wir in anderen Galaxien erschaffen haben«, antwortete der Wissenschaftler.

Sein Name war Gorasch. Er war für das wissenschaftliche Experiment verantwortlich.

»Der Wille unserer Imperatorin wurde ausgeführt«, bestätigte der Flottenführer. »Sie wird uns reichlich belohnen.«

»Das ist mir nicht wichtig«, antwortete Gorasch.» Wir alle dienen der göttlichen Bestimmung. Nur unsere Imperatorin darf ihre Anweisungen empfangen.

Morusch, der Oberbefehlshaber der Flotte von 13 Schiffen der Arthropoden, nickte bestätigend.

»Niemand weiß, was die göttliche Bestimmung als nächstes anordnet«, erwiderte er.

Alle Wesen auf dem Schiff waren Arthropoden. Ihre Rasse war aus dem Feuer des Universums entstanden. Seit die Galaxie und die Planeten auseinanderdrifteten, lebten sie auf trockenen und staubigen Welten, die ihnen besonders am Herzen lagen. Auf diesen konnten sie sich vermehren und ihre Intelligenz entwickeln. Das war Milliarden von Jahren her. Nach eigenen Vorstellungen entwickelten sie sich an die Spitze der Evolution. Ihr Körper glich einer spinnenartigen Lebensform. Neben einem überdimensionierten Körper, hatte die Evolution sie mit vier Armen und vier Beinen ausgestattet. Diese zeigten sich später als sehr nützlich, für die Fortbewegung und für alle anfallenden Arbeiten.

Später erkannten die Arthropoden, dass sie nicht alleine im Universum waren. Die Evolution ließ auf anderen Planeten unkontrolliert Lebensformen wuchern, die nicht annähernd die Intelligenz ihrer Species erreichen konnte. Viele Millionen Jahre später registrierten sie, dass fortschrittliche Rassen, wie die Kon-Ra-Tak, die Sorganis, die Aller-Ersten und auch die Lantraner auf fruchtbaren Planeten ihren Samen hinterließen, welches zum Sprießen neuer Zivilisationen führte. Noch standen sie dieser Entwicklung gelassen gegenüber. Doch als immer mehr humanoide Species entstanden, löste ihre göttliche Bestimmung Alarm aus. Sie beobachteten und überwachten die heranwachsenden Zivilisationen. Erschreckt stellten sie fest, dass sich gerade die Population der humanoiden Lebensformen rasend schnell vergrößerte.

Diese Species machten auch nicht vor den Planeten halt, auf denen die Arthropoden bereits Keimzellen für ihren Nachwuchs hinterlegt hatten. Sie siedelten sich an und bauten Kolonien auf. Mit Entsetzen registrierten sie, wie humanoide Soldaten anfingen, ihren spinnenartigen Nachwuchs zu jagen, zu bekämpfen und auszurotten. Diese Ausgeburt der Evolution schien eine Abscheu gegen spinnenartige Lebensformen auszuleben. Sie erkannten, dass sie der Auswucherung Einhalt gebieten mussten. Denn irgendwann würden die humanoiden Streitkräfte auch vor ihrer Heimatwelt nicht haltmachen.

Ihre göttliche Bestimmung ordnete an, einen Teil ihrer Eier in wissenschaftlichen Zentren zu manipulieren. Es sollten Hilfsvölker kreiert werden, die sich der Auswucherung der Evolution annahmen. Kriegerische Bestien sollten heranwachsen und den Befehlen ihrer Herren folgen. Diese sollten in allen bekannten Sterneninseln der Galaxie angesiedelt werden, um die zwangsläufig auswuchernde Evolution minderwertiger Species auszurotten. Keine Rasse sollte es mehr wagen, die Kolonien ihrer Species anzugreifen, oder zu bekämpfen. Sie sandten Spähschiffe in alle Sternensysteme aus. Sie sollten Informationen übermitteln, wo sich bereits unbekannte Rassen zu einer Machtstellung entwickelt hatten.

Diese mussten als erstes beseitigt werden. Viele tausende Jahre vergingen. Andersartige Lebensformen, die den Sprung ins Weltall geschafft hatten, wurden von ihren Hilfsvölkern angegriffen und abgeschlachtet. Ihr Informations-Netzwerk funktionierte. Der Erfolg gab ihnen Recht. Das Universum wurde gereinigt. Das Alter ihrer Rasse und ihr technischer Vorsprung zahlten sich aus. Doch noch war ihr angestrebtes Ziel nicht erreicht. Auch gegen die weiter entwickelten Species, die bereits auf eine lange Existenz zurückschauen konnten, entwickelten sie einen Plan. Ihnen musste das Handwerk gelegt werden. Sie waren es, die immer wieder neuen Samen für humanoide Species in der Galaxis ausstreuten. Speziell die Aller-Ersten und die Sorganis waren ihnen ein Dorn im Auge.

Den Heimatplaneten der Kon-Ra-Tak konnten sie nicht ermitteln. Er versetzte sich nach kurzer Zeit an neue Koordinaten. Verärgert gaben sie die Suche nach dieser Heimatwelt auf. Doch es waren noch genügend andere Rassen vorhanden, die gegen ihre göttliche Bestimmung verstießen. Diesen galt ihr vorrangiges Interesse. Späher hatten mitgeteilt, dass sich eine humanoide Rasse in der Milchstraße entwickelte. Es schien so, dass sie von der lantranischen Rasse unterstützt wurde. Mit Unbehagen registrierten die Arthropoden, dass sich die Rasse aufmachte, die kleine Magellansche Wolke und die Andromeda-Galaxie zu kolonisieren. Auf Anweisung ihrer göttlichen Bestimmung, entschieden sie sich unverzüglich zu handeln. In anderen Sterneninseln konnten bereits ihre genmanipulierten Worgass, die Adramelech, die Daraner, die Treutanten, die Myratoren, die Virgonesen und die Zierrakies gute Erfolge erzielen. Obwohl das noch nicht alle Rassen waren, konnten sie jedoch bereits gefährliche Species auslöschen.

Die Offiziere des Kriegsschiffes der Arthropoden blickten auf den Bildschirm. Das Sternensystem Rigo besaß 15 Planeten. Es wurde von einer übergroßen Sonne gespeist. In diesem System wuchs seit mehreren Jahrhunderten eine grüne Bestie heran, die als Hilfsvolk von den Arthropoden erschaffen wurde. Dank ihrer intensiven Genmanipulation huldigte dieses Volk ihren Göttern und wartete geduldig auf ihren Einsatzbefehl. Den Namen, den sie ihrem Hilfsvolk gaben, war an das Sternensystem angelehnt. Die Rigo-Sauroiden waren ein Soldatenvolk, ausgestattet mit Reißzähnen und langen Krallen. Der Planet 5 des Systems hieß Rigo-Dorwn und war der Zuchtplanet dieser Rasse. Um diesen Planeten kreisten Planet 4 und 6 des Systems. Sie erfüllten den Dienst bekannter Monde in einer besonderen Art.

Beide Planeten wurden von Rigo-Dorwn in eine elliptische Kreiselbewegung gezwungen. Der Brutplanet hielt sie mit einer eisernen Kraft fest. Hierdurch wurde eine extreme Gravitation erzeugt, die den Brutprozess der Sauroiden optimierte. Eine Vorschrift besagte, dass sich im Laufe eines Jahres jeder geschlechtsreife Sauroid zu einer Befruchtung in den wissenschaftlichen Zentren einfinden musste. Durch die Konstellation des Planeten und seiner Trabanten konnten die Arthropoden eine wichtige Zusatzmedizin, in Form einer giftigen Frucht entwickeln, die nach der Ernte innerhalb von 30 Minuten konsumiert werden musste.

Diese Pflanze wurde durch die Gravitation des Planeten beeinflusst und wuchs seltsamerweise nur auf Rigo-Dorwn. Versuche auf anderen Planeten weitere Erntefelder anzulegen, scheiterten erfolglos. Die Sauroiden waren zwei geschlechtliche Wesen. Nach einer erfolgten Befruchtung, konnte jeder von ihnen bis zu 200 Eier auslegen. Diese wurden künstlich innerhalb eines vorgegebenen Zeitraumes zur Ausreife gebracht. Entsprechend dieser Fähigkeiten, hatte sich die Anzahl der Rigo-Sauroiden-Kämpfer, in den letzten Jahrtausenden massiv erhöht.

Der Befehlshaber der Flotte blickte auf den großen

Bildschirm, der die am Boden wartenden Scharen von Rigo-Sauroiden zeigte.

»Sie sind zu unserem Empfang angetreten und warten auf unsere Befehle«, bemerkte er. » Sie können es nicht abwarten. Doch noch ist ihr Zeitpunkt nicht gekommen. «

Der Ortungs-Offizier blickte auf seinen Monitor. »Wir werden uns Platz schaffen müssen«, erklärte er. »Die Meute drückt immer näher auf unser Landefeld zu. «

»Achtung, ich aktiviere die Manövrierdüsen«, teilte er mit. »Wir setzen in fünf Sekunden auf. «

Gespannt wartete die Crew ab. Ein dumpfer Schlag zeugte von dem Bodenkontakt des schweren Schiffes.

»Alle Antriebe aus«, befahl Morusch. »Dehnt unseren Schutzschirm um 100 Meter aus. Wir brauchen Platz für unsere Ansprache. «

Alarmsirenen heulten außerhalb des Schiffes auf. Die Rigo-Sauroiden wussten bereits, was jetzt geschah. Mit allen Kräften stemmten sich die Vordersten gegen die nachrückende grölende Menge. Der Schutzschirm des gelandeten Kolosses dehnte sich aus und schuf eine freie

Fläche vor dem Ausstiegsschott des Schiffes. Langsam beruhigte sich die Meute und wartete ab. Gleich würden ihre Götter aus dem Raumschiff steigen.

Der Schott öffnete sich und eine mechanische Brücke fuhr aus. Fünfzig 8-beinige Arbeits-Roboter strömten aus dem Schiff. Sie trugen einige Kisten auf ihrem Rücken. Auf dem Landefeld öffneten sie diese und entnahmen einige Arbeitsmittel. Es schien so, als ob sie ein dreistöckiges Podest aufbauten. Dann installierten sie technische Geräte, stellten die Stromversorgung zu einem mobilen Reaktor her und bauten Lautsprecher auf.

Die Menge grölte und drückte gegen den Schutzschirm. Sie wollten endlich ihre Götter sehen.

Weitere 24 Roboter, diesmal lediglich auf vier Füßen gehend, schritten langsam die Ausstiegsbrücke herunter. In ihren Armbeugen lagen schwere Lasergewehre. Ihr Körper wurde in einen stahlähnlichen Schutzpanzer bedeckt. Ihr regungsloser Blick ließ die Menge der Rigo-Sauroiden verstummen. Sie stellten sie rechts und links neben dem Podest auf.

»Wir können«, bemerkte der Oberbefehlshaber der Flotte. »Die Arbeits-Roboter sind fertig. «

Er schaute durch ein Schauglas in der Wand neben dem geöffneten Schott.

»Schaltet eure Individual-Schirme auf die maximale Leistung«, befahl er.»Nur so können wir eine silberfarbene Aura imitieren.«

Gorasch und Fyntasch nickten. Sie machten das Spielchen nicht zum ersten Mal.

Morusch nickte zufrieden, als er die Schirme seiner Begleiter aufflammen sah. Dann traten sie aus dem Schott und blieben stehen. Die drei Individual-Schirme hüllten die Körper der Arthropoden in eine silbrige Aura ein. Auf Außenstehende mussten sie wie göttliche Wesen wirken.

Bedächtig schritten sie die mechanische Brücke herunter auf das vor ihnen stehende Podest zu. Morusch ging die drei Stufen zu der mittleren Plattform hinauf. Die rechte und linke Plattform lag etwas tiefer und war über zwei Stufen zu erreichen.

Dreißig Sekunden hoben die drei Arthropoden ihre beiden Hände in die Luft. Sie schienen zu beten.

Dann blickte Morusch die grüne Menge des erschaffenen Hilfsvolkes an.

»Gesegnet ist die göttliche Bestimmung, die uns alle Befehle erteilt«, rief er in die Menge. »Wir sind ihr Mund und ihre Hände. Nur durch unsere Ehre, Mut und durch unsere Taten, werden wir ihr irgendwann begegnen. Sie hat euch durch uns erschaffen lassen, weil eure Stärke und euer Zorn ihr große Freude bereitet. Eure Kraft und euer Mut sind bereits zu ihr durchgedrungen. «

Die Rigo-Sauroiden schrien und grölten durcheinander. Sie schienen von den Worten begeistert zu sein.

Morusch hob seine Hände in die Luft. »Das große Ziel ist noch lange nicht erreicht«, sprach er in das Mikrofon. »Es fehlen noch Kämpfer und viele Millionen von Schiffen, um den langen Weg in die Milchstraße durchführen zu können. «

Enttäuschte Rufe wurden laut. »Verzweifelt nicht«, sagte er. »Blickt euch um. »Eine große Anzahl von Kriegern steht bereits hinter euch. Mit jedem neuen Soldaten gibt es für eure Brutstationen mehr Arbeit. Die Zeit läuft schneller als in den früheren Jahren. Wir haben mit dem Bau von Raumschiffen begonnen. Diese werden zukünftig nicht nur auf unseren Welten dupliziert werden, sondern auch auf eurer Heimatwelt Rigo-Dorwn. «

Diesmal bejubelten die Sauroiden die Worte des göttlichen Vertreters.

»Es ist noch nicht so weit, dass wir eine große Flotte entsenden können«, erklärte er. »Hierfür sind noch viele Jahre der Vorbereitung nötig. Doch ich sehe euch an und erkenne, dass ihr bereit seid. Ihr seid das Schwert und die Klinge der göttlichen Bestimmung. Wir sind ihr Mund, ihr wurdet zu ihren Kämpfern berufen. Bald werden wir aufbrechen und die ausufernden Lebensformen in den Galaxien auslöschen. Niemand wird uns aufhalten. Unsere Schiffe werden die Strahlen der Sonne verdunkeln. Noch ist die Zeit der Vollstreckung nicht angebrochen.

Die göttliche Bestimmung will uns prüfen. Aus diesem Grunde gibt sie einer kleinen Gruppe von euch einen Auftrag. Ihr werdet mit einem Schiff in das System der sich immer weiter ausbreitenden Humanoiden eindringen und ihre Welten ausspionieren. Teilt uns mit, über wie viele Raumschiffe sie verfügen, welche Abwehr-Bollwerke sie besitzen. Informiert uns über die Anzahl ihrer Kampf-Basen. Überprüft ihre Wachsamkeit und ihre kämpferische Stärke. Ich will, dass ihr wie Krieger über sie herfallt und ihnen das Fürchten lernt. Zeigt ihnen, dass die göttliche Bestimmung auf sie aufmerksam geworden ist. Sagt ihnen, dass die Zeit der Reinigung näher rückt. «

»Dürfen wir Bombenanschläge durchführen? «, fragten einige der Sauroiden. » Warum bekommen wir nur ein Schiff. Werden wir die Humanoiden hierdurch nicht warnen? «

»Es geht bei dieser Mission nur um Informationen«, antwortete Gorasch. »Eure Aufzeichnungen helfen uns, die Lage besser einzuordnen. Bombenanschläge reichen nicht aus, um ihre Welten zu erschüttern. Nur durch eine große und starke Angriffs-Flotte wird es möglich sein, ihre Zivilisation zu verbrennen und ihre Welten zu zerstören.«

Er blickte seinen Oberbefehlshaber an. Der nickte ihm zu.

»Seid ihr bereit, diese Prüfung anzunehmen? «, fragte Morusch. »Wählt 100 Freiwillige aus, die für diese Mission geeignet ausgebildet sind. Sie werden schon bald aufbrechen. «

Die Menge tobte. Viele Sauroiden wollten sich an der Prüfung beteiligen.

Die drei Arthropoden sahen sich an.

»Sie sind alle bereit«, sagte Fytasch. »Es wird schwierig werden, sie noch allzu lange hinzuhalten.«

»Es fehlen die Schiffe«, antwortete Morusch. »Wir konnten nicht ahnen, dass die Rigo's sich bereits in einem Blutrausch befinden. Seit kurzem ist erst die Duplikation der Schiffe angelaufen. Um die Anzahl von 7 Millionen Schiffen herzustellen, werden noch viele Jahrtausende vergehen. Die göttliche Bestimmung denkt in langen Dekaden. Auch mit einem Groß-Duplikator werden wir keine Wunder bewirken können.«

Er blickte wieder die Menge an und zeigte auf sein Raumschiff.

»Jubelt eurem ersten Schiff zu«, frohlockte er. »Es wurde rechtzeitig für eure Mission fertiggestellt.«

Morusch sprach etwas in seinen Communicator. An dem großen Raumschiff öffnete sich ein Ladeschott. Lastenkräne fuhren aus und ließen Greifhaken herabsinken. Techniker ergriffen die Haken und befestigten sie an einem Raumschiff. Dann gaben sie ein Zeichen. Vorsichtig hoben die zwei Kräne das 250 Meter lange Angriffs-Schiff an und hoben es aus der Ladebucht. Langsam senkten sie es, außerhalb des Flaggschiffes, auf den Boden von Rigo-Dorwn ab.

Die Menge jubelte und tobte. Endlich erhielten sie ihr erstes Raumschiff. Für diese Aufgabe waren sie erschaffen worden.

Der Oberbefehlshaber hob erneut seine Hände zum Himmel.

»Ich erwarte eure Anführer zu einem Gespräch in meinem Schiff«, sagte er. »Dort werden wir die weiteren Einzelheiten besprechen. Genießt die Gabe der göttlichen Bestimmung und lernt hiermit umzugehen.«

Die drei Arthropoden stiegen von ihrem Podest. Langsam schritten sie die Ausstiegsrampe zu ihrem Schiff hoch. Die achtfüßigen Arbeitsroboter bauten die technischen Gerätschaften ab und verstauten sie in den Kisten. Dann demontierten sie das Podest, verluden alles auf ihren Rücken und liefen in schnellem Tempo die Rampe hinauf. Die 24 Soldaten des Schiffes warteten ab, bis der Letzte von ihnen verschwunden war. Dann drehten sie sich um und marschierten ebenfalls in das Schiff zurück. Hinter ihnen schloss sich das breite Schott.

Die drei Arthropoden hatten ihren Individual-Schirm ausgeschaltet. Das silberfarbene Licht, das sie wie eine Aura umgeben hatte, erlosch.

»Der erste Schritt ist getan«, sagte Morusch. »Wenn sie 100 Freiwillige ausgewählt haben, dann kann die Mission starten. Wir öffnen ihnen ein Wurmloch an den Rand der Milchstraße. Weiter reicht unsere Wurmloch-Energie nicht. Von dort aus müssen sie sich den Weg selbst suchen. Ich hoffe, sie kommen mit dem Hyperraum-Antrieb zurecht. «

»Ihre Schulung ist erfolgreich verlaufen«, teilte Gorasch mit. »Ich habe keine Bedenken. «

»Sie verstehen nicht, dass möglicherweise nur wenige von ihnen von der Mission zurückkehren werden«, grinste Morusch. » Die Humanoiden wissen sich zu wehren. Hauptsache ist es, dass überhaupt welche von ihnen zurückkehren und uns die benötigten Informationen bringen. «

Er blickte Gorasch an
»Sie haben nie Bedenken, wenn es um ihre gezüchteten Rassen geht«, fragte ihn der Oberbefehlshaber. »Ich warne vor einer Überschätzung der Fähigkeiten der Rigo-Sauroiden. Sie besitzen zu viele grobmotorische Eigenschaften. «

»Es handelt sich um eine Aufklärungsmission«, betonte der Wissenschaftler. »Nicht um den geplanten Groß-Angriff. Bedenken sie bitte, dass erst die Flotte dupliziert werden muss. Leider werden wir den Zeitpunkt des Startes nicht mehr erleben. Unsere Nachkommen werden mit der Ehre der göttlichen Bestimmung gesegnet werden.«

Der Flottenbefehlshaber nickte zustimmend.

Die nächsten Tage verliefen ereignislos. Die Offiziere der Brücke des neuen Schiffes wurden in die Mission eingewiesen. Morusch befahl ihnen, an ihrem Zielort nicht auffällig zu werden und sich einen sicheren Schutz zu suchen. Er breitete eine Raumkarte vor ihnen aus. Mit einem Stab zeigte er auf den vierten Planeten eines kleinen Sonnen-Systems.

»Der Heimatplanet der verfluchten Natrader«, sagte er. »Die Keimstätte ihrer Evolution. Unsere Aufklärungsdaten sind alt und nicht mehr auf dem neusten Stand. Doch wir wissen von anderen Species, dass sich die Humanoiden nicht schnell fortpflanzen können. Entsprechend sollte sich ihre Population nicht wesentlich erhöht haben. Wir werden eurem Schiff ein Wurmloch öffnen, das euch bis an ihre Sterneninsel bringt. Ihr System liegt in einem südlichen Arm der

Galaxie und ist von dem Wurmloch mit 9 Hyperraumsprüngen zu erreichen. In dem Navigations-Modul des Schiffes haben wir die notwendigen Sprünge bereits einprogrammiert. Verändert diese Einstellungen nicht.«

Er zeigte auf den dritten Planeten des besagten Systems. »Das ist eine urwüchsige Welt ihres Systems«, erklärte er. »Nach unseren Informationen wird diese Welt von den Natradern nicht genutzt, weil die Atmosphäre zu schwer für ihre Lungen ist und nicht ihren Wünschen entspricht. Euer Schiff wird in dem Orbit dieser Welt materialisieren. Nutzt diesen Zielort, um Aufnahmen und Informationen von dem Heimatplaneten der Natrader zu erstellen. Versucht ihr Flottenaufkommen zu orten und mögliche Abwehrbollwerke.«

»Werden wir bei dem Eintritt in die Atmosphäre dieser Welt nicht geortet werden können?«, erkundigte sich einer der Rigo-Offiziere. »Ist dann nicht mit Kampfhandlungen zu rechnen?«

»Nach unseren Informationen verfügen die Natrader über keine Tiefenraum-Sensoren«, erklärte Gorasch. »Es sollte schon an ein Wunder grenzen, wenn unser kleines Schiff von ihnen entdeckt würde.«

»Obwohl das Schiff sehr klein ist, verfügt es doch über beachtliche Verteidigungswaffen«, beteiligte sich Morusch an dem Gespräch. »Ferner besitzt es einen stabilen leistungsfähigen Schutzschirm, der viele Laserstrahlen anderer Species wirkungslos ableiten kann. Vertraut auf die göttliche Bestimmung. Sie weiß, was sie ihren Kriegern befiehlt. «

»Falls ihr entdeckt werden solltet, dann begebt euch sofort auf den Rückflug«, befahl Morusch. »Die von eurem Schiff aufgezeichneten Daten müssen uns erreichen. Das ist die Zielvorgabe eurer Mission. Ohne diese neuen Daten, ist möglicherweise der ganze Großangriff der göttlichen Bestimmung gefährdet. Habt ihr das verstanden? «

Die Offiziere grölten und nickten zustimmend. Der Urtrieb in ihnen kam zum Vorschein.

Der Befehlshaber des Schiffes wies auf seinen wissenschaftlichen Offizier.

»Gorasch, unser wissenschaftlicher Leiter wird euch jetzt in alle weiteren wichtigen Steuereinheiten des Missions-Schiffes einweisen, wie ihr es in den Schulungen gelernt habt«, sagte der. »Führt den Auftrag zu der Zufriedenheit der göttlichen Bestimmung aus. Enttäuscht sie nicht. Viel hängt von dem Erfolg eures Fluges ab.«

Er blickte die Offiziere der ersten Mission der Rigo-Sauroiden an.

»Falls ihr dennoch versagen solltet, kommt ihr besser nicht mehr in eure Heimat zurück«, bemerkte er drohend. »Die Enttäuschung der göttlichen Bestimmung lässt sich nur schlecht in Worten ausdrücken. Ihr seid für den Kampf erschaffen worden. Gewinnt diese Kämpfe und ehrt die göttliche Bestimmung. Eure Clans werden von ihr reichlich belohnt werden.«

In den nächsten drei Tagen wurden die 100 freiwilligen Rigo-Sauroiden in alle wichtigen Bereiche ihres neuen Raumschiffes eingewiesen. Die intensive Schulung war notwendig geworden, weil sich die grobmotorischen Wesen in der Praxis mit der Technik der Arthropoden bisher nur wenig auskannten. Teilweise rissen sie Hebel heraus, oder drückten Schaltknöpfe zu tief in das Relais, dass sie ausgewechselt werden mussten.

Morusch, der Oberbefehlshaber der Flotte von 13 Schiffen der Arthropoden inspizierte von Fall zu Fall die Schulungen der Rigo-Offiziere. Herablassend schüttelte er seinen Kopf, als ihm mitgeteilt wurde, was einige der grobmotorischen Kämpfer seines Imperators wieder an technischen Geräten zerstört hatten.

»Ihre Schulung ist erfolgreich verlaufen«, erinnerte er sich an die Aussage von Gorasch. »Ich habe trotzdem meine Bedenken.«

Er hasste es, wenn seine Vermutungen immer zur Gewissheit wurden. Morusch zweifelte seit einigen Stunden an dem positiven Verlauf der Aufklärungs-Mission.

»Es sind Tiere«, dachte er. »Sie werden nicht mehr zurückkehren. Ihnen fehlt das Feingefühl für gewisse Situationen. Es wäre besser gewesen, unser Imperator hätte eine andere Hilfsrasse mit diesem Auftrag betraut. Selbst die Worgass würden diese Mission besser meistern. «

Weitere zwei Tage vergingen. Dann war der Tag gekommen, an dem der große Start terminiert war. Die halbe Bevölkerung, überwiegend Männer und Krieger, hatten sich auf dem großen Landefeld versammelt. Sie alle wollten den Start ihres ersten Raumschiffes miterleben. Die Arthropoden hatten der Menge zugewunken und waren dann in ihrem großen Schiff verschwunden. Die Crew hielt es nicht mehr länger auf diesem Planeten voller grünhäutiger Sauroiden aus. Geduldig warteten sie ab, bis das Schiff der Rigo-Sauroiden seine Antriebe gezündet hatte. Gemeinsam hoben beide Schiffe von dem Boden ab. Unter den begeisterten Blicken der Zurückgebliebenen beschleunigten die Schiffe und flogen in die Umlaufbahn des Planeten. Dort warteten bereits die informierten restlichen 12 Schiffe des Arthropoden-Verbandes.

Zufrieden blickte Morusch auf den Bildschirm seiner Brücke. Wiedererwarten hatten die Rigo-Sauroiden den Start des Schiffes anstandslos hinbekommen. Im Vorfeld hatte der das Schlimmste befürchtet. Tief atmete er aus.

»Vielleicht muss ich meine Meinung revidieren«, dachte er. »Das Hilfsvolk des Imperators lernt dazu. Jetzt hoffen wir nur, dass sie eine Landung ebenso gut hinbekommen, ansonsten stürzen sie auf den dritten Planeten des natradischen Heimat-Systems «

Morusch wollte nicht länger als nötig im Rigo-System verweilen. Er informierte seinen Funk-Offizier und bat ihn das Schiff der Rigo's zu informieren, dass jetzt ein Wurmloch initiiert würde. Sie sollten als drittes Schiff in den Ereignishorizont eintauchen.

Der Funk-Offizier bestätigte den Befehl und gab die Informationen per Hyperkomm-Funkspruch an das kleine Rigo-Schiff durch. Prompt kam auch von dort die Bestätigung.

»Das Rigo-Schiff ist bereit«, meldete der Funker.

Morusch blickte den Steuermann des 5.000 Meter messenden Schiffes an.

»Wir fliegen als letztes Schiff in das Wurmloch«, befahl er.

Die beiden Offiziere der Steuerkonsole bestätigten den Befehl und warteten geduldig ab.

Die ersten drei Schiffe der Arthropoden tauchten in das Wurmloch ein und verschwanden. Jetzt folgte das Schiff der Rigo-Sauroiden. Auch sie flogen in das Wurmlochfenster hinein und verschwanden aus dem Blickfeld des Flottenbefehlshabers. Ihnen folgten die restlichen Schiffe des Geschwaders. Zufrieden gab Morusch dem Steuermann ein Zeichen, das Flaggschiff zu beschleunigen und der kleinen Flotte zu folgen.

Kurze Zeit später öffnete sich südlich der Milchstraße ein hellblaues Wurmlochfenster, aus dem 14 Schiffe austraten. Die glitzernde Spiralgalaxie lag zum Greifen nahe. Die Entfernung betrug nur 2 Klicks, um in den äußeren Bereich der Sterneninsel einzutreten.

»Öffnen sie mir einen Kanal zu dem Rigo-Schiff«, befahl Morusch seinem Funk-Offizier zu.

»Die Verbindung steht«, antwortete der Offizier. »Sie können sprechen, Flottenführer. «

»Hier ist Flottenführer Morusch«, sprach er in die Sprechmuschel. »Ich rufe Commander Grak-Rah, antworteten sie. «

Nach einem kurzen Knistern, wurde die Stimme des Rigo-Commanders hörbar.

»Hier spricht Commander Grak-Rah«, tönte es dunkel aus den Lautsprechern. »Was wollen sie noch? «

Morusch blickte Gorasch, den wissenschaftlichen Offizier an.

»Hoffentlich geht das gut«, flüsterte er. Dann hob er die Sprechmuschel an seinen Mund.

»Commander Grak-Rah«, sagte er mit ernster Stimme. »Fliegen sie auf dem direkten Weg in das natradische System. Halten sie sich maximal einen Tag dort auf. Sie brauchen exakt drei Wochen für den Hinflug, einen Tag für die Spionage und erneut 3 Wochen für den Rückflug zu diesen Koordinaten. Wir warten im Rahmen dieses Zeitfensters auf ihre Rückkehr. Falls sie nicht erscheinen, erachten wir ihre Mission als gescheitert. Wir werden dann ohne sie den Rückflug antreten. Haben sie mich verstanden? « Der Commander lachte grob auf.

»Alles wurde mehrmals besprochen«, antwortete Grak-Rah. »Wir gehen vor, wie geplant«.

Dann brach er die Verbindung ab. Die Brückencrew sah, wie das kleine Spionageschiff beschleunigte und in den Hyperraum wechselte.

Tarid - Sol-System

Atlanta kam aus der Leitstelle der Basis herausgetreten und ging in den Wartebereich auf Thoran zu.

»Ich hoffe, dir ist nicht langweilig geworden? «, fragte sie.

»Was hat denn so lange gedauert? «, erkundigte Thoran sich.

Atlanta winkte ab.
»Die Kaiserin wollte den Protokoll-Roboter Jahol-Sin für ihren Mann holen«, antwortete sie. »Durch ihre hochnäsige adelige Art hielt sie es nicht für notwendig, uns über ihren Besuch zu informieren. Sie ist auf dem kaiserlichen Landeplatz mit ihrem Schiff niedergegangen, der eigentlich für die Materialschiffe reserviert wurde. Hierdurch mussten wir eine Transportflotte umleiten. «

Atlanta lächelte Thoran an.
»Jetzt habe ich etwas Zeit für dich«, hauchte sie ihm zu.
»Ich habe mich für einige Stunden abgemeldet. Wo möchtest du hin? «

Thoran überlegte kurz.

»Bei unserem Landeanflug habe ich eine große Insel gesehen«, lächelte er. »Sie liegt nördlich von deiner Basis ausgesehen. Vielleicht wäre das ein erster guter Anlaufpunkt?«

Atlanta überlegte kurz.

»Du meinst Traxinn«, erwiderte sie. »Hiervon rate ich dringend ab. Die Insel ist kalt, wild und unberechenbar. Im Norden gibt es Berge, Schluchten, dichte Wälder und Wiesen. Sie ist das ideale Rückzugsgebiet für die heranwachsenden Naturvölker von Tarid. Während der Sonnenwende fällt dort gefrorener Regen. Die Ureinwohner haben sich an diese eiszeitlichen Lebensbedingungen angepasst.

Die typische humanoide Lebensform dieser Insel ist klein und stämmig, im Schnitt etwa um die 160 Zentimeter groß. Dafür aber mit 60 bis 80 Kilogramm recht gewichtig. Sie sind kräftig, muskulös und mit einem robusten Knochenbau ausgestattet. Besonders auffallend ist ihr Schädel: Er ist lang gestreckt und flach. Unsere Untersuchungen ergaben, dass ihr Gehörsinn exzellent ausgeprägt ist und ihre Augen in der Dämmerung besser sehen können. Die Eingeborenen sind uns also etwas im Vorteil. «

»Ich verstehe«, lächelte Thoran. »So wie das bei vielen Urvölkern der Fall ist. Was ist mit der zweiten Art von humanoiden Lebensformen?«

»Ich sage dir nichts Neues, wenn ich darauf hinweise, dass die Barbaren von meinem Kontinent seit Jahrhunderten genmodifiziert werden«, flüsterte Atlanta hinter versteckter Hand. »Irgendwie scheinen unseren Wissenschaftlern einige Exemplare entwischt zu sein. Seit 50.000 Jahren beobachten wir, dass sich dort eine neue humanoide Rasse entwickelt. Sie unterscheidet sich von den Ureinwohnern durch einen aufrechten Gang, aber auch von dem Aufbau des Schädels her. Er ist größer und runder. Ihr ganzer Körperbau gleicht mehr einem Abbild unserer Atlanter. Ich glaube in den Archiven gelesen zu haben, dass sie sich Kombrogi nennen «

»So etwas passiert, wenn die Wissenschaft in die Evolution eingreift«, sagte Thoran. »Man sollte der Natur nicht ins Handwerk pfuschen. «

»Trotzdem sind die Atlanter mittlerweile unser bestes Hilfsvolk und unsere treuesten Verbündeten«, erklärte die Befehlshaberin der großen Basis. »Sie sind wesentlich robuster, als wir Natrader es jemals waren. «

»Dann könnt ihr froh sein, dass ihr sie hier auf Tarid gefunden habt«, lächelte Thoran. »In einigen Jahrtausenden wird die Evolution sie mit einer wichtigen Aufgabe betrauen. «

Atlanta blickte Thoran an.
»Ich verstehe nicht, was du hiermit ausdrücken möchtest? «, fragte sie.

Thoran ärgerte sich über sich selbst. Er hatte bereits zu viel verraten.

»Ich wollte sagen, dass sie noch am Anfang ihrer Entwicklung stehen«, überspielte er seine Aussage. »Es wird noch eine ganze Zeit dauern, bis sie aus eigener Kraft heraus den Weltraum erobern werden. «

Atlanta lachte ihn an.
»Warum sollten sie das? «, fragte sie. »Wir sind doch auch noch da. «

Thoran nickte.
»Du hast natürlich Recht«, antwortete er. »Doch niemand weiß ganz genau, was die Zukunft für Überraschungen bereithält. «

»Ich informiere kurz die Hypertronic-KI von Tarid«, sagte Atlanta.

Gedanklich stellte sie den Kontakt zu ihrer Mutter her. »Unser lantranischer Gast möchte sich gerne außerhalb unserer Basis umschauen«, teilte sie mit. »Ich werde ihm die Insel Traxinn zeigen. Die Landschaft im Süden ist sehr schön. «

»Nehmt zur Sicherheit zwei Kampf-Roboter mit«, antwortete die M-KI. »Die Ureinwohner dort sind noch nicht kultiviert. Obwohl sie sich weiterentwickeln, werden sie in euch Eindringlinge sehen. «

»Wir haben unsere Laserstrahler dabei«, beruhigte sie Atlanta. »Was wollen sie hiergegen ausrichten? «

»Seid nicht zu unvorsichtig«, bemerkte die KI. »Unsere Greiftruppen, die gelegentlich die Insel nach geeigneten Exemplaren für unsere Genmodifikation durchkämmen, berichten von neuen Clans, die mit dem Bau von primitiven Unterkünften begonnen haben. Das deutet auf eine selbstständige Weiterentwicklung ihrer geistigen Fähigkeiten hin. «

»Interessant«, erwiderte Atlanta. »Ich war lange nicht mehr dort. Es wird sich einiges geändert haben. Dann wird sich der Besuch sicherlich lohnen. Ich habe in der Zeit meiner Abwesenheit Sor-Gun das Kommando der Basis übergeben. Bitte achte auch ihn. «

»Das mache ich«, übermittelte die M-KI. »Ich habe euch einen bewaffneten Garde-Gleiter bereitstellen lassen. Er wird euch sicher zur Insel bringen. «

»Danke, Mutter«, antwortete Atlanta. »Ich weiß deine Fürsorge zu schätzen. Du siehst alles durch meine Augen.«

»Noch etwas«, teilte die M-KI mit. »Die Gespräche unseres Kaisers mit der lantranischen Führung laufen in die falsche Richtung. Der Kaiser verhält sich äußerst stur und geht auf keine Vorschläge der Lantraner ein. Vermutlich werden die Gespräche bald abgebrochen werden. Richte dich darauf ein, dass dein Gast schneller abreisen muss, als du dir das wünschst. «

Das Gesicht von Atlanta entgleiste.
»Wir haben uns gerade erst wiedergesehen«, empörte sie sich. »Warum ist der Kaiser nur so stur? «

»Er verfolgt seine eigenen Ziele«, antwortete die M-KI. »Leider sind mir seine Gedankengänge nicht bekannt. «

»Ich werde ihn gelegentlich nach seinen Ideen befragen«, lächelte Atlanta. »Zu mir ist er immer noch etwas aufgeschlossener. «

Sie bemerkte, dass sich ihre Mutter zurückgezogen hatte. Atlanta lächelte Thoran zu.

»Wir können los«, sagte sie. »Ein Gleiter steht bereit. Wir werden Scans und Messungen vornehmen. Die Auswertungen unserer Besichtigungen werden im Anschluss von der Hypertronic-KI dieser Basis vorgenommen. Meiner Mutter stehen Hochleistungs-Labore und eigene Analysealgorithmen zur Verfügung. Scheinbar hat sich die Urbevölkerung auf der Insel schneller weiterentwickelt als von uns angenommen. Wir werden unsere Daten per Übertragung an die Bordsysteme unseres Gleiters übergeben. «

»Ich hoffe, ich darf eigene Messungen durchführen? «, fragte Thoran. »Das Sol-System ist immer wieder vor Überraschungen gut. «

»Wonach suchst du überhaupt? «, fragte Atlanta.

Thoran winkte ab.
»Das ist fast schon ein automatischer Vorgang«, antwortete er. »Auch auf vielen anderen Welten gab es

Spuren von fremden Besuchern, aber auch Hinweise auf untergegangene Species, oder ausgestorbene Tierarten. Die Spuren von ihnen kann unser hochsensibler Scanner feststellen. Ich versuche gerne, dir die Funktionsweise etwas verständlicher zu erklären. «

»Nicht nötig«, lächelte Atlanta. »Ich habe bereits verstanden. «

Beide schritten auf den zentralen Antigrav-Lift des Verwaltungsgebäudes der Basis zu. Atlanta gab einen Code ein, dass Schott öffnete sich. Beide Personen sprangen hinein und ließen sich langsam nach unten ins Erdgeschoss treiben. Dort angekommen, zogen sie sich an den Haltestangen heraus und gingen auf den Ausgang zu. Die Sicherheits-Soldaten an der Pforte salutierten, als sie die Befehlshaberin der Basis erkannten. Zwei Shy-Ha-Narde warteten in voller Bewaffnung auf ihre Befehlsführer. Die Roboter salutierten.

»Wir sind ihre Begleitung«, sagte der Vorderste von Ihnen. »Wir wurden für den Außeneinsatz ausgebildet.

»Danke«, antwortete Atlanta. »Steigt ein, wir fliegen direkt los. «

Vorschriftsmäßig warteten die Roboter ab, bis Atlanta und Thoran eingestiegen waren. Dann sprangen sie selbst hinein und verschlossen das Schott.

»Wo soll es hingehen?«, fragte der atlantische Pilot.

»Fliegen sie uns in den Süden von Traxinn«, antwortete sie. »Unser Gast möchte sich Tarid ansehen und Kontakt zu den Ureinwohnern aufnehmen.«

Der Pilot nickte kurz, startete die Antriebe des Garde-Gleiters und hob von der Landeplattform der Basis ab. Atlanta rückte näher an die Seite von Thoran und suchte seine Hand.

»Ich freue mich, dass du etwas Zeit für mich gefunden hast«, flüsterte sie ihm zu.

Thoran lächelte sie verliebt an.

»Du weißt, wie schwer das für mich ist«, antwortete er. »Aritron sorgt immer dafür, dass er genügend Arbeit für mich hat. Ich vermute zwischendurch schon einmal, dass er mich abhalten will, alleine zu dir zu fliegen.«

»Ist er gegen eine Verbindung von uns beiden?«, erkundigte sich Atlanta.

»Das will ich nicht behaupten«, erwiderte Aritron. »Grundsätzlich dürfen wir Regierungsmitglieder nur mit einer Begleitflotte zu anderen Planeten fliegen. Er sieht es nicht gerne, wenn ich mich über seine Anordnungen hinwegsetze.«

»Vorschriften gibt es im kaiserlichen Imperium genug«, lächelte die Kommandeurin der Atlantis-Basis. »Ob sie alle notwendig sind, das entzieht sich meiner Kenntnis. Unser Kaiser achtet sehr genau auf die konsequente Auslegung seiner Anordnungen.«

Der Pilot des Gleiters flog eine Schleife und überquerte die große Basis nach Norden hin. Dann beschleunigte er und setzte einen Kurs auf die große Insel.

Thoran blickte aus dem Fenster und beobachtete die ruhige See.

»Dieser Planet ist ein Wasserspeicher«, bemerkte er. »Er ist etwas ganz Besonderes. Es gibt nicht viele vergleichbare Welten in der Milchstraße, die diese Menge an Wasser tragen.«

»Ich liebe Tarid«, antwortete Atlanta. »Der Planet ist ein Juwel in dem kaiserlichen Imperium.«

Die Insel rückte ins Blickfeld. »Wir fliegen ins Landesinnere der Insel«, sagte sie. »Dort gibt es einen Landstrich, den die Eingeborenen Cymru nennen. Sie sind nicht angriffslustig. Wir haben sie in kalten Winterzeiten mehrmals mit Lebensmitteln unterstützt. Sie sollten sich eigentlich daran erinnern und uns empfangen.«

»Ich freue mich, sie kennenzulernen«, erwiderte Thoran. Er drückt Atlanta einen Kuss auf die Wange und zog sie an sich. Gemeinsam blickten sie aus einem breiten Fenster des Gleiters. Am Horizont sahen sie die Felsklippen der Insel näherkommen. Mit zügiger Geschwindigkeit flog der Pilot hierauf zu.

»Alles ist grün«, staunte Thoran. »Die Insel ist sehr fruchtbar. Kennen die Ureinwohner bereits die Landwirtschaft und die Viehzucht?«

»Sie halten einige Tiere«, lächelte Atlanta. »Doch das ist nur vereinzelt anzutreffen. In der Regel sind es noch Jäger. Die kräftigsten Männer eines Clans brechen von Zeit zu Zeit auf, um Wild für ihren Stamm zu erlegen.«

Der Gleiter flog südwestlich über die Insel und näherte sich einer Gebirgskette, die sich breit durch das Gebiet zog.

»Wir sind angekommen«, lächelte die Kommandantin der natradischen Basis.

Sie zeigte auf die Gebirgskette. »Der höchste Berg des Rückens weist eine Höhe von 750 Metern auf«, erklärte sie. »Die Gebirgskette ist nach der Einschätzung unserer Wissenschaftler sehr alt.«

Sie blickte auf ihren Datenspeicher. Laut unserer Datenbank wurde sie vor 541 Millionen Jahren gebildet.«

»Das ist auch für uns Lantraner ein langer Zeitbegriff«, lächelte Thoran. »Das Universum hat noch viele Geheimnisse zu bieten. Nicht alle frühen Lebensformen sind heute noch bekannt, oder werden in Datenbanken geführt.«

Atlanta zeigte aus dem Fenster. In einem Wald, kurz vor dem Gebirge, war eine Siedlung zu sehen. An die 75 Pfahlbauten waren in einem Kreis errichtet worden. Ihre Dächer bestanden überwiegend aus Stroh. In der Mitte war ein Platz zu erkennen, auf dem sich die Bewohner bewegten. Außerhalb der Häuser sicherte eine Art Schutzpalisade den Siedlungsbereich.

»Ich gehe in den Sinkflug über«, meldete der Pilot. »Dort am Waldrand scheint eine ebene Fläche zu sein. «

Langsam senkte er den Gleiter auf den Boden ab. Bremsdüsen aktivierten sich und Servos sprangen an. Vorsichtig setzte der Pilot den Gleiter auf den Boden auf.

»Warten sie bitte auf uns«, befahl Atlanta. »Ich hoffe, es dauert nicht lange. Wir haben heute noch etwas anders vor. «

Thoran blickte sie an.
»Da bin ich aber gespannt«, schmunzelte er.

Atlanta ließ sich nicht irritieren.
»Geben sie unsere Koordinaten an die Basis durch«, sagte sie. »Tarnen sie den Gleiter während unserer Abwesenheit. «

»Befehl verstanden«, bestätigte der Pilot.
Die Kampf-Roboter öffneten das Schott und sprangen heraus. Sie drehten sich nach allen Seiten um und überprüften die Umgebung. Ihre Augen leuchteten tiefrot. Sie hatten in den Kampfmodus geschaltet.

»Alles ist ruhig«, teilte einer von ihnen monoton mit. »Sie können jetzt aussteigen. «

Thoran und Atlanta stiegen aus dem Gleiter. Der Lantraner atmete die würzige Luft ein und lächelte.

»Ich liebe diese Natur«, bemerkte er. »Hier ist alles noch so ursprünglich. Nichts deutet auf industrielle Abgase hin.«

Der Schott des Gleiters schloss sich, der Pilot aktivierte den Tarnschirm. In dem Rücken der kleinen Gruppe verschwand der Gleiter aus der optischen Erfassung.

»Gehen wir zum Dorf«, sagte Atlanta. »Die Eingeborenen werden unseren Anflug sicherlich bemerkt haben. «

Die Gruppe war einige Schritte gegangen, da blieben die Kampf-Roboter stehen.

»wir haben humanoide Lebensformen geortet«, meldete einer von ihnen. »Sie treten aus dem Wald heraus. «

Gespannt schauten Atlanta und Thoran auf den Waldrand. Dann wurde eine Bewegung sichtbar.

Fünf kräftige Männer bewegten sich aus dem Wald auf sie zu. Ihre Gesichter waren mit rotblauen Streifen verziert.

Ihre Oberkörper weitgehend nackt, lediglich ab dem Bauchnabel waren sie mit einem Lederschurz bedeckt.

Thoran betrachtete sie sehr genau. In einer Hand hielten sie eine Art Speer, der mit einer geschärften Steinspitze versehen war. In der anderen Hand glitzerte ein geschliffenes Langschwert.

»Hier stimmt etwas nicht«, flüsterte Thoran Atlanta zu. »Wo haben die Eingeborenen die Schwerter her? Mir ist nicht bekannt, dass sie Erfahrung in der Metall-Verarbeitung besitzen? Sind die Schwerter von euch?«

Jetzt sah es auch Atlanta. Alle Krieger hatten ein Schwert in einem Köcher um ihren Rücken hängen. Lediglich der hochgewachsene Anführer, hatte das Schwert gezogen und hielt es lässig in der Hand.

Atlanta zog ihren Datenspeicher aus der Tasche ihrer Uniform. Sie stellte die Übersetzerfunktion ein und hielt das Gerät vor ihren Mund.

»Wir kommen in Frieden«, übersetzte das Gerät. »Dürfen wir euch einige Fragen stellen? Wir möchten von euch lernen. «

Scheinbar hatten die Krieger die Worte verstanden. Ihre Körper entspannten sich.

»Ihr kommt von der großen Insel im Süden?«, fragte der Anführer der Gruppe. »Mein Name ist Aurin. «

Er war über 1,80 Meter groß und unterschied sich etwas im Körperbau von seinen Begleitern. Mit interessierten Augen blickte er die Besucher an.

»Sind das eure Kampfkrieger? «, erkundigte er sich und zeigte auf die Roboter.

Atlanta blickte ihn an.
»Sie sorgen für unsere Sicherheit«, erwiderte sie. »Leider haben wir keine Kämpfer dabei, wie sie sich in eurer Begleitung befinden. «

»Wir gehen immer in Gruppen auf die Jagd«, lächelte der Ureinwohner. »Das ist nicht ungewöhnlich. Wir bekommen nur wenig Besuch von der großen Insel. «

Thoran nickte.
»Das ist bewusst so«, antwortete er. »Wir wollen euch nicht eurer Entwicklung beeinflussen. Unser Ältestenrat hat entschieden, dass wir uns nicht in eure Belange einmischen. «

Der Anführer lächelte.

»Dafür sind wir dankbar«, entgegnete er. »Es ist schwierig genug Wild zu erlegen, um unseren Clan satt zu bekommen. «

»Können wir euch irgendwie helfen?«, fragte Atlanta. »Wir verfügen über mehr Möglichkeiten.«

Der Anführer blickte die Besucher an.

»Wir haben tatsächlich ein Problem«, antwortete er. »Zwei unserer Krieger sind in einem Höhlenloch verschwunden und nicht mehr zurückgekehrt. «

»Wo genau befindet sich diese Höhle? «, erkundigte sich Thoran.

»An der Bergkette«, antwortete Aurin. »Ein Bergrutsch hat einen bisher nicht gekannten Eingang zu einer neuen Höhle freigelegt. Zwei unserer Krieger gingen hinein und kamen kurze Zeit später mit diesen scharfen Messern heraus. «

Er zeigte auf sein Schwert.

»Sie brachten uns hiervon 50 Stück mit«, fuhr er fort. »Wir haben erkannt, dass sie hilfreich sind, um Fleisch und Nahrung zu zerteilen. Dann entschlossen sich unsere

Kameraden erneut in die Höhle zu gehen. Kaum waren sie in dem Eingang verschwunden, da leuchtete ein blaues Licht auf und verschloss die Höhle. Wir haben das blaue Licht untersucht. Es ist undurchdringlich. Es versperrt seitdem den Eingang. Von unseren Leuten haben wir seit 3 Tagen nichts mehr gehört. Sie sind nicht mehr zurückgekehrt. Midir hat sie für den Raub der Messer bestraft und sie gefangen genommen.«

Thoran blickte Atlanta an.
»Wer ist Midir?«, fragte er.

Atlanta blickte auf ihre Datenbank.
»Er scheint eine wichtige Gottheit von ihnen zu sein«, antwortete sie. »Der Aufzeichnung nach soll er der Gott der Unterwelt und Herrscher über das Wunderland Mag-Mor sein. Er wird als jugendlich und schön beschrieben, mit langen goldenen Haaren, leuchtend grauen Augen. In der Regel kleidet er sich in purpurfarbene Gewänder. In seinen Händen trägt er einen Speer und ein goldenes Schild, auf seinem Rücken ein glitzerndes Langschwert. So wie das Schwert von Aurin und seinen Begleitern. Sein Auftreten wirkt stets edel und freundlich. Er besitzt ein Schloss auf einer Insel und kümmert sich um die großen Hallen der Unterwelt. Zur Warnung für Reisende und Ungläubige stehen an unterschiedlichen Eingängen zu seinem Reich drei Kraniche Wache. Midir ist sehr scheu

und zeigt sich nur selten. Einlass in sein Reich gewährt er nur besonderen auserwählten Personen.«

Atlanta blickte den Anführer der Gruppe an.
»Habt ihr drei Kraniche gesehen, die an dem Höhleneingang Wache hielten?«, erkundigte sie sich.

Die Mitglieder des naheliegenden Clans schüttelten ihren Kopf.

»Wir haben nichts von Kranichen gesehen«, erwiderte Aurin. »Vielleicht sind sie während des Erdrutsches fortgeflogen.«

»Wir helfen gerne«, sagte Thoran. »Doch wir müssen wissen, wo sich der Eingang befindet, den der Erdrutsch freigelegt hat.«

»Wir können euch dorthin bringen«, sagte Aurin. »Es ist nur ein Tagesmarsch von hier.«

Thoran und Atlanta blickten sich nachdenklich an.
»Dann wird unser Ausflug doch länger dauern, als wir eingeplant haben«, lächelte die Kommandantin der natradische Basis. »Willst du Aritron informieren?«

»Der kommt gut ohne mich zurecht«, schmunzelte Thoran. »Falls er Fragen haben sollte, dann kann er sich ja bei mir melden. «

Atlanta zeigte auf das von Aurin angesprochenen Messer.

»Diese Messer nennen sich Schwerter«, erklärte sie. »Sie werden nicht nur zum Zerkleinern von Fleisch und Früchten, sondern auch als Waffe gegen fremde Eindringlinge benutzt. Geht vorsichtig hiermit um und pflegt sie. Es wird sehr lange dauern, bis ihr selbst welche herstellen könnt. Es verschafft euch einen Vorteil gegenüber anderen Clans auf Traxinn. «

Atlanta blickte Thoran an und schaltete ihren Übersetzer aus.

»Wir werden uns die Höhle anschauen«, beschloss sie. »Ich denke, wir können Aurin und seine Begleiter in unserem Gleiter mitnehmen. Ich konnte ihre Gedanken empfangen. Sie sind frei von Hass und Gewalt. Sie sorgen sich um ihre Freunde. Das sind ihre einzigen Gedanken«

»Ich rate trotzdem zur Vorsicht«, lächelte Thoran sie an. »Die Ureinwohner sind mit den technischen Errungenschaften unserer Zeit überfordert. Ihr Verlangen solche Geräte in ihren Besitz zu bringen, wird kontinuierlich steigen. Wir sollten ihnen nicht zu viel zeigen.«

Atlanta winkte ab.

»Sollen wir den Tagesmarsch zu Fuß zurücklegen?«, fragte sie.» Die Entscheidung liegt bei dir.«

Thoran lächelte ihr zu.

»Der Gleiter scheint mir mehr zu liegen«, erwiderte er. »Mit ihm ist es nur ein kurzer Flug.«

Atlanta blickte die Ureinwohner an. Sie hatten die Fremden beobachtet und ihren Worten gelauscht. Doch leider verstanden sie kein Wort der natradischen Sprache. Sie schaltete den Übersetzer wieder an.

»Wir werden euch begleiten«, teilte sie mit. »Lasst uns gemeinsam versuchen eure Freunde zu finden. Wir können nichts versprechen. Die Höhle ist uns nicht bekannt. Es ist möglich, dass wir auch nicht weiterhelfen können.«

Aurin und seine Begleiter lächelten.
»Wir sind dankbar für eure Hilfe«, erklärte er. »Reisende erzählen uns von den vielen Wundern, die ihr auf der südlichen Insel habt. Ich bin überzeugt, dass ihr einen Weg finden werdet.«

Er drehte sich um und winkte seinen Leuten. »Gehen wir, es ist ein langer Weg«, erklärte er.

»Wartet«, sagte Atlanta. »Wir sind mit einem Flugvogel hier. Traut ihr euch zu, mit uns in den Vogel zu steigen. Wir werden mit ihm wesentlich schneller die Höhle erreichen können. «

Aurin und seine Begleiter nickten. »Das ist kein Problem«, antwortete er. »Wir sind nicht ängstlich. Wo ist der Vogel, wir sehen ihn nicht? «

»Er ist vor fremden Augen versteckt«, lächelte Atlanta. »Ich lasse ihn jetzt enttarnen. «

Sie bemerkte, wie die Übersetzung des Wortes die Ureinwohner irritierten.

»Ich meine hiermit, dass der Vogel gleich für uns sichtbar wird«, korrigierte sie ihre Aussage.

Atlanta griff nach ihrem Communicator. Sie öffnete ihn und sprach hinein.

»Hier ist Atlanta«, sagte sie. »Commander, bitte enttarnen sie den Gleiter. Wir kommen wieder an Bord.

Sekunden später flimmerte das Tarnfeld des Gleiters am Waldrand auf. Das Feld fiel in sich zusammen und gab den Gardegleiter frei. Das tiefschwarze Fluggefährt wies eine Länge von 8 Metern, eine Breite 3,50 Meter und eine Höhe von 2,90 Metern auf. Rechts und links auf dem Ausstiegs-Schott trug er in hervorstechender goldener Farbe das Logo des kaiserlichen Imperiums von Natrid. Darunter den Zusatz, Atlantis-Basis. Aurin und seine Begleiter starrten mit offenen Augen auf den Gleiter. Aus dieser Nähe hatten sie den Flugvogel noch nicht gesehen. Unter den wachsamen Augen der Kampf-Roboter schritten sie langsam hierauf zu.

Atlanta öffnete den Schott. Vorsichtshalber hatte sie den Übersetzer abgeschaltet. Sie beugte ihren Oberkörper in den Gleiter.

»Commander erschrecken sie nicht«, sagte sie. »Wir befördern fünf Ureinwohner dieser Insel zu dem Bergrücken vor uns. Wir helfen ihnen bei der Suche nach ihren Kameraden. Durch ein Unglück haben sie zwei ihrer Leute verloren. «

»Verstanden«, antwortete der Commander. »Hoffentlich riechen sie nicht so streng. «

»Verschließen sie die Sicherheits-Scheibe zum Cockpit«, erwiderte sie. »Thoran wird bei ihnen Platz nehmen. Hier hinten wird es jetzt etwas eng werden. «

Atlanta stieg in den Gleiter. Der Gardegleiter besaß im hinteren Bereich nur 6 Sitzplätze. Vorsichtig näherten sich der Ureinwohner dem schwarzen Fluggefährt. Aurin steckte seinen Kopf durch das Schott. Atlanta winkte ihm einzusteigen und wies auf die Sitzplätze. Sie schaltete ihren Übersetzer wieder ein.

»Setzt euch hier in die Mulden«, sagte sie. »Haltet euch an den Griffen fest.

Aurin sprang als Erster in den Gleiter und ließ sich in einen körpergerecht geformten Sitz fallen. Hart schlug sein Schwert, das er noch auf dem Rücken trug, gegen die Lehne. Er zog es zur Seite, damit es ihn nicht mehr behinderte. Dann folgten die restlichen Gefährten. Unbehaglich ließen auch sie sich in die Sitze fallen.

Atlanta setzte sich auf den letzten freien Platz. Sie blickte Aurin und seine Begleiter an.

»Es geht gleich los«, übersetzte das mobile Gerät ihre Worte.

Die Kampf-Roboter stiegen ein und schlossen das Schott. Der Pilot warf die Antriebe an. Fast geräuschlos hob der natradische Gardegleiter von dem Boden ab und nahm an Höhe zu. Der Pilot flog eine Schleife und hielt auf den sichtbaren Bergrücken zu. Die Ureinwohner blickten aus den Fenstern und unterhielten sich aufgeregt. Sie erkannten, wie der Bergrücken schnell näherkam. Thoran wies den Piloten die Richtung und zeigte auf einen kleinen See, der versteckt in dem Bergrücken lag. Bereits wenige Minuten nach dem Start drosselte der Commander die Geschwindigkeit. Langsam senkte er den Gleiter dem Boden entgegen. Ein kurzer Stoß stellte den Bodenkontakt her.

»Wir sind da«, teilte Atlanta ihren Gästen mit. Sie stand auf und öffnete das Schott. Aurin und seine Kameraden sprangen heraus und musterten den Gleiter außerhalb. Einer von ihnen klopfte das Material ab.

»Caolán«, warnte Aurin.»Mache nichts kaputt. «

»Hart und schwer«, sagte er.»So ein Vogel wäre auch für uns interessant. «

»Er ist schwierig zu bekommen«, erklärte Atlanta.»Es gibt nur sehr wenige von ihnen. «

Sie schaute auf Thoran, der gerade aus dem Cockpit ausstieg
.

»Wo ist der Eingang zu der Höhle? «, erkundigte sie sich bei dem Anführer der kleinen Gruppe.

Der blickte sich um und sondierte die Gegend. »Oberhalb des kleinen Sees«, antwortete Aurin. »Es ist nicht weit von hier. «

»Bringt uns hin«, ergänzte Thoran. »Wir schauen uns das blaue Licht an. «

Aurin ging voran. Caolán und die restlichen Ureinwohner folgten ihm. Die Kampf-Roboter eskortierten seitlich Atlanta und Thoran. Von der ebenen Landefläche ging es steil nach unten auf den kleinen See zu. Das dunkle blaue Wasser machte einen frischen Eindruck. Die Gruppe umrundete den Gebirgssee. Hinter drei alten Eiben war ein ovales Loch in dem Felsen zu sehen. Hiervor lagen viele Steine und Schutt, die von dem Bergrutsch stammten.

Aurin zeigte auf das ovale Loch.
»Der Eingang zu einem versteckten Höhlengang«, sagte er. »Wenn man tief hineinschaut, dann kann man das blaue Licht erkennen. «

Thoran trat neben den Anführer und spähte in die Höhle. Der Eingang verlief tief in das Berginnere. Dann sah Thoran ein blaues Licht am Ende des sichtbaren Ganges.

»Was kann das sein?«, fragte Atlanta.

»Ich habe eine Vermutung«, antwortete der Lantraner. »Doch hierfür müssen wir näher an das blaue Licht heran.«

Atlanta griff nach ihrem Communicator. Sie informierte den Commander des Gleiters, dass er ihre Position der Atlantis-Basis durchgab.

Nachdem dieser den Befehl bestätigt hatte, nickte sie Thoran zu.

»Wir können«, sagte sie. « Ich habe unsere Vorhaben an die Basis gemeldet. «

Langsam schritten Thoran und Atlanta in die Höhle. Aurin und seine Gefährten folgten ihnen. Das blaue Licht wurde intensiver, je weiter sie in die Höhe vordrangen.

»Wir sollten unsere Individual-Schirme aktivieren«, sagte Thoran. »Das blaue Licht lässt auf keine natürliche

Energiequelle schließen. Es wird von starken Energie-Reaktoren erzeugt.«

Atlanta nickte ihm zu.

Gemeinsam aktivierten sie ihre Schutzfelder. Ein leichtes aufflackerndes Licht legte sich um ihren Körper und stabilisierte sich. Die Höhle war dunkel. Eine gewisse Fertigkeit breitete sich aus, die vermutlich von dem naheliegenden See herstammte. Atlanta zog eine kleine Lampe aus der Tasche und aktivierte sie. Sie leuchtete die Steinwände ab. Sie schienen grob bearbeitet zu sein. Langsam schritten sie auf das blaue Licht zu. Thoran zog einen Scanner aus seiner Uniform und hielt ihn auf die Lichtquelle. Er blickte auf die Anzeige.

»Es handelt sich um ein altes Sperrfeld«, sagte er. »Wie ich es mir gedacht habe. Es soll Tiere und unerwünschte Besucher fernhalten. So etwas habe ich lange nicht mehr gesehen.«

Thoran wollte seine Hand ausstrecken und das Feld berühren.
»Sei vorsichtig«, mahnte ihn Atlanta. »Wir wissen noch nicht, um was es sich handelt?«

»Keine Sorge«, antwortete er. »Mein Scanner hat die Zusammensetzung der Strahlen identifiziert. Es handelt sich hier lediglich um eine Art Torsperre. Die Strahlen sind ungefährlich. Sie verdichten sich zu einem Schott. Irgendwo muss sich ein Öffnungsmechanismus befinden.«

Er streckte seine Hand aus und berührte das Feld. Nichts geschah. Er drückte leicht dagegen, doch es gab keinen Zentimeter nach.

»Das Feld dichtet gut ab«, erklärte er. »Mein Scanner gibt keine Hinweise auf irgendwelche Energieerzeuger aus. Die Wesen, die das hier installiert haben, verstanden mit ihrer Technik umzugehen.«

Er nahm einige Einstellungen an seinem Scanner vor. »Ich versuche Unebenheiten in der Felswand auszumachen«, erklärte er. »Irgendwo muss die Entriegelung zu finden sein.«

Aurin und seine Begleiter beobachten die Gäste der großen Insel. Sie verstanden nicht, wonach sie suchten.

Thoran scannte die Wände vor dem Sperrfeld. In einem langsamen Tempo zog er den Scanner über die Höhlenwände. Plötzlich piepste das Gerät laut auf. Die Anzeige rotierte und zeigte eine Anomalie in der Felswand an.

Thoran trat näher und wischte mit seiner Hand über einen hervorstehenden Stein. Staub rieselte aus dem Stein. Darunter wurden Runenzeichen sichtbar. Thoran pustete kurz über den Stein, um die letzten Staubschichten zu beseitigen. Dann wurden die Zeichen lesbar. Auf dem Stein standen fünf Symbole sauber eingemeißelt.

M ᛁ◇ ᚱ◇ registrierte das Gerät das Lantraners. Die Anzeige des Displays rotierte und zeigte rote Signale an. Ein Zeichen dafür, das Thorans Gerät vergeblich versuchte die Schrift zu entziffern.

Er schüttelte seinen Kopf.
»Das Gerät arbeitet bereits zu lange«, fluchte er. »Er wird die Runenzeichen nicht entziffern können. In der Regel kommt die Antwort schnell.«

Atlanta blickte auf die Zeichen, jedoch konnte sie auch nichts mit den eingemeißelten Runen anfangen.

»Kommen euch die Zeichen bekannt vor?«, fragte sie ihre Begleiter.

Aurin und Caolán blickten auf die von Atlanta angestrahlten Runen.

»Das sind alte Zeichen«, antwortete Aurin. »Ich habe sie lange nicht mehr gesehen. Sie werden nur noch von unseren Ältesten benutzt, die sie wieder von ihren Vätern erlernt haben. Sie bedeuten in unserer Sprache Einlass, Eingang oder Zutritt.«

Thoran und Atlanta sahen sich an.
»Versuchen wir es«, sagte der Lantraner.

Vorsichtig drückte er den Stein nach innen. Feiner Staub rieselte aus dem Zwischenraum zu Boden. Nach wenigen Sekunden gab der Stein nach und das blaue Sperrfeld erlosch.
»Es ist fort«, stutzte Aurin. »Der Eingang ist wieder frei. Jetzt werden wir unsere Freunde finden.«

Der Scanner von Thoran piepste. Er hob das Gerät hoch und blickte auf die Anzeige.

Sein Gesicht wurde ernst.
»Das sollte eigentlich nicht mehr existieren«, bemerkte er. »Mein Gerät hat die Schrift entziffert.«

Atlanta blickte ihn fragend an.
»Die Zeichen wurden von einer Rasse benutzt, die lange vor euch hier gelebt hat«, sagte er. »Sie stammen von den Ragunern.«

»Wer waren die Raguner?«, fragte Atlanta. »Diese Rasse ist mir von dem Namen her nicht bekannt.«

»Sie waren die ersten humanoiden Intelligenzen in diesem Sternen-System«, antwortete Thoran. »Sie lebten auf dem Planeten, der sich hinter Natrid in einer Umlaufbahn befunden hatte. Ragun war der Heimatplanet der ersten sich selbst entwickelten humanoiden Lebensform in der Milchstraße, natürlich neben der unseren. Die Sonne des Sol-Systems war zu diesem Zeitpunkt noch wesentlich heißer, als sie es heute ist. Der Planet der Raguner war ein Juwel im Weltall und befand sich in einer optimalen habitablen Zone.

Sie mussten auf nichts verzichten. Ihre Welt versorgte sie mit allem, was sie brauchten. Ich denke, das ist jetzt 1 Million Jahre her. Sie entwickelten sich, wie jede normale Rasse im Universum. Ihr Wissensdurst war immens. Irgendwann bauten sie Raumschiffe und erkundeten das Weltall. Ihr technisches Verständnis war immens angewachsen. Wenn ich darüber nachdenke, dann besaßen sie ein Wissen, das weit über das Verständnis des natradischen Volkes hinausging. Die Raguner sahen sich als wertvollste Species der Evolution an, ähnlich wie es heute auch noch die Adramelech tun. Diese Einstellung war der erste Schritt zu ihrem Untergang.

Ihr immenses technisches Verständnis half ihnen wenig. Das Naheliegende passierte ohne Vorwarnung. Ihre Forschungsflotten stießen auf fremde Lebensformen. Mit Vorurteilen nahmen sie den ersten Kontakt auf, ließen jedoch von ihrer Überheblichkeit nicht ab. Als dann die fremden Lebensformen ihre Befehle nicht akzeptierten, fingen sie an diese andersartigen Lebensformen zu hassen. Ihr Ärger wurde immer stärker. Irgendwann setzten sie ihre Wünsche mit Waffengewalt durch. Im Laufe von den nachfolgenden Jahrtausenden trafen die Raguner auf immer mehr neue sich entwickelnde Lebensformen.

Zu diesem Zeitpunkt verabscheuten sie bereits fremde Species so stark, dass sie fast alle Lebensformen in einem notwendigen Schnellverfahren als minderwertige Rassen aburteilten. Diese Einstufung gab den Kommandeuren der vielen Flottengeschwader das Recht, ohne Rückfrage bei ihrer Flottenführung neu entdeckte fremde Rassen anzugreifen, diese auszurotten und ihre Planeten zu vernichten. Es sollten keine Hinweise mehr auf sie zurückbleiben. Ihre Regierung erkannte nicht, dass sie gegen das unendliche Weltall mit all seiner Vielfalt kämpften.

Zu diesem Zeitpunkt beobachteten wir nur und konnten nicht eingreifen. Wir waren mit eigenen Aufgaben beschäftigt. Wir hatten die Regierung der Raguner mehrfach gewarnt und ihnen eine Protestnote unserer hohen Empore zukommen lassen. Letztendlich verbaten sie sich unsere Einmischung. Die Raguner legten keinen Wert auf einen Kontakt zu uns. Dieses hatten sie uns im Anschluss unserer Proteste mehrmals mitgeteilt. Wir akzeptierten diese Entscheidung.«

»Was ist aus ihnen geworden?«, fragte Atlanta

Thoran blickte sie mitleidig an.
»Wie es allen Rassen ergeht, die sich nur Feinde machen können«, antwortete er. »Lebensformen, die sich nicht auf neue Verhältnisse einstellen können, werden zwangsweise aussterben. Für sie ist kein Platz in dem sich immer weiter ausdehnenden Universum vorhanden. Jegliche Art von Hass zieht unweigerlich neuen Hass auf sich. Ich dachte, dass nach dieser langen Zeitspanne, keine Hinweise mehr auf sie zu finden wären. Ich habe mich wohl getäuscht.«

Thoran blickte Atlanta an.
»Ich will dir noch kurz eine Antwort geben, bevor wir weitergehen«, sagte er.

»Die zahlreichen Feinde der Raguner haben vor langer Zeit eine große Vergeltungsflotte gebaut«, erklärte er. »Viele der durch die Raguner vernichteten Rassen und Species haben sich hasserfüllt dieser großen Armada angeschlossen. Die Flotte der Raguner wurde in schweren, verlustreichen Raumschlachten besiegt. Trotz ihrer ausgereiften und wehrhaften Technik, war die feindliche Übermacht zu groß.

Ihre Zivilisation spürte erst jetzt den ungehemmten Hass der Angreifer. So wie sie es mit zahlreichen Species gemacht hatten, so wurde auch ihre Zivilisation vollständig ausgerottet und ihr Planet in Stücke geschossen. Er ist heute nur noch ein Bestandteil aus unterschiedlichen Asteroiden, in dem großen Gesteinsgürtel, hinter eurer Heimatwelt. «

Thoran blickte die entsetzt wirkende Atlanta an.

»Doch diese Geschichte ereignete sich bereits vor sehr langer Zeit, lange bevor sich die natradische Rasse entwickeln konnte«, ergänzte Thoran.

»Können wir weitergehen und unsere Kameraden suchen? «, übersetzte Atlantas Gerät

.

Beide blickten die Ureinwohner an.

»Entschuldigt«, sagte sie. »Ihr habt natürlich Recht. Wir haben lediglich überlegt, wo die Zeichen herkommen konnten. «

Atlanta leuchtete in die weiterführende Höhle. Sie vergrößerte den Lichtkegel und sah, dass die Wände feucht waren. Der Gang verlief steil nach unten und wurde sichtbar breiter. Er wuchs auf eine Höhe von 5 Metern und auf eine Breite von 3 Metern an. Der Lichtschein leuchtete eine Länge von 30 Metern des Ganges aus, der tief in den Boden führte.

Atlanta befahl den Kampf-Robotern, langsam voranzuschreiten. Die Gruppe folgte ihnen dicht an dicht.

»Wir müssen vorsichtig sein«, flüsterte Thoran ihr zu. »Die Raguner waren für ihre speziellen Sicherungen und Fallen bekannt. Sie wollten verhindern, dass Fremde in ihren Lebensraum eindringen konnten. Dafür war ihnen jedes Mittel Recht. «

»Ich verstehe«, flüstere Atlanta. »Wie kann die Energie nach dieser langen Zeit noch aktiv sein? «

Thoran zog seine Schultern hoch.
»Leider durften wir den Ragunern nie über die Schulter schauen«, antwortete er. »Ich vermute es handelt sich

teilweise um sich selbst wartende Generatoren. Nicht nur euch sind weitgehend unverwüstliche Metalle bekannt.«

Wieder war die Gruppe ein Stück weitergekommen. »Nach meiner Einschätzung müssen wir tief unter dem See sein«, bemerkte Atlanta. »Noch immer ist kein Ende des Ganges zu erkennen.«

Aurin und seinen Begleitern war keine Angst anzumerken. Langsam schritten sie weiter. Endlich mündete der Gang in einer großen Felsenhalle. Atlanta leuchte sie aus. Die Decke lief in einer Höhe von 40 Metern spitz zu. Die zerklüfteten Felswände schienen durch die Feuchtigkeit zu korrodieren. Schwach leuchtete die Stablampe von Atlanta den hinteren Bereich der Höhle aus, die sich in einen engen, fast nicht passierbaren Gang fortsetzte.

Immer noch fehlte von den verschwundenen Kameraden von Aurin und seinen Begleitern weiter jede Spur.

»Wo können sie sein? «, fragte der Kombrogi. » Diese Halle scheint keinen Ausgang zu haben.«

»Doch«, antwortete, Atlanta und leuchtete auf eine Felsnische, in der ein dunkler Spalt zu erkennen war. »Falls sie hier waren, dann können sie nur diesen Weg benutzt haben. Wir sollten Verstärkung holen.

»Du wirst hier keine Verbindung erhalten«, lächelte Thoran. »Die Raguner werden hierfür gesorgt haben. «

Atlanta öffnete ihren Communicator und wollte eine Verbindung herstellen. Sofort erkannte sie die Mitteilung, dass kein Signal zu empfangen sei. Ärgerlich schloss sie ihren Communicator wieder.

»Du hast Recht«, bestätigte sie. »Wir sind zu tief unter den Felsschichten. Kein Signal dringt nach hier unten. «

»Wenn wir schon einmal hier sind, dann können wir auch weitergehen«, sagte Thoran. »Aurin hofft immer noch, seine Freunde zu finden. Langsam kommen mir Zweifel, ob sie noch am Leben sind. «

Atlanta nickte.
»Diese Höhle ist vulkanischen Ursprungs«, erklärte sie. »Vermutlich stand sie vor Jahrtausenden unter Wasser und war nicht zugänglich. Der Riss in der Wand wird der Abfluss gewesen sein. Er ist der einzige Weg hieraus. «

»Es könnte ein Frischwasser Reservoir gewesen sein«, flüsterte Thoran. » Vermutlich haben die Raguner solche unterirdischen Speicher angelegt. «

Die Gruppe schritt auf den Spalt zu. Atlanta leuchtete hinein.

»Es sieht aus, als ob der Felsen durch ein Erdbeben, oder ein anderes Naturereignis gerissen ist«, stutzte Atlanta. »Fraglich ist, ob er vor 1 Million Jahren bereits existiert hat? «

»Geht voraus«, befahl sie ihren Kampf-Robotern. »Wir werden diesen Gang weiter untersuchen. «

Die Roboter mussten sich etwas ducken, um in den schmalen Spalt einzudringen. Er wies nur eine lichte Höhe von 1,90 Metern auf. Auch Thoran zog seinen Kopf ein. Die Felswände fühlten sich glasiert an, vermutlich aufgrund des langen Ausspülens durch Wasser. Nach weiteren 10 Metern verbreiterte sich der Weg wieder. Erstaunt blieb die Gruppe stehen. Die Wände waren nicht mehr grob und scharfkantig, sondern sauber und glatt bearbeitet. Der Gang wies exakt eine gleiche Breite und Höhe von 5 Metern auf.

Thoran aktivierte seinen Scanner und hielt ihn auf die Felswände. Schnell erhielt er eine Antwort.

»Die Wände sind eindeutig mit hochwertigen Maschinen bearbeitet worden«, erklärte er. »Dieser Gang ist mit Laserstrahlen in den Felsen geschnitten worden. «

»Wieder die Raguner? «, fragte Atlanta.
»Wer sollte es sonst gewesen sein? «, lächelte Thoran. » Es gab zu der Zeit keine anderen Bewohner in diesem Sternen-System. «

»Gehen wir weiter«, sagte Atlanta ungeduldig. »Langsam wird mir die Höhle unheimlich. «

Sie befahl ihren zwei Kampf-Robotern weiterzugehen. Nach wenigen Metern krümmte sich der breite Gang nach rechts ab. Die Gruppe erkannte, wie die Shy-Ha-Narde stehen blieben und ihre Waffenarme hoben. Schnell folgten Atlanta und Thoran ihnen. Überrascht blieben auch sie stehen.

»Eine Feuerwand«, sagte Aurin.

»Nicht hingehen«, warnte Atlanta.
Doch Aurin und seine Begleiter liefen bereits auf die Wand zu. Vor ihnen lagen die Überreste von zwei bis zur Unendlichkeit verkohlten Personen. Atlanta und Thoran eilten ihnen den Kombrogi hinterher.

Sie nahm einen Stein vom Boden auf und fasste Aurin an seinem Arm.

»Berührt nicht die Feuerwand«, sagte sie. »Das ist gefährlich.«

Dann warf sie den Stein in den Schutzschirm. Als er aufschlug, sprühten grelle Funken aus dem Schirm. Ein lautes Brummen wurde hörbar. Dann zerfiel der Stein in verbrannte Asche und regnete zu Boden. «

Aurin nickte. Er hatte verstanden.

»Sind das eure Gefährten? «, fragte Thoran. »Ich kann sie nicht erkennen«, antwortete der Anführer der Eingeborenen. »Ihre Körper sind völlig entstellt, doch die Größe ihres Knochenbaus stimmt überein. Midir hat sie als Opfergabe genommen. «

»Ob Midir tatsächlich hierfür verantwortlich ist, werden wir noch feststellen«, erwiderte Thoran. »Der Schutzschirm ist sehr gefährlich. Haltet euch von ihm fern. Vermutlich hat er sich nach dem ersten Eindringen eurer Freunde aktiviert. Tretet etwas zurück. Ich muss nach seiner Energieverbindung Ausschau halten. «

»Was hast du vor? «, erkundige sich Atlanta.

Thoran sah sie an.

»Zu der damaligen Zeit wurden Schutzschirme in einer vorher definierten Fläche konstruiert«, erklärte er. »Das können Begrenzungsdrähte sein, oder auch Metallrahmen, ähnlich wie es heute noch bei mobilen Transmittern praktiziert wird. Wenn wir Glück haben, kann ich die Energieversorgung lokalisieren. Sie wird durch das Felsgestein gelegt sein. «

Thoran trat einen Schritt auf das Energiefeld zu, welches gefährlich gelblich fluktuierte. Er hob seinen Scanner und hielt ihn auf die Begrenzung des Feldes zu der Felswand hin. Das Gerät summte monoton. Das 5 Meter große Energiefeld schien ein Eigenleben zu besitzen. Immer wieder brodelte die Oberfläche kurzzeitig auf. Die Augen von Thoran schienen nur noch den Scanner zu sehen. Geduldig fuhr er mit den Sensoren den Rand des Feldes ab. Plötzlich wurde der Ton des Gerätes lauter und ein monotones Piepsen teilte den Erfolg des Scans mit.

»Hier ist etwas«, murmelte Thoran. »Es scheint eine verbaute Energiekopplung in dem Felsen zu liegen. «

Er trat zurück und zog seinen Energiestrahler aus dem Holster seines Kampfgürtels. Thoran nahm einige Einstellungen vor und richtete ihn auf die Stelle, die vorher sein Scanner ermittelt hatte. Dann drückte er den Abzug. Ein nadeldünner Strahl bohrte sich dampfend in den Felsen und durchbohrte ihn. Es wurde merkbar wärmer in dem Gang. Dampfend fraß sich der Strahl tiefer in den Felsen hinein. Dann zischten Entladungen und Funken aus dem Schussloch. Das Energiefeld fiel schlagartig in sich zusammen.

Atlanta lächelte ihren Freund an.
»Was sollten wir ohne dich nur machen? «, flüsterte sie.
» Der Schutzschirm ist fort. «

Thoran nickte.
»Warum wurde hier eine so gefährliche Abschirmung aufgebaut? «, überlegte er laut. » Was sollte hier versteckt werden? «

»Wir werden es gleich erfahren«, antwortete Atlanta. »Gehen wir weiter. Diese Abschirmung muss einen Grund haben? «

Sie drehten sich zu Aurin und seinen Begleitern um, die immer noch um ihre verkohlten Freunde standen. Sie bewegten sich in rhythmischen Bewegungen und summten ein Klagelied. Plötzlich verharrten sie und hoben ihre Hände über ihren Kopf.

Atlanta und Thoran warteten, bis ihre Zeremonie beendet war. Aurin kam auf sie zugetreten.

»Ihre Seelen sind zu Surin aufgestiegen«, sagte er. »Dort werden sie auf uns warten. «

»Wollt ihr noch weiter mit uns kommen, oder lieber zurückkehren? «, fragte Atlanta. » Auf unserem Rückweg werden unsere Begleiter eure Kameraden an die Oberfläche tragen. «

Aurin blickte seine Begleiter an. »Seid ihr bereit den Sid zu durchsuchen und Midir zu bestrafen? «, fragte er.

Seine Gefährten antworteten zustimmend und hoben ihre Schilde in die Luft.

Aurin lächelte. »Wir kommen mit euch«, antwortete er. »Midir muss bestraft werden. «

Atlanta nickte und schaute die Eingeborenen ernst an. »Vielleicht finden wir Midir sogar«, erwiderte sie. »Doch es kann sich hier auch jemand anderes versteckt halten. Wir werden vorsichtig sein müssen. «

Die Kampf-Roboter schritten erneut voraus. Sie hatten die Lampen ihres Brustpanzers aktiviert und leuchteten den Gang aus. Nach 10 Metern endete der Gang. Drei in den Felsen geschlagene Kraniche hingen von der Decke herunter. Ihre Augen glotzten die Eindringe abschreckend an. Atlanta hielt ihre Lampe auf sie.

»Kraniche«, flüsterte sie Thoran zu. »Was bedeutet das?« Plötzlich wurden metallische Geräusche laut. Sechs große fremdartig wirkende Roboter drängten in den Gang. Ohne Warnung hoben sie ihre Waffenarme und schossen auf die Eindringlinge. Die Shy-Ha-Narde hatte bereits reagiert. Ihre Individual-Schutzschirme leuchteten unter den Treffern der fremden Roboter auf.

Ihre Augen hatten eine tiefrote Farbe angenommen. Ein Zeichen dafür, dass sie sich in dem aktiven Kampfmodus befanden. Im Dauerfeuer fauchten ihre massiven Laserstrahler auf. Die Ureinwohner waren zurückgelaufen und hatten hinter der Krümmung des Ganges Schutz gesucht. Die Blitze aus den Waffen der Besucher verängstigten sie.

Thoran und Atlanta konnten sich mit einem Hechtsprung aus der Schusslinie bringen. Auf dem Boden liegend feuerten sie auf die fremden Angreifer. Die Einschläge aus den natradischen Strahlern ließen den Schutzschirm des ersten fremden Roboters bereits rot leuchten. Sein Feld stand kurz vor dem Zusammenbruch. Atlanta gab Thoran ein Zeichen, das Feuer auf diesen Roboter zu konzentrieren. Das stetige Einschlagen der Lasersalven überlastete seinen Schirm. Dann explodierte der Roboter in einer feurigen Explosion. Eine heiße Druckwelle raste über die Köpfe der Verteidiger hinweg. Sofort wurde das Feuer auf die nachfolgenden Roboter konzentriert. Thoran änderte die Einstellung an seinem Laser-Blaster.

Jetzt stand die Anzeige auf dreiviertel der zulässigen Durchschlagskraft. Er zielte auf den Angreifer und zog den Abzugshebel durch. Ein Donnern durchzog den Gang. Der getroffene Roboter wurde von seinen Beinen gerissen und wie von einer unsichtbaren Hand nach hinten geschleudert. Noch während seines unfreiwilligen Fluges, explodierte er in einer grellen Stichflamme.

Die Shy-Ha-Narde hatten die nachfolgenden Roboter erledigt. Sein Schutzfeld erlosch und er sank qualmend zu Boden. Sein Kopf wurde von den nachfolgenden natradische Strahlen abgetrennt. Die letzten drei fremden Kampf-Roboter stellten ihren Kampf nicht ein. Es schien so, als ob sie ihr Angriffsfeuer noch erhöht hatten. Atlanta wälzte sich blitzschnell auf die rechte Seite. Eine grelle Lasersalve schlug an der Position ein, an der sie gerade noch gelegen hatte. Wütend sprang sie auf und riss ihren zweiten Strahler aus dem Waffengürtel. Beidhändig schoss sie auf die verbliebenen Roboter. Der Laserhagel der natradischen Waffen ließen die Schutzschirme der Gegner bereits rosa aufleuchten. Ein Donnern hinter Atlanta informierte sie, dass Thoran seinen Blaster erneut abgefeuert hatte.

Der vorderste Roboter wurde von seinen Füßen gerissen und rutschte durch den Aufschlag einige Meter über den Boden. Das Dauerfeuer der starken Lasersalven aus Atlantas Waffen beendete seine Existenz. Nun konzentrierte sich das Feuer auf die letzten zwei Roboter. Auch sie kannten vermutlich nicht den Befehl zur Kapitulation. Ohne jegliche Regung feuerten sie weiter auf die Eindringlinge. Auf sie wurde das Laserfeuer der natradischen Waffen konzentriert. Der Dauerbeschuss verlangsamte ihre Reaktionen. Fast gleichzeitig explodierten sie in einer feurigen Explosion. Qualm und Rauch vernebelten die Sicht.

Thoran stand auf. Er suchte Atlanta. Diese stand zwei Meter vor ihm im dichten Rauch. Sie blickte angestrengt in den Gang, ob noch Roboter folgen würden. Er trat an ihre Seite.

»Nach meiner Zählung müssen wir alle erwischt haben«, sagte er. »Es waren gute Konstruktionen gewesen, die nicht so leicht auszuschalten waren. Nur das konzentrierte Laserfeuer konnte sie überwältigen. Im Einzelkampf weiß ich nicht, wie es ausgegangen wäre. Die Raguner verdienen unseren Respekt. «

»Was sollten die Roboter bewachen? «, fragte Atlanta.

Thoran lächelte sie an.
»Wir werden es gleich erfahren«, schmunzelte er. »Die Roboter wollten verhindern, dass wir weiter vordringen.«

Die Kombrogi waren wieder zu der Gruppe gestoßen. Glücklicherweise waren sie unverletzt. Atlanta und Thoran warteten ab, bis der Qualm sich verzogen hatte. Von den feindlichen Robotern waren nur noch kleine Metallstücke übriggeblieben, die verstreut in dem Felsengang lagen. Vorsichtig schritt die Gruppe über die Metallstücke hinweg weiter voran. Nach wenigen Schritten war das Ende des Ganges erreicht.

Die vorgehenden Kampf-Roboter blieben stehen und leuchteten in die Tiefe. Atlanta und Thoran traten neben sie. Der Lichtkegel ihrer Lampe konnte die Decke der großen Steinhöhle nicht erreichen. Eine massive breite Steintreppe von exakt 100 Stufen, führte von dem Gang zu dem Boden der Halle hinab. Plötzlich flammte grelles Licht auf und leuchtete den Felsendom aus. Die Besucher staunten. Er war gewaltig. Seine Wände waren mit unterschiedlichen Schriftzeichen versehen. Atlanta und Thoran waren fassungslos.

»Was ist das? «, fragte sie. » Wer kann so etwas in den Felsen bauen? «

Thoran schüttelte seinen Kopf.

»So etwas habe ich auch noch nicht gesehen«, erwiderte er. »Diese Halle muss eine wichtige Bedeutung gehabt haben. Die Schriftzeichen an der Wand sind alle von unterschiedlichen Species der Galaxie. Einige Schriftzeichen erkenne ich, andere wiederum sind mir völlig unbekannt. Die Raguner müssen mit vielen fremden Rassen Kontakt gehabt haben. Das hier scheint ein Ort der Verständigung gewesen zu sein. «

Aus einer Plattform am Boden aktivierte sich ein blauer Energiestrahl, der sich bis zur Decke der Höhle ausbreitete. Langsam nahm das Hologramm ein stabiles Bild an. Es zeigte unzählige Sternensysteme, die alle untereinander verbunden waren. In der Mitte des Bildes lag die Milchstraße. Von hier aus zweigten die unzähligen Verbindungen zu anderen Sternensystemen ab. Größere

Galaxien können mehr Verbindungen aufweisen, als die kleineren Sterneninseln.

Thoran wurde nachdenklich.

»Es kann sich um Wurmloch-Verbindungen handeln? «, sagte er.» Alle hier sichtbaren Sterneninseln wurden miteinander verbunden. «

Thoran überlegte.

»Sollten die Raguner das geheime Netz von Wurmloch-Verbindungen installiert haben? «, dachte er.» Techniker meines Volkes warten seit vielen Jahrtausenden die getarnten Steuerstationen dieser Tunnel. Ihre Existenz ist nach meinen Informationen nur eingeweihten Rassen bekannt. Wenn ich zurück auf Centros bin, werde ich Aritron hierauf ansprechen. Gegebenenfalls muss ich mir Zutritt zu den alten Archiven verschaffen. Unsere Ältesten müssen mit den Ragunern eine Vereinbarung getroffen haben. «

Atlanta bemerkte das nachdenkliche Gesicht von Thoran. »Hast du etwas erkannt? «, fragte sie ihn.

Thoran lächelte sie an.
»Das Universum überrascht immer wieder mit neuen Erkenntnissen«, antwortete er.»Falls es sich bei den Verbindungen tatsächlich um Wurmlochfenster handeln

sollte, dann waren die Raguner fortschrittlicher, als wir es ihnen zugestehen wollten. «

Fasziniert blickten Atlanta, Thoran und die Kombrogi auf das blau schimmernde Hologramm, welches sich in der Mitte des riesigen Felsendoms drehte. Die Shy-Ha-Narde folgten Atlanta und Thoran auf die Treppe zu. Langsam schritt die Gruppe die Stufen hinunter.

Plötzlich zeigte Atlanta auf einen Sarkophag, der sich geöffnet hatte. Eine 2 Meter große Gestalt erhob sich und stieg aus ihm heraus. Sie lief schnellen Schrittes auf eine technische Apparatur zu, die an der rechen Seite der Wand stand. Die Gestalt wirkte männlich, jugendlich und kräftig. Seine langen goldenen Haare fielen über ein purpurfarbenes Gewand. In der linken Hand hielt er einen Speer und ein goldenes Schild. Auf seinem Rücken erkannten die Besucher ein glitzerndes Langschwert hängen. Noch waren die Besucher 50 Stufen von dem Boden des Doms entfernt.

»Halt, stehen bleiben«, befahl die Kommandantin der natradischen Basis.

Der Fremde musste sie verstanden haben. Hektisch blickte er ihr entgegen. Dann schlug er mit seiner Hand auf einen roten Schalter. Ein Transmitterbogen füllte sich mit Energie. Atlanta und Thoran erhöhten ihre Schritte und liefen förmlich die restlichen Stufen herunter. Die Eingeborenen folgten ihnen leichtfüßig. Das künstliche Energiefeld des Transmitters stabilisierte sich. Atlanta zog ihren Strahler und gab einen Warnschuss auf den Boden, hinter dem Fremden ab. Steinsplitter flogen durch die Luft.

Der Fremde drehte sich noch einmal um und richtete einen silberblauen Handstrahler auf Atlanta. Ohne eine Warnung drückte er ab. Atlanta gelang es gerade noch zur Seite zu springen. Der Streifschuss aus der Waffe des Fremden genügte, um ihren Individualschirm überlasten zu lassen. Funken zischten aus der Energieversorgung ihres Kampfgürtels. Der Schutzschirm fiel in sich zusammen.

Atlanta fluchte, sprang wieder auf und drehte ihren Kopf dem Flüchtenden nach. Dieser schlug mit seiner Hand auf einen gelben Schalter. Gehetzt und verfolgt sprang er in die geöffnete Transmitter-Verbindung. Sekunden später erlosch das Energiefeld wieder. Atlanta und Thoran waren noch zu weit entfernt, um ihn aufhalten zu können.

»Verflucht«, sagte Thoran. »Er ist uns entwischt.«

Er muss über gute Waffen verfügen«, antwortete Atlanta. »Ein Streifschuss hat ausgereicht, um meinen Schutzschirm zu überlasten.«

Beide hasteten die Treppen herunter. Die Ureinwohner folgten ihnen leichten Schrittes. Von den letzten vier Stufen sprangen sie auf den Boden.

»Vielleicht lässt sich noch an den Einstellungen ermitteln, zu welchen Koordinaten er geflüchtet ist«, sagte Thoran.

Schnell liefen sie auf den Transmitter zu. Atlanta erkannte, wie an dem Transmitterbogen immer mehr rote Lampen aufleuchteten. Plötzlich wusste sie warum. Die gleiche Funktion existierte bei natradischen Geräten.

»In Deckung«, warnte sie. »Midir hat die Selbstzerstörung eingeleitet.«

Die Ureinwohner liefen aufgeregt auseinander und suchten sich eine Deckung. Atlanta und Thoran sprangen hinter eine große Maschine. Keine Sekunde zu früh. Dann zerriss eine laute Explosion den Transmitterbogen und seine Steuereinheit. Nachdem Rauch und Qualm sich verzogen hatten, konnten nur noch kleine, unbrauchbare Überreste des Fluchttransmitters gefunden werden.

»Midir ist ein Feigling«, sagte Aurin. »Er hat sich uns nicht zum Kampf gestellt. «

Atlanta blickte ihn an.
»Die Legende sagt, dass Midir sehr scheu ist und Kontakt zu Fremden vermeidet«, erklärte sie. »Auch wir hätten ihm gerne einige Fragen gestellt. «

Thoran war zu dem Sarkophag gegangen und blickte hinein. Er schien etwas gefunden zu haben. Er griff hinein und zog ein goldenes dreieckiges Amulett an einer Kette heraus. Skeptisch betrachtete er es. Nach kurzer Zeit ging er lächelnd auf Atlanta zu.

»Ich habe ein Amulett der Aller-Ersten gefunden«, sagte er. »Unser Midir scheint ein Beobachter der Aller-Ersten gewesen zu sein. Sie haben auf vielen Planeten in der Galaxie Stützpunkte gebaut, aber nie in die Entwicklung der Rassen eingegriffen. Warum ist er vor uns geflohen?«

Atlanta schüttelte ihren Kopf.
»Die Frage kann ich dir nicht beantworten«, erwiderte sie.
Sie zeigte auf ein großes Schott.

»Da geht es weiter«, lächelte sie. »Schauen wir uns an, was sich dahinter verbirgt. «

Die Gruppe schritt auf das Tor zu. Es war mit unbekannten Schriftzeichen versehen. Rechts in der Wand erkannte Thoran die Öffnungseinheit. Er hob seinen Scanner und untersuchte es.

»Es sollte funktionieren«, sagte er. »Eine ausreichende Energiespannung ist vorhanden. «

Er drückte auf einen grünen Schalter. Servomotoren erwachten zum Leben und sonderten einen brummenden Ton ab. Langsam kam das Schott in Bewegung und öffnete sich mittig. Beide Seitenteile führen in die Felswand zurück.

Erstaunt schrien die Besucher auf. Lichter flammten auf und leuchteten eine unüberschaubar große Felsenhalle aus.

Atlanta und Thoran fehlten die Worte.
»Wir sind in Sid«, erklärte Aurin. »In der Stadt der Götter, die über viele Tore zu andere Dimensionen verfügt. «

Dann fielen die Ureinwohner auf den Boden und küssten ihn.

Deutlich zeichneten sich die Umrisse vieler Kuppelbauten ab. Sie wiesen unterschiedliche architektonische Eigenschaften auf. Atlanta konnte 15 Stück von ihnen mit dem bloßen Auge entdecken. Sie alle schienen einen Durchmesser von 800 Metern zu haben. Zwischendurch wurden die Kuppelbauten durch lange Hallen und kleinen Gebäuden getrennt. Sogar ein Landeplatz für Raumschiffe wurde sichtbar. Unzählige Energiemeiler und Feldgeneratoren verteilten sich in der Anlage.

Thoran hatte bereits einen Scanner aktiviert und hielt ihn auf die versteckte Einrichtung.

»Die unterirdische Fläche erstreckt sich über 25 Kilometer«, teilte er mit. »Hier ist eine gewaltige Anlage in den Bergrücken gebaut worden. Die Felswände wurden mit einem unbekannten Material verstärkt. Sicherlich um Erdbeben auszuhalten und Undichtigkeiten zu vermeiden. Vermutlich ist das hier das letzte Rückzugsgebiet der Raguner gewesen. Von hier aus sind ihre Überlebenden nach der Zerstörung ihrer Heimatwelt zu anderen Planeten geflüchtet. «

Er blickte erneut auf seinen Scanner.

»Ich registriere unzählige Energiemeiler, Transmitter-Anlagen, Kraftgeneratoren, Energiewandler, Beschleuniger und Forschungseinrichtungen«, flüsterte er. »Sie alle werden mit einer Art Minimal-Energie versorgt, um sie frisch zu halten.«

Langsam schritten die Besucher durch die Straßen der Stadt. Alles schien intakt und gewartet zu sein. Nichts machte einen verfallenen Eindruck.

»Die Gebäude sind ebenfalls aus einem unbekannten Material gefertigt«, las Thoran staunend von seinem Scanner ab. »Es kommt in der Milchstraße nicht vor.«

»Unsere Wissenschaftler werden die Stadt untersuchen«, antwortete Atlanta. »Sie scheint viele Geheimnisse zu verbergen.«

Die Gruppe schritt auf einen großen Marktplatz zu. Die freie Fläche zwischen den Bauten wies einen Durchmesser von 5.000 Metern auf.

»Hier muss ihre zentrale Energieversorgung liegen«, flüsterte Thoran. »Die Zeiger meines Scanners schlagen wie verrückt aus.«

Er und Atlanta schauten sich um. Doch nichts wies auf die vermuteten großen Energie-Erzeuger hin.

Atlanta blickte auf den staubigen Boden. Die dicke Staubschicht verhinderte eine Sicht auf das Bodenmaterial. Mit ihren Stiefeln wischte sie den Staub beiseite. Entsetzt sprang sie einen Schritt zurück.

Thoran blickte sie an und dann zu Boden. Er erkannte einen roten Feuerschein in der Tiefe brodeln.

Der hielt seinen Scanner auf diese Stelle. »Bruchsicheres, beständiges Glas«, erklärte er. »Der Schacht ist in die Tiefe bis zu dem flüssigen Erdkern getrieben worden. Dort herrschen zeitweise bis zu 6.000 Grad Hitze. Die Raguner haben sich die Energie des Erdkerns zu Nutze gemacht. Die seitlichen Röhren sind aus einem unbekannten Material hergestellt. Sie scheinen die Hitze zu komprimieren und zu einem zentralen Umformer zu leiten. «

»Ist das nicht gefährlich für den ganzen Planeten? «, erkundigte sich Atlanta.

»Bei einer falschen Vorgehensweise kann es zum Abkühlen des Kerns kommen«, antwortete Thoran. » Hierdurch kann sich das Magnetfeld von Tarid verändern?«

Er blickte erneut auf seinen Scanner. »Aber mache dir keine Sorgen«, lächelte er. »Diese Anlage leitet lediglich die Hitze weiter. Sie wird irgendwo anders in reine Energie umgewandelt. Vermutlich wussten die Raguner, was sie taten. «

Atlanta nickte. »Gehen wir zurück«, sagte sie. »Man wird uns bereits vermissen. Die Anlage ist zu groß, um alle Details überprüfen zu können. «

Thoran nickte. »Dürfen wir einige Wissenschaftler entsenden, die mit euren Experten die Anlage auswerten? «, fragte er. » Auch wir sind an den wissenschaftlichen Erkenntnissen der Raguner interessiert. «

»Hierzu ist die Entscheidung unseres Kaisers notwendig«, lächelte Atlanta. »Das weißt du doch. Aber euer oberster Lenker ist doch gerade bei uns, um Gespräche auf Regierungsebene zu führen. Sende ihm eine Info, dass er deinen Wunsch mit der Abordnung des Kaisers direkt bespricht. Quoltrin-Saar-Arel lehnt nicht alle Wünsche grundsätzlich ab. «

Sie blickte ihn verführerisch an.

»Falls doch«, ergänzte sie. »Dann halte ich dich auf dem Laufenden. «

Langsam schritt die Gruppe zu dem Eingang zurück. Atlanta zeigte auf einen großen runden Dom, an dem die Türe offenstand. Das breite Gebäude zog sich hoch in den Himmel der Felsenhalle.

Der Blick von Atlanta fiel auf den Boden. Tiefe Fußabdrücke in der Staubschicht wiesen auf erst kürzlich dagewesene Besucher hin.

Thoran blickte Aurin an. »Deine Freunde scheinen hier gewesen zu sein«, bemerkte er. »Die Fußabdrücke sind noch sehr frisch. «

»Dort steht eine Tür offen«, ergänzte Atlanta. »Sie waren in diesem Gebäude. «

Aurin nickte bestätigend. Gemeinsam schritten sie auf das hohe runde Gebäude zu. Die Kampf-Roboter traten als erstes ein und sicherten den Zutritt. Grelles Licht flammte nach ihrem Eintritt auf. Die Besucher sahen sich um. Sie befanden sich in einem Vorraum, der kreisrund als Gang um einen weiteren runden Raum verlief. Fünf Meter vor ihnen befand sich ein breites Schott. Doch das Interesse von Atlanta und Thoran galt zunächst dem Vorraum, der wie ein breiter Korridor um den nächsten Raum gebaut wurde. An den Wänden waren wuchtige Schränke mit Glasscheiben angebracht. Zwei von ihnen waren aufgebrochen und leer, die anderen hingegen unbeschädigt. In ihnen hingen dicht nebeneinander unzählige Schwerter, wie Aurin und seine Begleiter sie auf ihrem Rücken trugen.

»Hier kommen die Schwerter her«, bemerkte Atlanta. »Sie müssen eine wichtige Bedeutung für die Raguner gehabt haben. «

Langsam schritten sie an den Glasschränken vorbei. Nach 15 Vitrinen mit den glänzenden Langschwertern, folgten 10 Schränke mit goldenen Schildern und Rüstungen. Auf allen Artefakten waren Runenzeichen eingraviert. Atlanta blieb stehen. Die nächsten Vitrinen waren mit futuristisch gestalteten Laserstrahlern gefüllt.

Atlanta griff an die Vitrine und öffnete die Scheibe. Sie war nicht verschlossen. Vorsichtig entnahm sie einen Laserstrahler und betrachtete ihn. Er leuchtete in einer silberfarbenen bläulichen Metall-Legierung. Thoran war an ihre Seite getreten.

»Das ist der legendäre Nadelstrahler der Raguner«, erklärte er. »Ich kenne ihn nur aus Erzählungen. Ein

Original habe ich noch nicht in der Hand gehalten. Ich bin mir fast sicher, dass dein Schutzschirm aufgrund eines Treffers aus dieser Waffe versagte. Es werden mystische Geschichten über diese Waffe erzählt.«

Auch er griff in die Vitrine und nahm einen Strahler heraus. Neugierig betrachte er diesen. Er zeigte auf einen runden Drehknopf.

»Hiermit wird die Stärke des Strahls eingestellt«, lächelte er. »Die Wirkung lässt sich über eine 10-fache Skala dosieren. Der kleine Knopf darüber schaltet auf Paralyse-Strahlen um.«

Thoran versuchte ihn zu aktiveren, aber die kleinen Leuchtdioden an dem Strahler reagierten nicht.

»Die Energie ist verbraucht«, erklärte er. »Das ist nach dieser langen Zeit nicht verwunderlich. Dein Einverständnis vorausgesetzt, stecke ich einen für unsere Wissenschaftler ein. Sie können den Strahler untersuchen und seine Wirkungsweise testen?«

»Ich habe keine Einwände«, lächelte Atlanta. »Es sind genügend Strahler vorhanden.«

Ihr Blick verdunkelte sich. Fünf Schritte vor ihnen wurden die Wandschränke von einer Stasis-Kammer unterbrochen. Trotz der hierauf liegenden Staubschicht erkannte sie, dass keine Kontroll-Lampe mehr an der Kammer leuchtete.

Sie zeigte mit ihrer Hand auf die Kammer. Jetzt sah Thoran sie auch.

»Eine alte Stasis-Kammer? «, bemerkte Thoran erstaunt. » Warum steht dieser hier in der Waffenkammer herum?«

Langsam schritt die Gruppe auf die Kammer zu. Thoran wischte mit seiner Hand den Staub von dem gläsernen Deckel ab. Dann schaute er durch das Glas in die Kammer. Erschreckt drehte er sich ab.

»Die Kammer ist belegt«, sagte er zu Atlanta. Sie trat an seine Seite. Ihre Blicke trafen auf ein mumifiziertes Skelett. Die Haut war braun geworden und sie sah ledig aus. Der Mund der Gestalt war halb geöffnet, so als ob sie noch nach Luft schnappen wollte.

Vorsichtig öffnete Thoran die Kammer. Der Deckel quietschte und ließ sich mit etwas Druck nach oben drücken. Ein muffiger Geruch entströmte der Kammer.

»Verwesungsgeruch«, erklärte Thoran und drehte seinen Kopf ab.

Die Kammer hat irgendwann ihre Funktion eingestellt«, sagte Thoran. » Vermutlich war niemand mehr hier, der sie warten konnte. Sicherlich ist sie bereits seit vielen Jahrtausenden ausgefallen. «

»Warum wurde die Person hiergelassen? «, erkundigte sich Atlanta. » Wir haben keine anderen Skelette gefunden. Die restlichen Bewohner scheinen geflüchtet zu sein. «

Thoran schüttelte seinen Kopf.
»Ich kann diese Frage nicht beantworteten«, erwiderte er. »Vielleicht hat der Schläfer gehofft, dass jemand die Hinterlassenschaften seines Volkes finden und ihn rechtzeitig erwecken würde. Leider ist sein Wunsch nicht in Erfüllung gegangen. «

»Dem Flüchtling von soeben scheint sein Kollege egal gewesen zu sein? «, bemerkte Atlanta.

Thoran überlegte scharfsinnig.
»Vorausgesetzt, er gehörte zu der gleichen Rasse«, entgegnete er.

Atlanta und Thoran blickten das ledrige Skelett an. »Der Kopf ist größer als bei unseren Ureinwohnern«, wunderte sich Atlanta.

Thoran nickte. »Die ganze Gestalt ist nicht mit den heutigen Bewohnern von Tarid zu vergleichen«, entgegnete Thoran. »Das Skelett weist eine Körpergröße von zwei Metern aus. Die Augenhöhlen sind größer und schmaler, was auf ovale Augen hinweist, ähnlich wie bei Reptilien. Ich bin mir sicher, dass die Raguner perfekt sehen konnten.«

Er zeigte auf die Hände und die Füße. »Sie besaßen jeweils 6 Finger an den Händen und 6 Zehen an den Füßen«, stellte er fest. »Die Raguner waren eine eigenständige Rasse, die sich vor langer Zeit auf dem ehemals 5. Planeten eures Sternen-Systems entwickelt hat. Laut den Informationen aus unserer Datenbank hat ihre Unfähigkeit, sich mit anderen Rassen zu verständigen, sie in den Untergang getrieben. Leider dachten sie immer, dass sie die Spitze der Evolution darstellten.«

Thoran schloss den Deckel der Stasis-Kammer wieder. »Mehr kann ich im Moment nicht sagen«, lächelte er Atlanta an. »Eure Wissenschaftler werden sicherlich mehr herausbekommen.«

Er schritt zu dem nächsten Wandschrank. Erstaunt blieb er stehen. Exakt dreißig goldene Amulette in der bekannten Dreiecksform, hingen ordentlich an einer Kette aufgehangen auf mehreren Haken.

»Das sind wieder die Amulette der Aller-Ersten«, staunte er. »Sie sind in der ganzen Galaxie verteilt. Forscher, Artefakt-Sucher, Wissenschaftler und Grabräuber suchen nach ihnen. Sie sollen den Weg in ein besseres Universum öffnen. Jedoch niemand versteht ihre Funktionsweise. In der Regel wurden von den Aller-Ersten immer nur Einzelstücke versteckt. Warum hängen in diesem Schrank direkt 30 Stück von ihnen?«

»Wer sind die Aller-Ersten? «, erkundigte sich Atlanta.» Von ihnen habe ich noch nichts gehört. «

Thoran blickte sie an.
»Das ist ein altes Volk der Galaxie«, antwortete er.»Ihr selbstgewählter Name ist nicht bekannt, doch sie wurden aufgrund ihres Alters von vielen Zivilisationen die Aller-Ersten genannt. Früher sind sie öfter in Erscheinung getreten. Doch von ihnen und ihrem Hilfsvolk den Ablondern wurde seit geraumer Zeit nichts mehr gehört. Vermutlich sind sie in eine andere Dimension gewechselt. «

Thoran und Atlanta gingen weiter. Die nächsten Wandschränke enthielten Stabwaffen, Uniformen, Bekleidungsgegenstände, andere Schränke waren aufgebrochen und ihr Inhalt entwendet. Doch es wurde nichts Interessantes mehr von ihnen gefunden.

Schließlich drehten sie um und gingen zu dem Eingang des Doms zurück.

»Bevor wir gehen, möchte ich noch das Schott in den Innenbereich des Doms öffnen«, sagte Atlanta. »Es scheint der größere Raum in diesem Gebäude zu sein.«

Thoran nickte und ging auf den Schott zu. Er hob seinen Scanner und untersuchte es.

»Es benötigt Energie, um geöffnet zu werden«, sagte er. »Ich messe einen minimalen Energiefluss an.«

Er suchte rechts und links die Felswand ab. Nach wenigen Minuten hatte er wieder einen Druckschalter gefunden, auf dem die gleichen Runenzeichen standen, wie in dem Felsengang am Eingang. Vorsichtig drückte er den Schalter nach innen.

Mit leichten knirschenden Geräuschen bewegte sich das Schott und gab den Blick in das Innere des Doms frei.

Erstaunt blickte sie in den großen Raum, der fast einer Werfthalle glich. Das Licht hatte sich aktiviert und beleuchte exakt 4 Raumschiffe. Sie besaßen eine Länge von 250 Metern und waren ebenso futuristisch konstruiert, wie die Laserwaffen in den Schränken.

»Raumschiffe? «, sagte Atlanta erstaunt.» Wie kommen diese unter die Erde.»Ich habe keinen Ausflugsschacht gesehen. «

»Es gibt Möglichkeiten die Moleküle von festen Gegenständen mit einem Dekristallisationsfeld zu durchfliegen«, erklärte Thoran.»Falls man einen Dekristallisations-Generator in einem Schiff installiert, dann muss lediglich ein entsprechend großes Feld erzeugt werden, dass ein Raumschiff unbeschädigt durchfliegen kann. Das ist meistens die Schwierigkeit. Die Felder lassen sich nur schwer justieren. Wir haben die Versuche an diesen Feldern eingestellt, weil zu oft Unfälle passierten.«

Atlanta zeigte auf die Schiffe.
»Dann werden diese vier Schiffe über solche Generatoren verfügen «, bemerkte sie.

»Ich vermute es fast«, antwortete Thoran. »Ansonsten sehe ich keine Möglichkeiten, wie die Schiffe die Höhle verlassen sollten. «

»Das ist eine Technik, über die das natradische Imperium nicht verfügt«, ergänzte Atlanta. »Dann war unser Ausflug doch nicht ganz ergebnislos. Unsere Wissenschaftler werden sich freuen. «

»Gehen wir zurück«, sagte Thoran. »Sicherlich wird man uns bereits vermissen. «

Auf halbem Wege nahmen die Shy-Ha-Narde die verkohlten Überreste der zwei Kombrogi auf ihren Arm und trugen sie aus der Höhle heraus. Der Rückweg verlief problemlos. Es wurden keine weiteren Fallen der Raguner mehr entdeckt.

»Wie weit ist eure Siedlung entfernt? «, sprach Atlanta in ihren Übersetzer.

Aurin drehte sich um und zeigte zu dem großen Wald, nördlich von ihnen.
»Es ist ein halber Tagesmarsch von hier«, antwortete er.
»Können wir mit dem Vogel fliegen? «

Atlanta lächelte ihn an.

»Wir bringen euch zurück«, erwiderte sie.

Die Gruppe marschierte von dem kleinen Bergsee den Hügel hinauf, wo der natradische Garde-Gleiter wartete. Der Pilot hatte sich lässig an den Schott gelehnt und beobachtete die Umgebung. Als er Atlanta und Thoran erkannte, nahm er Stellung an. Er blickte auf die beiden verkohlten Leichen der Kombrogi.

»Sind das die vermissten Ureinwohner? «, fragte er. Atlanta nickte ihm zu.

»Wir konnten nichts mehr für sie tun«, antwortete sie. »Leider sind sie in ein Abschirmfeld gelaufen, das vermutlich von den Ragunern stammt. Wir haben eine unterirdische Stadt entdeckt, die noch mit Energie versorgt wird. Midir ist uns durch einen Flucht-Transmitter entwischt, der sich nach seinem Durchgang selbst zerstört hat. Wir konnten seine Fluchtkoordinaten nicht ermitteln. Das Gerät wurde vollständig zerstört. «

»Der Gott der Unterwelt und Herrscher über das Wunderland Mag-Mor ist durch einen Transmitter geflohen? «, fragte der Pilot.» Ich wusste gar nicht, dass sich Götter auch der weltlichen Technik bedienen. Hatte die Person langes goldenes Haar und war sie in ein purpurfarbenes Gewand gekleidet? «

»Es sah aus unserer Entfernung so aus«, lächelte Atlanta. »Doch wir waren zu weit entfernt, um ihn aufhalten zu können.«

»Vielleicht kommt er nochmals zurück, um seine Habseligkeiten zu holen«, lächelte der Pilot. »Bei solchen Göttern weiß man nie, woran man ist.«

»Wir fliegen zu dem Siedlungshort der Kombrogi«, befahl Atlanta. »Ich möchte, dass sie ihre Kameraden bestatten können.«

Sie winkte den Eingeborenen zu. »Steigt ein, wir fliegen zu eurer Siedlung«, sagte sie.

Der Übersetzer wandelte die Worte in die Ursprache um. Aurin und seine Begleiter sprangen in den Gleiter und setzten sich in die Sitze. Dann folgten die Kampf-Roboter. Auf ihren Armen trugen sie respektvoll die getöteten Kameraden von Aurin. Thoran setzte sich auf den Sitz des Co-Piloten, Atlanta verschloss das Schott. Langsam hob der Garde-Gleiter vom Boden ab und gewann an Höhe. Mit einem gemächlichen Tempo überflog er den Bergkamm und die grünen Wälder.

Aurin zeigte auf die nächste Grünfläche.

»Das ist unser Wald«, teilte er mit. »In der Mitte befindet sich unsere Siedlung. «

Atlanta nickte und informierte den Piloten. Dieser drosselte die Geschwindigkeit des Gleiters und senkte ihn tiefer herunter. Dann wurde das Dorf sichtbar. Die knapp 75 Häuser wiesen eine runde Konstruktion auf und waren mit einem Strohdach abgedeckt. Einige von ihnen standen auf Holzpfosten. Die Häuser waren kreisrund ausgerichtet. Mitten durch das Dorf floss ein kleiner Bach. Auf dem Marktplatz standen Nutztiere, in einem eingezäunten Gehege. Eine hohe Schutzpalisade umschloss die ganze Siedlung, lediglich zwei Tore führten hinein und wieder heraus.

»Landen sie am Waldrand«, befahl Atlanta dem Piloten. »Die Dorfbewohner werden uns bereits bemerkt haben und beunruhigt sein. «

Der Pilot des Gleiters bestätigte den Befehl und setzte den Garde-Gleiter auf dem Boden auf. Atlanta öffnete das Schott und sprang heraus. Ihr folgten Aurin und seine Begleiter. Die Shy-Ha-Narde trugen die verkohlten Leichen aus dem Gleiter.

Scheinbar verfügten die Kombrogi über sehr gute Augen. Als Aurin und seine Begleiter aus dem Gleiter ausgestiegen waren, öffnete sich an der Schutzpalisade das Eingangstor. Eine Gruppe von sechs Kriegern kam auf den Gleiter zugelaufen.

Aurin trat ihnen entgegen und informierte sie über die Geschehnisse.

»Das sind Freunde von der großen Insel im Süden«, übersetzte das Gerät von Atlanta.

Die Kampf-Roboter hatten die Leichen zwischenzeitlich den Begleitern von Aurin übergeben. Sie beobachteten die neuen Ureinwohner skeptisch mit tiefroten Augen.

Bei der geringsten Gefahr würden sie einschreiten. Der Anführer der Gruppe war vollständig mit Leder bekleidet. Ein rotes Tuch war um seine Hüfte gebunden. Ein glänzendes Langschwert hing um seinen Rücken.

Er schien über den Tod von Aurins Gefährten verärgert zu sein. Immer wieder zeigte er auf die verkohlten Leichen. Aurin hob seine Hände in die Luft. Doch der Anführer der Gruppe war außer sich.

Atlanta und Thoran näherten sich der Gruppe. Der Häuptling schaute sie an.

»Ihr kommt von der südlichen Insel?«, fragte er.
»Das ist richtig«, übersetzte das Gerät von Atlanta. »Wir können die Aussagen von Aurin bestätigen. Eure Kameraden sind in eine Feuerwand gelaufen. Wir konnten nichts mehr für sie tun.«

»Ich bin Oeclin«, stellte er sich vor. »Der Häuptling unseres bescheidenen Clans. Es ist sehr ärgerlich, dass wir zwei Krieger verloren haben. Gerade jetzt, wo immer mehr feindliche Stämme uns das Leben schwermachen.«

Atlanta blickte ihn an.
»Welche Stämme greifen sie an?«, fragte sie erstaunt.

Er blickte sie an.
»Gibt es diese Horden auf eurer Insel nicht?«, erkundigte sich der Häuptling erstaunt.» Es sind kriegerische Gruppen von Missgeburten, die ausschließlich nachts angreifen und unsere Frauen entführen. Wir konnten einige von ihnen töten, doch es werden nicht weniger. Sie stammen aus dem kalten Norden unseres Landes. Dort scheint sich ihr Versteck zu befinden.«

»Warum betitelt ihr die Krieger als Missgeburten?«, erkundigte sich Thoran.

»Sie sind anders als wir«, antwortete Oeclin. »Scheinbar sind es Formorii, oder Mischlinge, die nicht von unserem Blut abstammen. Sie besitzen einen sehr flachen Kopf, haben an jeder Hand 6 Finger und an ihren Füßen jeweils 6 Zehen. Sie sprechen unsere Sprache nur sehr schlecht.«

»Es kann sich nur um die ältere humanoide Lebensform von Tarid handeln«, sagte Atlanta. »Ich dachte eigentlich, sie wäre bereits ausgestorben. Die Kopfform dieser früheren Lebensform stimmt mit der Beschreibung des Häuptlings überein. Sie haben erkannt, dass ihre Population immer weiter absinkt. Vermutlich haben sie beschlossen intensiv für Nachwuchs zu sorgen. Selbst wenn es sich um geraubte Frauen handelt sollte. Sie beabsichtigen ihre DNA vermischen. «

»Ich glaube nicht, dass sie wissen, was eine DNA ist«, antwortete Thoran. »Es wird viel mehr ein angeborener Überlebensinstinkt sein, der sie zu diesen Maßnahmen greifen lässt. Seltsam ist, dass sie über die gleiche Anzahl von Gliedern an Händen und Füßen verfügen, wie das Skelett des Raguner, das wir in der Stasis-Kammer gefunden haben. «

»Die Zeitspanne liegt zu weit auseinander«, bemerkte Atlanta. »Du hast mir mitgeteilt, dass die Raguner vor 1

Million Jahren lebten. Wie sollten sich Teile von ihnen mit den heutigen Lebensformen von Tarid vermischt haben?«

»Das ist das große Rätsel«, lächelte Thoran. »Wir haben jedenfalls eine Person flüchten sehen. Vermutlich wurde sie durch eine automatische Sicherung gewarnt.«

Der Häuptling rief seinen Kriegern einige Worte zu. Aurin und seine Begleiter drehten sich um und schritten auf das Dorf zu.

Dann blickte er Atlanta und Thoran an. »Sie haben unseren Kriegern geholfen«, sagte er. »Dafür möchten wir uns bei euch bedanken. Kommt mit in unser Dorf und nehmt an der Bestattung unseres Freundes teil. Erzählt uns von eurer Insel. Wir sind für Informationen von Besuchern immer sehr dankbar.«

Atlanta und Thoran sahen sich an. »Wir bleiben noch etwas«, erwiderte sie. »Mein Freund möchte gerne über eure Kultur informiert werden. Wir sind zu euch gekommen, um mehr über eurer Leben in diesem Gebiet zu erfahren.«

Der Häuptling verstand die Antwort.

»Unsere Ältesten werden euch gerne mehr von unserer Geschichte erzählen«, erklärte er. » Sie sind die Bewahrer der Erzählungen unserer Vorfahren. «

Oeclin machte eine Geste mit seiner Hand ihm zu folgen. Atlanta instruierte den Piloten, auf sie zu warten und den Kontakt zu ihrer Basis zu halten.

»Falls wir gesucht werden, informieren sie mich bitte über den Flottenfunk«, sagte sie.

»Ich habe verstanden«, antwortete der Pilot. »Genießen sie ihren Besuch. «

Atlanta schaute ihn fragend an. Dann drehte sie sich um und schritt mit Thoran dem Häuptling der Kombrogi hinterher. Die beiden Kampf-Roboter folgten in einem kurzen Abstand.

Die Nachricht über den Tod der beiden Krieger hatte sich in dem kleinen Dorf schnell verbreitet. Der größte Teil der Bewohner hatte sich auf dem Dorfplatz versammelt und ein Klagelied angestimmt. Die verkohlten Leichen waren auf einen Tisch gelegt worden. Aurin und seine Freunde hatten sich als Totenwache dahinter aufgestellt. Ihr Gesicht zeigte keine Regung. Nach und nach schritten die Bewohner vorbei, verbeugten sich und nahmen Abschied von den mutigen Männern. Sie legten kleine Geschenke auf den Tisch, die später als Bestattungsbeigaben gedacht waren. Atlanta und Thoran sahen, wie eine tiefe Anteilnahme von den Bewohnern des Dorfes ausging. Das Schicksal betrübte alle Einwohner, denn sie wussten, dass durch den Tod die Kampfkraft ihres Dorfes geschwächt worden war.

Oeclin blickte seine Gäste an.
»Unser Dorf nimmt Abschied von den Toten«, erklärte er.
»Sie wurden von uns allen geliebt und geschätzt. Es waren gute und mutige Krieger. «

»Wir trauern mit euch«, sagte Thoran. »Ein Verlust ist immer nur schwer zu ertragen. «

Der Häuptling nickte.
»Gerade jetzt, wo wir mehr Krieger benötigen als früher«, erwiderte er. »Die Horden aus dem Norden werden immer stärker. Es ist nur eine Frage der Zeit, bis sie uns überlaufen. «

Der Lantraner blickte seine Freundin von der Atlantis-Basis an.

»Könnt ihr etwas unternehmen? «, fragte er. » Falls die mutierten Horden aus dem Norden nicht einer natürlichen Entwicklung entstammen, dann sollte das korrigiert werden. Es darf nicht sein, dass die Lebensformen auf Tarid von fremden Einflüssen manipuliert werden.«

»Das ist noch nicht bewiesen«, erwiderte Atlanta konsequent. »Unser Frühwarnsystem ist auf dem neusten Stand. Der Einflug eines fremden Raumschiffs wäre von uns bemerkt worden.«

»Davon gehe ich aus«, lächelte Thoran. »Was ist mit dem Transmitter, durch den Midir geflüchtet ist. Gibt es noch weitere auf dieser Insel? Du hast mir mitgeteilt, dass Midir irgendwo ein großes Schloss besitzt. Können wir ausschließen, dass sich dort weitere Transmitter befinden?«

Atlanta dachte nach. »Das Schloss ist eine Sage«, entgegnete sie. »Ich habe nirgendwo auf Tarid einen Palast entdeckt. Nebenbei wäre das auch unseren Wissenschaftlern längst aufgefallen.«

»So wie die unterirdische Stadt der Raguner?«, lächelte Thoran. »Von dieser Anlage war euch auch nichts bekannt.«

Atlanta blickte Thoran an.

»Ich hasse es, wenn sich deine Vermutungen immer als richtig herausstellen«, ärgerte sie sich. »Es ist durchaus möglich, dass sich an anderer Stelle weitere versteckte Bauwerke dieser Rasse befinden. Sie scheinen über eine gute Abschirmtechnik zu verfügen.«

Oeclin hob seine Hand und zeigte auf eine Gruppe Kombrogi, die Lederfelle bis zu ihren Knien trugen. Eine lederne Kapuze verdeckte ihr Gesicht.

»Das ist unser Ältestenrat«, erklärte er. »Nur sie besitzen die Gabe der Weissagung und einen unmittelbaren Zugang zu dem Wissen der Zukunft. Einige von uns sagen ihnen ein zweites Gesicht nach.«

Die sechs Weisen standen vor den verkohlten Leichen. »Sie beschwören die Götter und malen Himmelszeichen in die Luft, die unseren Kriegern die Pforten öffnen«, ergänzte der Häuptling. »Sie werden mit der Ehre eines tapferen Krieges aufsteigen. Die Götter des Lichts werden ihnen wohlgesonnen sein.«

Er drehte sich Atlanta und Thoran zu.

»Die Rituale unseres Clans müssen eingehalten werden«, sagte der Häuptling. »Es darf nicht sein, dass die unheilvollen Ankündigungen der Ältesten den zeremoniellen Ablauf stören.«

»Von welchen Vorhersagen sprechen sie?«, fragte Thoran.» Uns ist noch nichts bekannt.«

»Wisst ihr es nicht?«, erwiderte der Häuptling erstaunt. »Eure Seher sollten euch ebenfalls gewarnt haben?«

Atlanta schüttelte ihren Kopf. »Wir waren bereits auf dem Weg zu euch«, ging sie auf das Spiel ein. »Sie konnten uns nicht mehr informieren.« Oeclin blickte sie erstaunt an.

»Heute ist der Tag, vor dem die Göttin Danu die Ältesten unseres Clans gewarnt hat«, teilte er mit. »Die Formorii werden mit grüner Haut aus dem Feuer springen und Unheil über Mutter Erde bringen. Sie belegen heute unsere Heimat mit dem Fluch des Unterganges. Nichts kann sie aufhalten. Doch seid ohne Furcht. Das Ereignis liegt noch viele Sonnenwenden in der Zukunft.«

Atlanta blickte den Häuptling irritiert an. »Wann werden sie kommen?«, erkundigte sie sich. »Können wir mit ihnen reden?«

Der Häuptling lachte.

»Die Formorii sind schreckliche Dämonen-Krieger«, erklärte er. »Ihr Volk ist von missgestalteter und gewalttätiger Wesensart. Sie kommen immer aus dem Totenreich, wenn die Götter mit uns unzufrieden sind. Die Formorii sind von kräftiger Statur, teilweise besitzen sie Köpfe, an denen ihre spitzen und scharfen Zähne herausstehen. Durch ihre ledrige grüne Hautfarbe kann man sie in den Tiefen des Waldes nur schwer finden. Sie besitzen reptile Vorfahren. «

Atlanta schüttelte sich. »Das sind schreckliche Geschichten«, erwiderte sie zu dem Häuptling. »Glauben sie nicht, dass alle Clans von den Göttern gewarnt worden wären? «

»Wer kennt exakt den Willen der Götter«, antwortete Oeclin. »Sie haben Gefallen an blutigen Kämpfen. Für sie ist es eine natürliche Auslese. Nur den Stärksten ihrer Geschöpfe wird es erlaubt weiterzuleben. «

»Dann stellt sich die Frage, ob es sich tatsächlich um richtige Götter handelt? «, fragte Thoran. » Unsere Götter sorgen dafür, dass es ihren Kindern gut geht. «

»So war es früher«, nickte der Häuptling des Kombrogi-Stammes. »Doch leider hat sich viel verändert. Götter aus anderen Regionen sind auch in unsere Regionen eingedrungen. Sie wollen unsere alten Schutzgötter verjagen und bekämpfen sie bis aufs Äußerste. Wir bemerken, dass die Alten langsam an Macht verlieren. Die neuen Götter sind grausam. Sie fordern für ihren Schutz einen Teil unseres Nachwuchses als Opfergabe.

Meistens sind es die Erstgeborenen unseres Clans. Doch in letzter Zeit haben wir uns widersetzt. Es ist unmöglich für uns, die Erstgeborenen unseres Stammes zu übergeben. Sie werden für den Kriegernachwuchs benötigt. Es ist die Pflicht eines Häuptlings hierauf zu achten. Der Rat der Ältesten teilte uns mit, dass die Götter durch meine Entscheidung verärgert wurden. «

Oeclin blickte die Besucher an. »Wir haben uns eine Lösung des Problems ausgedacht«, teilte er mit. »Die neuen Götter müssen beseitigt werden.«

Atlanta und Thoran waren schockiert. »Woher habt ihr diese Informationen, seid ihr ihnen einmal persönlich begegnet? «, fragte Atlanta.

»Nein«, antwortete Oeclin. »Niemand von uns hat sie je gesehen. Lediglich in den Warnungen an unsere Alten, manifestieren sie sich als schemenhafte Gestalten. «

»Wo halten sich die Götter auf?«, erkundigte sich Atlanta. » Wo steht ihr Dorf, oder ihre Siedlung? Wie wollt ihr sie finden? «

Der Häuptling schüttelte seinen Kopf.

»Ihr Erscheinen wird mit einem blauen hellen Licht am Himmel angezeigt«, erklärte er. »Dieses Licht wird durch einen starken Donner und durch Feuer unterstützt. Kurze Zeit später sind die ausgewählten Erstgeborenen verschwunden. Wir wissen nicht, wohin sie gebracht wurden. «

Der Häuptling zeigte auf die Zeremonie. »Die Ältesten sind fertig«, teilte er mit. »Jetzt werden die Getöteten in dem Hügel, außerhalb des Dorfes bestattet. Folgt mir bitte. Danach ist die Bestattung beendet. Ihr dürft dann mit den Ältesten sprechen. «

Atlanta und Thoran folgten Oeclin und schlossen sich dem Trauerzug an. Vier starke Männer an der Spitze der Menge trugen den Tisch mit den zwei Freunden von Aurin. Ein breites Fell war über sie gedeckt. Schweigend schritt die Trauergesellschaft durch die Schutzpalisade des Dorfes auf das Hügelfeld zu.

Spähschiff der Rigo-Sauroiden

Das 250 Meter messende Spähschiff mit 100 Rigo-Sauroiden an Bord, hatte bereits eine weite Wegstrecke zurücklegt. Dank der vorprogrammierten Navigationseinheit waren keine Probleme aufgetaucht. Die intensiven Tiefenraumortungen konnten keine feindlichen Schiffsverbände ausmachen.

Zufrieden lehnte sich Commander Grak-Rah in seinen Kommandosessel zurück.

»Der Flug verläuft problemlos«, dachte er. »In exakt vier Sprüngen werden wir an unserem Zielort ankommen. Erst dann werden wir uns vor den Feinden verstecken müssen. Doch wir haben den Überraschungsmoment auf unserer Seite. Die Natrader wissen nichts von unserem Plan. Sie sind völlig ahnungslos. Die göttliche Bestimmung wird mit uns zufrieden sein.«

Der Commander erinnerte sich an seine Herren, die verehrungswürdigen Arthropoden. Sie waren für sein Leben verantwortlich. Durch sie konnte die Rasse der Rigo-Sauroiden erst das Licht der Welt erblickten. Er verspürte einen unsagbaren Dank in sich, ihnen ein Leben lang dienen zu wollen. Vor 12 Monaten waren ihre Techniker gekommen und hatten alle leitenden Offiziere ausgebildet.

»Wir sollten auf eine bevorstehende Mission ausgebildet werden«, dachte er. »Niemand wusste damals, dass ich der Commander des Raumschiffes werden würde. Es war ein harter Kampf, als Bester der unterschiedlichen Clans zu bestehen. Meine Nerven waren während der Ausbildung zum Zerreißen angespannt gewesen. Aber schon damals konnte ich feststellen, dass die Jüngeren nicht über meine eiskalte Erfahrung verfügten. Sie machten viele Fehler, die ihnen den Anspruch auf dieses Kommando verwehrten. «

Der Commander lachte laut auf.
»Ich wusste, dass ich mich gut vorbereitet hatte«, dachte er. »Das Training im Simulator und meine Erfahrungen in den Clan-Kriegen haben mir sehr genützt. Durch meine Gespräche mit den Piloten der Arthropoden konnte ich auf Erfahrungen und Berichte zugreifen, die meinen Kollegen fehlten. Ich hatte alle Berichte der Herren studiert, die sie uns zur Verfügung stellten. Nicht nur die Informationen über die großen galaktischen Kriege, auch die Vernichtungsfeldzüge der Adramelech waren von mir förmlich verschlungen worden. Was aus ihnen wohl geworden ist. «

Der Commander wischte seine Gedanken beiseite. Er blickte auf den zentralen Bildschirm seines Schiffes.

»Alles ist ruhig«, erkannte er. »Nichts deutet auf Unregelmäßigkeiten hin. «

Er blickte seinen Maschinisten an. »Sind die Hyperraumsprung-Konverter wieder aufgeladen? «, erkundigte er sich. » Können wir den nächsten Sprung absolvieren? «

Der Angesprochene brummte etwas Unverständliches. Er lief aufgeregt zwischen seinen Geräten hin und her und las die Skalen ab.

»Wir konnten 85 Prozent der benötigten Sprungenergie laden«, antwortete er. »Wir brauchen noch sieben Minuten, um die volle Leistung zu generieren. «

»Das Zeitfenster muss eingehalten werden«, brüllte der Commander ihn an. »Informieren sie mich sofort, wenn die maximale Aufladung erreicht wurde. «

Der Commander dachte an das Briefing seiner Herren. »Die Abgesandten der Arthropoden haben mir und dieser Crew eindeutig klargemacht, dass ihr vorgegebenes Zeitfenster eingehalten werden muss«, erinnerte er sich. »Die ganze Mission scheint hiervon abzuhängen. Ich weiß nicht mehr, ob ich in der Nacht vor unserem Start gut schlafen konnte, oder ich zu aufgeregt war. Alle Clans auf Rigo-Dorwn haben neidvoll unseren Abflug beobachtet. Ein Fehler hätte große Schande über meinen Clan gebracht. Doch das Ende der langen Wartezeit hatte sich gelohnt. Hier in diesem fremden Universum sind wir auf uns alleine gestellt. Alles wurde von unseren Herren vorausgesehen.«

Der Commander beugte sich nach vorne und untersuchte die Ausdrucke der Ortungsgeräte.

»Ein Verband fremder Schiffe ist in diesem Sektor materialisiert«, meldete der Ortungs-Offizier des Schiffes plötzlich.

Verdutzt blickte Commander Grak-Rah auf den Bildschirm. Rote Zeichen einer unbekannten Flotte blinkten auf der Anzeige.

»Steuermann«, befahl er. »Bringen sie uns in den Ortungsschatten des Asteroiden vor uns. Ich möchte nicht von fremden Schiffen belästigt werden.«

Langsam bewegte sich das Spähschiff vorwärts. Nach einem kurzen Flug hatte er den Ortungsschatten des Felsens erreicht.

»Haben die Schiffe etwas bemerkt?«, fragte der Commander.

Der Ortungs-Offizier schüttelte seinen Kopf. »Sie halten ihren Kurs«, antwortete er. »Falls sie etwas bemerkt haben, dann reagieren sie nicht. Scheinbar handelt es sich um Frachtschiffe.«

»Gart-Ouh«, fragte er den Maschinisten. »Ist die Aufladung endlich bei 100 Prozent angekommen. Wir müssen hier weg.«

»Die Hyperraumsprung-Antriebe werden in zwei Minuten ihre volle Kapazität erreicht haben«, antwortete der Maschinist. »Dann können wir weiter.«

Commander Grak-Rah sah, wie sich die Füllanzeigen dem Anschlag näherten.

»Den nächsten Sprung einleiten«, befahl er. »Das Schiff beschleunigen und in den Hyperraum springen. Die Zeit drängt.«

Das kleine Schiff beschleunigte und verschwand von möglichen Ortungssensoren.

Die Zeitspanne des Hyperraumfluges war für die Mannschaft nicht realisierbar. Das Schiff materialisierte für sie nach Sekunden wieder in dem Normalraum. Tatsächlich waren aber 26 lange Stunden vergangen. Erneut hatte das Schiff eine weitere große Entfernung überwunden.

»Sofort wieder die Sprungtriebwerke aufladen«, fluchte der Commander.

Er wusste jedoch, dass die Mannschaft mittlerweile die Technik beherrschte. Gemächlich lehnte er sich zurück. Wieder musste das Schiff 30 Minuten warten, ehe es den nächsten Sprung absolvieren konnte.

»Können wir die Unterlicht-Antriebe nutzen, oder erhöht sich die Aufladungszeit der Konverter hierdurch?«, fragte der Commander.

Gart-Ouh schüttelte seinen Kopf.
»Sie werden über eigene Energiemeiler gespeist«, erwiderte er. »Sie können jederzeit die Unterlicht-Triebwerke einsetzen. «

»Danke«, antwortete der Commander.
»Steuermann«, befahl er. »Lassen sie uns etwas Zeit aufholen. Gehen sie auf halbe Unterlicht-

Geschwindigkeit. Wir sollten uns nicht zu lange auf einer Position aufhalten. Unser Abstand zu dem Heimat-System der Natrader wird immer geringer. Irgendwann werden wir auf die Patrouillen von ihnen stoßen.«

Der Steuermann bestätigte den Befehl und aktivierte die Unterlicht-Triebwerke. Das Schiff beschleunigte und flog auf seinen programmierten Kurs weiter.

Der Bildschirm vermittelte funkelnde Sterne, Gasanhäufungen und weiter entfernte Sonnen-Systeme. Langsam wurde auf dem Schirm eine Ballung von vielen Sonnen sichtbar.

Commander Grak-Rah war fasziniert von der Vielfalt der Farben.

»Ich registriere eine Verwerfung im Hyperraum«, meldete Ortungs-Offizier Grink-Krah.»In unserer Nähe wird eine starke Flotte materialisieren.«

Unruhe brach auf der Brücke des 250 Meter messenden Schiffes aus.

»Wie sieht es mit der Aufladung der Sprung-Konverter aus?«, fragte der Commander.

»Die Werte liegen bei 68 Prozent«, meldete Gart-Ouh. »Wenn wir nicht die volle Aufladung erreichen, dann wird sich das auf die Weite unseres Sprunges auswirken. Wir werden dann das programmierte Ziel nicht erreichen.«

»Auf Schleichfahrt gehen«, befahl der Commander. »Alle nicht notwendigen Energie-Erzeuger sofort herunterfahren. Hoffen wir, dass sie uns nicht finden.«

Die Crew lief über die Brücke und drosselte alle nicht benötigten Energieverbraucher. Sämtliche Lichter auf dem Schiff gingen schlagartig aus.

Dann sah die Crew auf dem Bildschirm, wie eine Flotte von 5.000 Schiffen materialisierte. Die Entfernung betrug 64.000 Kilometer.

»Auf maximale Unterlichtgeschwindigkeit gehen«, sagte der Commander. »Wir müssen Abstand zwischen uns und der fremden Flotte bringen.«

Die fremde Flotte bestand aus unterschiedlichen großen Schiffen.

»Ich registriere Zerstörer einer 2.000 und 1.500 Meter Klasse«, flüsterte Grink-Krah. »Ferner Schiffe einer 1.000 und 500 Meter Klasse. Es handelt sich um einen natradischen Schiffs-Verband. Unsere Hypertronic-KI hat den Abgleich positiv bestätigt.«

»Die verfluchten Feinde der göttlichen Bestimmung«, sagte der Commander. »Machen sie von allen Schiffen Aufnahmen. Wir werden später einen gebündelten Hyperraum-Funkspruch über eine Energieader des Zwischenraums an die wartenden Schiffe unserer Herren senden.«

Die Crew erstarrte förmlich, als ein Knacken und Klicken von unterschiedlichen Ortungsgeräten wiedergegeben wurde. Die fremde Flotte hatte das kleine Schiff entdeckt. Das Knacken und Klicken erhöhte sich zu einem erschreckenden lauten Ton.

»Sie scannen uns«, warnte der Ortungs-Offizier. »Die natradische Flotte hat uns entdeckt.«

»Alle Systeme hochfahren«, befahl der Commander. »Den Schutzschirm auf die maximale Stufe stellen. Was machen die Sprungkonverter?«

»Die Anzeige steht bei 75 Prozent«, antwortete der Maschinist. »Es reicht nicht für die programmierte Etappe.

Commander Grak-Rah blickte auf den Bildschirm und erkannte, dass ein Teil der feindlichen Flotte von dem Hauptverband ausgeschert war und Kurs auf sein Schiff nahm.

»Annäherungsalarm«, meldete der Ortungs-Offizier. »300 feindliche Schiffe sind auf einen Kollisionskurs eingeschwenkt. «

»Wir müssen hier weg«, tobte der Commander. »Sofort die Hyperraum-Sprungtriebwerke bereitmachen. «

Er blickte auf den Bildschirm. »Wie lange noch, bis die fremden Schiffe in Schussreichweite gelangen? «, fragte er.

Grink-Krah blickte auf seine Anzeigen. »Maximal zwei Minuten«, antwortete er. »Das hängt von der Leistungsfähigkeit ihrer Waffensysteme ab. «

»So lange können wir nicht warten«, erwiderte der Commander. »Den Hyperraumsprung einleiten, sobald wir bereit sind. «

»Wir brauchen 15 Sekunden«, antwortete der Maschinist. »Die Antriebe brechen die Aufladung ab und wechseln in den Energiemodus. «

»Eingehender Hyperkomm-Funkspruch«, meldete der Funk-Offizier.»Man ruft uns.«

»Auf die Lautsprecher legen«, antwortete der Commander.»Die Hypertonic-KI soll das Gespräch simultan übersetzen.«

Nach einem kurzen Knistern wurde der Wortlaut verständlich.

»Fremdes Schiff«, tönte es aus den Lautsprechern.»Sie befinden sich in dem Hoheitsgebiet des kaiserlichen Imperiums von Natrid. Deaktivieren sie unverzüglich ihre Antriebe, fahren sie ihre Waffen ein. Sie werden geentert. Falls sie nicht reagieren, werden wir ihr Schiff angreifen und vernichten. Eine zweite Warnung erfolgt nicht.«

»Sollen wir antworten?«, fragte der Funk-Offizier.

Der Commander schüttelte seinen Kopf.
»Was soll das bringen?«, erkundigte er sich.» Wie lange noch, bis wir springen können?«

»In sechs Sekunden sind die Sprung-Triebwerke bereit«, flüsterte der Maschinist.

Auf dem Bildschirm sahen die Offiziere der Brücke, wie die näherkommenden Schiffe der Natrader in Schussreichweite gelangten. Dann wurde ein Blitzgewitter sichtbar. Unzählige Lasertürme blitzten auf und schossen ihre massiven Laserstrahlen auf das kleine Schiff.

»Hyperraumsprung jetzt«, sagte der Steuermann.

Vor vom Auftreffen der Strahlen, entschwand das Schiff der Rigo-Sauroiden in den Hyperraum. Die Laserstrahlen der 300 Schiffe verschwanden in der Dunkelheit des Alls. Die anfliegende natradische Abfangflotte drehte ab und flog zu ihrem Verband zurück. Der befehlende Admiral der Flotte meldete den Zwischenfall an die Zentrale in Natrid. Dort wurden die Aufnahmen und die Daten des unbekannten Flugobjektes ausgewertet.

Das Spähschiff der Rigo-Sauroiden hatte die nächste Etappe abgeschlossen. Das Schiff wechselte in den Normalraum.

»Ortungen? «, fragte der Commander. » Registrieren wir Fremdkontakte? «

Der Ortungsoffizier schüttelte seinen Kopf.

»Hier ist alles ruhig«, antwortete er. »Ich habe keine Hinweise auf irgendwelche Schiffsverbände.«

Commander Grak-Rah lehnte sich zurück. »Gut gemacht, Leute«, lobte er. »Das war unsere erste Gefahrensituation. Unser Sprung erfolgte gerade noch rechtzeitig. Gegen die feindliche Flotte wären wir machtlos gewesen.«

»Die Natrader warten nicht lange auf eine Antwort«, sagte der Funk-Offizier. »Falls sich Fremde in ihrem Gebiet befinden, dann werden sie sofort abgefangen.«

»Wir würden es nicht anders machen?«, fragte der Commander.» Steuermann, bringen sie uns in den Ortungsschatten des Mondes vor uns. Wir müssen unsere Navigationsdaten überprüfen.«

Der angesprochene Offizier bestätigte den Befehl. Der Commander blickte seinen Ortungs-Offizier an.

»Wie groß ist die Entfernung, die wir durch unseren zu frühen Sprung eingebüßt haben?«, fragte er.

Grink-Krah, der Ortungs-Offizier las die Daten von seinen Anzeigen ab.

»Wenn die Berechnungen der Hypertronic-KI stimmen, dann werden wir 1,2 Millionen Lichtjahre vor unserem programmierten Ziel aus dem Hyperraum springen«, teilte er mit.

»Die Karte des natradischen Sternensystem auf den Bildschirm legen«, befahl der Commander. »Eintritt in das System kennzeichnen.«

Die Hypertronic-KI des Schiffes hatte die Daten aufbereitet und markierte die Stelle des Eintrittes auf der Raumkarte.

Der Commander schüttelte seinen Kopf. »Das ist mittig in ihrem System«, fluchte er. »Glücklicherweise ist der große Ringplanet in der Nähe. Wir können uns in die Nähe seiner Staubringe begeben und dort die Sprungkonverter aufladen. Das sollte uns vor einer zu schnellen Entdeckung schützen.«

Er blickte auf die Karte. »Programmiert einen zusätzlichen Hyperraumsprung, der uns im Orbit des dritten Planeten materialisieren lässt«, befahl er. »Von dort können wir den Heimat-Planeten der Natrader ausspähen. Sämtliche Orter und Sensoren werden bis an die maximale Leistungsgrenze gefahren. Alle Daten werden aufgezeichnet und sofort übermittelt.

Wir werden nicht viel Zeit haben. Sofort nach der erfolgreichen Weiterleitung der Daten, werden wir den Rückflug antreten. Ich rechne damit, dass wir die Raumaufklärung der Natrader bereits aufmerksam gemacht haben. Sie werden nach uns suchen. «

Die Crew machte sich an die Arbeit. Commander Grak-Rah schaute seinen Funk-Offizier an.

»Übermitteln sie unsere bisherigen Daten an unsere Herren«, befahl er. »Verschlüsseln sie die Nachricht und versenden sie diese über eine Energieader des Zwischenraumes. «

»Ich habe verstanden«, erwiderte der Funk-Offizier. »Die Daten werden aufbereitet. «

Die 30 Minuten, die für die maximale Auffüllung der Sprungkonverter benötigt wurden, liefern spürbar langsam ab. Immer wieder wurde nach Ortungsreflexen Ausschau gehalten. Doch das Schiff der Rigo-Sauroiden hatte Glück. Niemand wurde in diesem Sektor auf sie aufmerksam.

Der 1. Offizier Grak-Sur, kam an die Seite des Commanders getreten.

»Wir haben den Zusatzsprung programmiert«, teilte er mit. »Ich hoffe, dass die Raumkarten unserer Herren noch stimmen, ansonsten könnten wir in der Sonne materialisieren. «

Der Commander lachte. »Das wäre unser schlechtestes Ziel«, sagte er. »Doch in diesem Fall würden wir kaum etwas mitbekommen. Ihr alle wurdet an den Geräten dieses Schiffes geschult. Jetzt zeigt mir, dass ihr eure Ausbildung verstanden habt. «

Ein lautes Grölen war in der Zentrale des Schiffes zu hören. Die Offiziere ereiferten sich.

»Es geht um unser Leben«, erklärte der Commander. »Der kleinste Fehler kann unsere Vernichtung bedeuten. Strengt euch an. «

Die Offiziere verstanden, prüften und kontrollierten ein zweites Mal alle Daten. Erst dann programmierten sie den letzten Sprung in die Navigationseinheit.

»Wir sind fertig«, meldete der 1. Offizier. »Aufgrund der Daten unserer Herren, werden wir exakt im Orbit des dritten Planeten herauskommen. Unsere Hypertronic-KI hat den Kurs bestätigt. «

Der Commander blickte alle an.

»Gut«, sagte er. »Den Hyperraumsprung einleiten. Wir fliegen in das gehasste Sternensystem der Natrader. In den Hyperraum wechseln.«

Das Schiff beschleunigte und entschwand dem Normalraum. Der vorletzte Sprung des Spähschiffes war eingeleitet worden.

In der Zentrale der kaiserlichen Raumüberwachung von Natrid summten die Alarmsirenen.

Die diensthabenden Offiziere blickten auf die 60 Bildschirme, welche die wichtigsten Koordinaten im kaiserlichen Imperium überwachten. Auf einem der Schirme war ein rotes Warnzeichen abgebildet.

»Was haben wir?«, fragte der kommandierende Offizier der Leitstelle.

»Unsere Hypertronic-KI hat Alarm für den Überwachungsbereich 37 gemeldet«, teilte ein Ortungs-Offizier mit. »Ein Schiff unbekannter Bauart ist an diesen Koordinaten materialisiert.«

»Bekommen wir weitere Daten? «, erkundigte sich der leitende Commander der natradischen Raumüberwachung.

»Die Sensoren haben neue Informationen an uns weitergeleitet«, bestätigte der Offizier. »Sie werden im Moment von der KI aufbereitet. «

»Achtung«, meldete die große Hypertronic-KI von Natrid monoton. »Das fremde Schiff konnte keiner bekannten Bauart zugeordnet werden. Es handelt sich um eine fremde 250 Meter Klasse. Es wurden Hyperraum-Sprungtriebwerke erkannt, sowie Laserwerfer auf jeder Schiffsseite. «

»Handelt es sich nur um ein einzelnes Schiff, oder werden weitere Schiffe registriert? «, fragte der Commander.

»Weitere Schiffe konnten nicht gefunden werden«, teilte die Hypertronic-KI mit. »Ich empfehle, das Schiff unverzüglich abzufangen. Es nähert sich den bewohnten Kolonien auf den äußeren Agrarplaneten. Die Flotte von Admiral Rukin befindet sich in der Nähe der Koordinaten. «Die natradische Hypertronic-KI verstummte.

Der Commander der Leitstelle schritt auf den Funk-Offizier zu.

»Stellen sie eine direkte Verbindung zu der Flotte von Admiral Rukin her«, befahl er.» Er befindet sich mit einer starken Patrouille von 5.000 Schiffen auf dem Weg in den Orion-Arm unserer Galaxie.«

Der Funk-Offizier nickte. Er drückte einige Knöpfe und stellte die Ausrichtung der kräftigen Abstrahl-Anlagen und die Sendefrequenz der Flotte ein.

»Unser Funkspruch muss über einige externe Transponder verstärkt und weitergeleitet werden«, erklärte der Funk-Offizier.»Der Admiral ist für einen direkten Empfang bereits zu weit entfernt.«

Der Funk-Offizier blickte auf seine Instrumente. »Die Verbindung stabilisiert sich«, teilte er mit.»Sie können sprechen Commander.«

Der leitende Offizier griff nach dem Communicator. »Hier spricht Commander Cortek«, sprach er in das Gerät. »Ich rufe Admiral Rukin. Bitte antworten sie. Dieser Funkspruch wurde mit Rang 1, der kaiserlichen Sicherheitsstufe belegt.«

Es knisterte in der Leitung.

»Hier ist Admiral Rukin«, klang es aus den Lautsprechern. »Was gibt es so Dringendes, dass es mit Sicherheitsstufe Rang 1 belegt werden muss?«

»Gut, dass wir sie erreichen«, antwortete Commander Cortek.»Stoppen sie ihren planmäßigen Flug in den Orion-Arm. Wir haben in unserem Überwachungsbereich 37 den Eintritt eines fremden, nicht identifizierten Raumschiffes ausgemacht. Fliegen sie den Sektor an und stellen sie das fremde Schiff. Es nähert sich auf seinem Kurs unseren externen Agrarplaneten.«

»Ein fremdes Raumschiff?«, fragte der Admiral. »Exakt«, antwortete der Commander.»Wir leiten die Koordinaten an sie weiter. Klären sie unverzüglich die Situation und informieren sie uns über weitere Details. Scannen sie das Schiff und machen sie Aufnahmen, zwecks einer späteren Auswertung. Das ist ein Befehl des kaiserlichen Oberkommandos.«

»Ich habe verstanden«, antwortete der Admiral. »Unserem Kaiser können wir ja nichts abschlagen. Wir ändern den Kurs und fliegen die Sicherheitszone 37 an. Übermitteln sie uns die Koordinaten des Schiffes.«

»Danke für ihre Kooperation«, antwortete der Commander der natradischen Leitstelle. »Ihre Ziel-Koordinaten wurden abgeschickt. «

Die Funkverbindung wurde beendet. Die Leitstelle beobachtete weiter die Bildschirme, die jede 15 Minuten mit neuen Informationen der externen Überwachungssensoren gespeist wurden.

Die 5.000 Schiffe starke Flotte von Admiral Rukin materialisierte an den übermittelten Koordinaten.

»Intensiv-Scans durchführen«, befahl er.» Hier muss sich ein fremdes Schiff versteckt halten. «

Die Schiffe der Flotte scannten in alle Richtungen. Unzählige Orter und Massetaster richteten sich auf jede Ecke des Sektors.

Ein durchdringender Ton informierte den Admiral über den Erfolg der Suche.

»Wo ist das Schiff? «, fragte er.»Legen sie seine Position auf den Bildschirm. «

Der 1. Offizier kam auf den Admiral zugeschritten.

»Südlich von uns«, erklärte er. »Der Abstand beträgt exakt 64.000 Kilometer. «

Der zentrale Bildschirm des Schiffes zeigte das Bild klar und deutlich an.

»Entsenden sie einen Abfangverband«, befahl der Admiral. »Das Schiff ist zu stellen, oder zu vernichten. Wir werden uns hier nicht lange aufhalten. Unsere Mission liegt im Orion-Arm unseres Imperiums.

Der 1. Offizier gab den Befehl weiter. 300 Schiffe scherten aus der Flotte aus und nahmen Kurs auf die Position des fremden Schiffes. Es machte keine Anstalten zu fliehen. Admiral Rukin und sein 1. Offizier verfolgten das Abfangmanöver auf dem Bildschirm.

»Unsere Schiffe nähern sich«, bemerkte der Admiral. »Es dauert nicht mehr lange, dann werden sie in Schussreichweite gekommen sein. «

»Mitgeschnittener Funkspruch des Leitschiffes der Abfanggruppe«, teilte der 1. Offizier mit.

»Legen sie auf die Lautsprecher«, wies der Admiral ihn an. »Fremdes Schiff«, schallte es aus den Wiedergabegeräten. »Sie befinden sich in dem

Hoheitsgebiet des kaiserlichen Imperiums von Natrid. Deaktivieren sie unverzüglich ihre Antriebe, fahren sie ihre Waffen ein. Sie werden geentert. Falls sie nicht reagieren, werden wir ihr Schiff angreifen und vernichten. Eine zweite Warnung erfolgt nicht. «

Der Admiral nickte.

»Gut gemacht«, sagte er. »Ich hätte das fremde Schiff nicht anders angesprochen. Erhalten wir eine Antwort? «

Der 1. Offizier schaute auf seine Instrumente. »Nein«, erwiderte er. »Die Besatzung des Schiffes schweigt sich aus. «

»Vielleicht verstehen sie unsere Sprache nicht? «, überlegte der Admiral.

»Die Besatzung versteht uns, denke ich«, entgegnete der 1. Offizier. »Ich erhalte erhöhte Energiewerte von dem Schiff. Sie fahren ihre Sprungtriebwerke hoch. «

»Feuer frei«, befahl der Admiral. »Das Schiff muss aufgehalten werden. «

Der Funker beeilte sich, den Befehl an die Abfangflotte weiterzuleiten.

Auf dem Bildschirm sahen die Offiziere auf der Brücke des Flaggschiffes, wie die Schiffe des Abfang-Geschwaders in Schussreichweite gelangten. Dann wurde ein Blitzgewitter sichtbar. Unzählige Lasertürme blitzten auf und schossen ihre massiven Laserstrahlen auf das kleine unbekannte Schiff.

»Es beschleunigt und geht in den Hyperraumsprung«, bemerkte der 1. Offizier. »Das war knapp.«

Vor vom Auftreffen der Laser-Strahlen, entschwand das Schiff der Rigo-Sauroiden in den Hyperraum. Die Laserstrahlen der Abfangflotte gingen ins Leere.

»Es ist weg«, sagte der Admiral. »Das Schiff hat nicht darauf gewartet, bis unsere Strahlen auf ihren Schutzschirm auftrafen.«

Er blickte seinen 1. Offizier an und zuckte mit seinen Schultern.

»Soll sich die Leitstelle mit dem Schiff herumschlagen«, entgegnete er. »Wir haben eine Mission zu erfüllen. Lassen sie Natrid informieren und senden sie ihnen unser Bildmaterial.«

Admiral Rukin blickte seinen Funk-Offizier an.

»Rufen sie unsere Flotte zurück«, befahl er. »Sie sollen sich wieder in die Formation einreihen. «

»Ihr Befehl wurde weitergeben«, bestätigte der Offizier.

»Steuermann«, sagte der Admiral. »Sobald unsere Flotte wieder vollständig ist, springen wir in den Hyperraum und setzen unseren Flug fort. «

Das 250 Meter messende Schiff der Rigo-Sauroiden trat nahe dem Orbit von Satrid in den Normalraum ein. Sekundenschnell manövrierte der Steuermann das Schiff in die Eis- und Staubringe des großen Gasplaneten.

»Erhalten wir Ortungszeichen? «, fragte der Commander.

»Massenhaft«, antwortete Grink-Krah, der Ortungsspezialist des Schiffes. »Das System ist voller Schiffe. Ich habe die Zählung unserer Hypertronic-KI überlassen. Sie bereitet die Zahlen auf. «

»Alle Maschinen und Energiemeiler herunterfahren«, befahl der Commander. »Wir stellen uns tot. Lediglich die Minimal-Energie für die Überwachungsgeräte und für die Lebenserhaltung bleibt aktiv. «

»Ihnen ist bekannt, dass wir so nicht lange unsere Position halten können«, bemerkte der Grak-Sur, der 1. Offizier.

»Die Schwerkraft des Gasriesen zieht uns immer weiter an.«

Der Commander nickte nur kurz.

»Die Auswertung des Systems wurde beendet«, teilte die Hypertronic-KI des Schiffes mit. »Es wurden 67.000 Zerstörer einer 2.000 Meter-Klasse, aufgeteilt in Geschwadern zu je 500 Schiffen, an unterschiedlichen Positionen geortet. Diese Schiffe verfügen über jeweils 25 Laser-Geschütztürme auf jeder Schiffsseite.«

»Wurden weitere Einheiten geortet?«, fragte der Commander.

»Meine Aufzählung wurde nicht beendet«, antwortete die KI monoton. »Der Einfachheit verzichte ich auf Einzelheiten und zähle nur die Schiffs-Verbände auf, die Sicherheits-Positionen in dem System eingenommen haben. Es befinden sich weitere 120.000 Schiffe einer 1.500 Meter-Klasse, 150.000 Schiffe einer 1.000 Meter-Klasse und 200.000 Schiffe einer 500 Meter-Klasse in dem System. Des Weiteren fliegen 80.000 Transportschiffe unterschiedlicher Größenklassen alle Planeten dieses Systems an. Sie alle werden durch Flottenverbände überwacht.

Ich weise ausdrücklich darauf hin, dass von mir keine bodengebundenen Basen, Werften und andere Landeplätze eingesehen werden konnten. Aufgrund dieser Anzahl von Schiffen, wurde von mir eine Hochrechnung erstellt. Geht man von einer normalen System-Sicherungsflotte aus, dann wird die dreifache Anzahl von Schiffen noch auf ihren Landplätzen stehen. Es ist im Angriffsfall mit einer Schiffsdichte von knapp 1. Million Schiffe zu rechnen, welche die Verteidigung des Systems übernehmen werden. «

Die Besatzung des Spähschiffes traute ihren Augen nicht.

»Wenn unsere Herren einen Angriff auf das System der Natrader befehlen, dann werden sie sich gut vorbereiten müssen«, sagte Commander Grak-Rah. »Das wird kein einfaches Unternehmen. Unter Umständen beißen sie sich hieran ihre Zähne aus. «

»Die benötigten Daten und Zahlen liegen vor«, bemerkte Grak-Sur. »Unsere Mission ist beendet. «

Der 1. Offizier blickte den Commander an.
»Eigentlich können wir zurückfliegen«, sagte er. »Es ist nicht mehr notwendig, in den Orbit des dritten Planeten zu springen. Alle erforderlichen Daten liegen unserer Hypertronic-KI vor. «

»Da bin ich mir nicht sicher«, antwortete Commander Grak-Rah. »Es war der ausdrückliche Wunsch der göttlichen Bestimmung, dass wir den Heimat-Planeten der Natrader untersuchen. Er kann noch andere Geheimnisse bergen, die wir jetzt noch nicht ermessen können. «

»Was soll sich dort befinden? «, fragte der 1. Offizier. » Ich gehe von einer Großindustrie aus. Alle Fertigungsbereiche, die sie für ihre Raumschiffe benötigen.«

»Diese können aber auch extern organisiert sein«, antwortete der Ortungs-Offizier. »Wir haben die vielen Transportschiffe gesehen, die ihr System angeflogen haben. «

»Unser Spähauftrag wird gemäß der Vorgabe erfüllt«, entschied der Commander. »Ich werde bei meiner ersten Aufgabe nicht bereits die Anordnungen unserer Herren in Frage stellen. «

Er blickte seine Offiziere an.
»Hat jemand Einwände? «, fragte er. » Diese Person kann sich dann selbst vor unseren Herren rechtfertigen. «

Niemand auf der Brücke wagte es, andere Vorschläge zu unterbreiten.

»Bereiten wir den letzten Hyperraumsprung vor«, befahl der Commander. »Alle Daten und Aufzeichnungen, die wir bisher haben, werden komprimiert und als Hyperkomm-Funkspruch auf der Energieader des Zwischenraumes verschickt. Die Informationen sollten in Kürze bei den wartenden Schiffen unserer Herren eingehen. «

Die Offiziere machten sich an ihre Arbeit. Hektisches Treiben war auf der Brücke des kleinen Schiffes festzustellen.

Der Ortungs-Offizier kam auf den Commander zugeeilt. »Die Daten wurden gepackt«, erklärte er. »Ich leite das Paket an Funker Grek-Ruh weiter. Er sorgt für die Übermittelung. «

»Einverstanden«, antwortete der Commander.
Er beobachtete den Funker, der den Versand der Daten vorbereitete. Dann drückte er auf einen roten Knopf.
Der Funk-Offizier drehte sich dem Commander zu und lächelte.

»Die Daten wurden versandt«, meldete er.

»Die Maschinen starten«, befahl Commander Grak-Rah. »Wir verlassen diesen Ort. Beschleunigen und in den Hyperraum springen. «

Der Steuermann wartete nicht lange. Sekunden nach dem Befehl beschleunigte er das Schiff, flog eine Schleife und sprang in den Hyperraum.

Commander Cortek verfolgte die Alarmierung der Patrouillen-Flotte von Admiral Rukin auf dem Bildschirm der Raumüberwachung von Tattarr. In der unterirdischen Stadt auf Natrid liefen alle imperialen Daten zusammen. Die Aufklärungssensoren in dem Sektor 37 hatten den Eintritt der Flotte in den Normalraum gemeldet. Die Offiziere der Leitstelle registrierten, wie 300 schwere Zerstörer ausscherten und einen Kurs auf das unbekannte Schiff einschlugen. Sie näherten sich dem kleinen Schiff.

Der Commander der Leitstelle wusste, dass die Flotte jetzt das Schiff anfunkte und eine Identifizierung anforderte. Falls das fremde Schiff nicht antwortete, würde der Aufforderung mit Waffengewalt Nachdruck verliehen. Die natradische Abfang-Flotte näherte sich mit hoher Geschwindigkeit der Position des kleinen Schiffes.

»Erhalten wir Informationen? «, fragte der Commander.

Der Funk-Offizier schüttelte seinen Kopf.

»Nein«, antwortete er. »Es ist keine Rückfrage der Flotte von Admiral Rukin erfolgt. «

Die Offiziere sahen, wie die Lasertürme der natradischen Schiffe sich aufrichteten und den Gegner anvisierten. Dann wurden zahlreiche Lasersalven sichtbar, die sich von den Schiffen lösten.

»Das kleine Schiff beschleunigt«, sagte ein Ortungs-Offizier. »Es will flüchten. «

Commander Cortek verzog sein Gesicht. Sekunden später sprang das unbekannte Schiff in den Hyperraum.

»Das unbekannte Schiff hat sich durch einen Fluchtsprung entzogen«, meldete der Ortungs-Offizier. »Es ist auf unseren Schirmen nicht mehr auszumachen. «

»Konnten wir die Hyperraumwellen anmessen? «, erkundigte sich der Commander. » Haben wir eine Spur, oder einen Eintritt in den Normalraum in einem anderen Sektor registriert? «

Die Ortungs-Offiziere der Leitstelle schüttelten ihren Kopf. Sie beobachten die Sensoren der wichtigsten Koordinaten des kaiserlichen Imperiums.

Der Commander fluchte.
»Das ist ärgerlich«, sagte er. »Ich hätte gerne gewusst, wer sich erdreistet, uns auszuspionieren.«

Er stemmte sich mich beiden Fäusten auf seine überlagernde Steuerkonsole.

»Die Alarmstufe bleibt noch bestehen«, befahl er. »Sämtliche externen Sensoren und Taster werden auf die feinste Einstellung geschaltet. Ich möchte sofort informiert werden, wenn wie neue Hinweise erhalten.«

»Eingehender Lichtspruch von Admiral Rukin«, meldete der Funk-Offizier.

»Stellen sie durch«, antwortete der Commander.

Er griff nach seinem Communicator.
»Hier ist Commander Cortek«, sprach er in das Gerät. »Wir haben ihr Abfangmanöver mit verfolgt.

»Dann haben sie auch die Flucht des fremden Schiffes registriert«, teilte der Admiral mit. »Trotz unserer

Warnungen ist es in den Hyperraum gesprungen. Unsere Lasersalven gingen ins Leere. «

»Das war vorherzusehen«, erwiderte Commander Cortek. »Suchen sie mit ihrer Flotte den umliegenden Raum ab. Das Schiff muss irgendwo sein. «

»Das können sie vergessen«, entgegnete der Admiral schroff. »Wir haben einen Auftrag zu erfüllen. Diese Aktion hat uns schon zu viel Zeit gekostet. Wir beenden die Aufklärung in diesem Sektor und fliegen weiter in den Orion-Arm unseres Imperiums. «

Der Commander wusste, dass er den Admiral nicht weiter belästigen konnte.

»Danke für ihre Unterstützung«, antwortete er. »Wir halten sie auf dem Laufenden. «

»Machen sie das«, antwortete der Admiral. »Viel Erfolg bei ihre Suche.«

Die Verbindung brach ab.
Commander Cortek blickte die Offiziere der Leitstelle an. »Achtet auf Hinweise«, befahl er. »Das fremde Schiff muss gefunden werden. Es kann in vielen Sektoren materialisiert sein. Wir brauchen weitere Hinweise. Ich

werde persönlich die Offiziere unseres Kaisers informieren. Sie erwarten einen persönlichen Bericht. «

Der Commander drehte sich um und verließ die Leitstelle der Raumüberwachung. Vor dem Gebäude wartete ein schwarzer Gleiter auf ihn. Dieser brachte ihn zu der Residenz des natradischen Kaisers.

Offizier Sirkan blickte auf den Bildschirm der vielen Überwachungsmonitore, der das natradische Heimat-System anzeigte. Stolz registrierte er das große Flottenaufkommen, welches sich für ein befohlenes Manöver des Kaisers formierte. Er sah die Flotte von 25.000 Schiffen der Kaiser-Klasse im Orbit von Natrid liegen. Sie warteten auf das Flaggschiff von Quoltrin-Saar-Arel, um den Flug nach Andromeda anzutreten.

Die neuen Kolonien in der Nachbar-Sterneninsel sollten besucht werden. Aus den Augenwinkeln sah er, wie ein rotes Lichtsignal nahe den Satrid-Ringen aufleuchtete. Er richtete seine Augen hierauf, doch das Signal war wieder verschwunden. Er schlug leicht mit der Hand gegen den Monitor. Das Bild flackerte und baute sich neu auf. Das rote Signal blieb verschwunden.

»Das ist nichts«, dachte er. »Ein fremdes Schiff würde hier in unserem Heimat-System sofort gestellt werden.

Niemand ist so verrückt, ohne Erlaubnis in das am besten gesicherte System unserer Sterneninsel einzufliegen. «

Er drehte sich zu seinen Kollegen um.

»Habt ihr einen nicht registrierten Fremdkontakt bemerkt«, erkundigte er sich.

Sechs seiner Kollegen blickten ihn an.

»Nein«, antwortete der Offizier Syltrin nach einer Weile. Er saß Sirkan gegenüber.

»Wir haben nichts in den Ortungstastern. «

Ortungs-Offizier Sirkan nahm die Aussage zu Kenntnis. Trotzdem war er sich nicht unsicher.

»Gibt es ein Problem? «, fragte eine Stimme hinter seinem Rücken.

Langsam drehte sich der Ortungs-Offizier um.

Hinter ihm stand Commander Cortek und blickte ihm über die Schulter.

Offizier Sirkan schüttelte seinen Kopf.

»Nach den momentanen Ortungsdaten nicht«, antwortete er.»Ich dachte für eine Sekunde, ich hätte einen fremden Ortungsreflex nahe den Satrid-Ringen bemerkt. «

Der Commander blickte ihn fragend an.

»Doch scheinbar war es nichts«, antwortete der Ortungs-Offizier. »Unsere Hypertronic-KI hat keinen Alarm ausgelöst.«

»Unsere KI kann auch nur von den Daten ausgehen, die wir hier empfangen«, antwortete der Commander.

»KI«, fragte er. »Haben wir einen Fremdkontakt nahe den Satrid-Ringen registriert«

Die Hypertonic-KI meldete sich ohne Wartezeiten. »Bedingt durch Gravitations-Anomalien kommt es bei den Sensoren von Satrid im Moment zu Störungen«, antwortete sie. »Als Ursache müssen die derzeitigen massiven Stürme auf dem Planeten angegeben werden.«

»Kannst du die letzten Minuten zurückspulen?«, fragte der Commander. »Ein Ortungs-Offizier der Leitstelle hat nach eigenen Angaben für einen Moment einen Fremdkontakt nahe den Satrid-Ringen bemerkt.«

»Die Daten werden ausgegeben«, erwiderte die Hypertronic-KI.

Der Commander und der Ortungs-Offizier sahen, wie zwei Minuten der Datenbilder auf dem Monitor zurückgespult wurden.

»Die Aufzeichnung wird wiedergegeben«, teilte die Hypertronic-KI.

Gespannt blickten beide Offiziere auf den Monitor. Lange 15 Minuten waren vergangen, als Offizier Sirkan aufsprang.

»Das Bild anhalten und 1. Sekunde zurückspulen«, sagte er.

Er lächelte den Commander an.
»Ich hatte es doch richtig gesehen«, bemerkte er.

Stolz zeigte er auf einen kleinen roten Punkt, der zwischen den Satrid-Ringen leuchtete.

»KI, wie ist das möglich, dass ein roter Fremdkontakt auf dem Bildschirm zu sehen ist? «, fragte der Commander.

»Aufgrund der geringen Zeitspanne des Aufleuchtens der Reflex-Ortung, wurde dieser von mir als Fehlmeldung interpretiert«, antwortete der natradische Hypertronic-KI.» Kein Raumschiff kann innerhalb von nur einer halben

Minute materialisieren und dann direkt wieder in den Hyperraum springen. Entsprechend dieser Einschätzung wurde kein Systemalarm ausgelöst. «

»Der Sandsturm auf dem Planeten kann die Ortungs-Sensoren beeinträchtigt haben«, sagte der Commander.

Er überlegte einen Augenblick. Trotzdem möchte ich sofort einen vollständigen Alarm für alle Flotten-Kampfstationen, Basen und Werften ausgerufen haben. Ich befehle den Start der schnellen Abfangverbände und den Start der Heimatverteidigung, zwecks Absicherung von Natrid. Es besteht Start und Landeverbot für zivile Schiffe. «

»Ich leite die Notalarmierung ein«, bestätigte die KI. Ein schriller Signalton flutete die Abteilungen der Leitstelle. Auf allen Basen des natradischen Heimat-System wurde Bereitschaft gemeldet. Geschwader von Kampf-Jets hoben im Sekundenrhythmus von ihren Landeplätzen ab. Die Zerstörer der Heimat-Verteidigung brauchten etwas länger für den Start. Sie formierten sich vor Natrid, um eine mögliche Bedrohung abzuwenden.

»Wir erhalten eine Anfrage von dem kaiserlichen Oberkommando«, teilte der Funk-Offizier mit. »Sie fragen, was es mit dem Systemalarm auf sich hat. «

»Teilen sie ihnen mit, dass wir einen Fremdkontakt geortet haben, der nach wenigen Sekunden wieder von unseren Bildschirmen verschwunden ist«, antwortete der Commander. »Wir wollen sicher sein, dass sich nicht ein Tarnschiff in unserem System befindet.«

Der Funkoffizier gab die Information weiter, dann beendete er die Verbindung.

»Das Oberkommando ist beruhigt«, sagte er. »Sie gehen von einem Fehlalarm aus.«

»Da wäre ich mir nicht so sicher«, erwiderte der Commander. »Gerade für Spionageschiffe eignet sich ein Tarnschirm besonders gut.«

Die zahlreichen Abwehrtürme auf Natrid, Tarid und der Mondfestung Lorz erwachten aus ihrer Starre. Ihre langen und schweren Rohre schwenkten zum Himmel hoch. Sie warteten noch auf Ziel-Koordinaten, die ihnen die Natrid-KI im Angriffsfalle übermitteln würde.

Die M-KI von Tarid hatte keine Informationen von ihrem Bruder auf Natrid erhalten. Wieder musste sie sich über den mangelhaften Informationsfluss ärgern. Sie war die zweite große Hypertronic-KI in dem Heimatsystem der

Natrader und hatte ihre Daseinsberechtigung einer Laune des amtierenden Kaisers zu verdanken. Quoltrin-Saar-Arel war ein leidenschaftlicher Forscher, gut für die Umsetzung neuer Ideen. Er wollte sein neues Kind, die größte Flotten- und Kampfbasis in den natradischen Sternen-System mit einer eigenständigen, etwas anderen Hypertronic-KI ausstatten als Gegenpol zu der allgegenwärtigen Groß-Hypertronic-KI auf Natrid. Leider hatte er nicht berücksichtigt, dass alle Fäden dort zusammenliefen. Obwohl er eine Anordnung verfasst hatte, dass alle imperialen Daten auch der M-KI von Tarid zur Verfügung gestellt werden mussten, haperte es teilweise an der Weiterleitung der Informationen. Zahlreiche Wissenschaftler, Techniker und Programmierer suchten ohne Erfolg eine lange Zeit nach dem Problem.

Die natradische Hypertronic-KI hüllte sich in Schweigen und unterstützte diese Suche nicht. Laut ihren aktuellen Prüfroutinen war kein Fehler auffindbar. Die Wissenschaftler und Programmierer waren dem Verzweifeln nahe. Es schien so, dass die Hypertronic-KI auf dem vierten Planeten des natradischen Heimat-Systems ein Eigenleben entwickelt hatte. Nach Monaten der Analyse und Suche beendeten sie den Versuch, weiter nach der Fehlerursache zu recherchieren.

Kaiser Quoltrin-Saar-Arel war zu diesem Zeitpunkt bereits 52.000 Jahre jung, immer noch der amtierende Kaiser des natradischen Imperiums. Durch ein Artefakt einer fremden Species war er in den Genuss der relativen Unsterblichkeit gelangt. Hinter verdeckter Hand wurden Informationen bekannt, dass er dieses Artefakt von einer Rasse erhalten hatte, die sich Sorganis nannten. Während einer der ersten natradischen Expeditionen nach Andromeda, konnte er mit seiner Flotte einen Planeten dieser Rasse vor dem Angriff von Worgass und Zierrakies schützen. Zwar konnten Verluste, an den sich gerade niedergelassenen Nachkommen einer sehr alten Species nicht verhindert werden, doch es gelang ihm die junge Population vor der Ausrottung zu schützen und die Angreifer vernichtend zu schlagen.

Das ihm übergebene Artefakt wurde aufgrund einer DNA-Verbindung mit Kaiser Quoltrin-Saar-Arel personifiziert. Die Frage nach dem warum, wurde von den Sorganis mit einer diffusen Antwort belegt. Sie teilten ihm mit, dass eines der wertvollsten Dinge in der Galaxie, der Faktor Zeit wäre. Nur wer hierauf zurückgreifen könnte, würde in der Lage sein, das Universum zu verändern. Kaiser Quoltrin-Saar-Arel akzeptierte das Geschenk und nahm es mit nach Natrid. Die wichtigsten Wissenschaftler des natradischen Imperiums wollten es zerlegen und analysieren, um es später nachzubauen.

Sie scheiterten kläglich, als sie erkannten, dass sich das Artefakt aus einem unbekannten Material nicht zerlegen ließ. Es war mit einem sich selbst generierenden Energiemodul geschützt, welches die Moleküle des Materials veränderten und somit einen Zugriff auf das Innenleben des Artefaktes unmöglich machten. Der Kaiser nahm die Erkenntnisse seiner Wissenschaftler hin und probierte das Artefakt gegen die ausdrücklichen Warnungen der Experten aus. Freudig erkannte er, dass dieses Artefakt der Sorganis die DNA der personifizierten Person analysierte und seine Körperzellen auffrischte. Aufgrund dieser Erkenntnisse befahl er seinen Forschern, nach einem Weg zu suchen, um das Leben von wichtigen Persönlichkeiten des Imperiums zu verlängern.

Vor 20.000 Jahre hatte er mit dem Bau der großen bodengebundenen Flotten-Kampfstation Atlantis begonnen. In den nachfolgenden Jahren wurde sie von ihm weiter ausgebaut. Sein Ziel war es, ein mächtiges Instrument auf einem externen, aber naheliegenden Planeten zu Natrid aufzubauen. Diese sollten fremden Angreifern auf das natradische Heimat-System Paroli bieten. Die installierte Groß-Hypertronic-KI wurde als M-KI programmiert. Im Gegensatz zu der vergleichbaren natradischen Hypertronic-KI auf Natrid, sollte auf der

Tarid-Basis eine weibliche Programmierung den Vorrang erhalten.

Der Gedanke des Kaisers war es, bei wichtigen anstehenden imperialen Entscheidungen, nicht nur auf die männlich programmierte Hypertronic-KI von Natrid zurückgreifen zu können, sondern auch auf den weiblichen Instinkt und die Wärme einer Mutter-Hypertronic-KI, wie sich der Großrechner von Tarid darstellte. Aus diesem Grunde gab er der M-KI eine mobile Gehilfin zur Hand. Atlanta wurde erschaffen. Sie war ein weiblicher Klon, die auf einem Befehl von Kaiser Quoltrin-Saar-Arel und der Tarid-M-KI für ihre externen Belange ins Leben gerufen wurde.

Der Kaiser hatte sich eine weibliche Person seiner Träume gewünscht. Nach seinen Vorgaben wurde ein Wesen erschaffen, das anders war als alle bisher bekannten Natrader. Sie wirkte in ihrem Aussehen härter als die natradischen Wesen, die ihr Befehle gaben. Sie war eine Züchtung aus programmierbarer natradischer DNA und dem besten unverbrauchten DNA-Material, das der Planet Tarid hervorgebracht hatte. Das gelungene Experiment einer planetaren DNA-Verbindung zweier Welten.

Atlanta war 1.90 Meter groß. Ihre spezielle Taja saß hauteng an ihrem Körper. Der natradische schwarze Kampf-Anzug war ihre bevorzugte Kleidung. Ihre Hüfte umschlang ein Waffengurt, der auf jeder Seite einen Holster aufwies, in dem jeweils eine schwere natradische Laser-Waffe saß. Ihre strohblonden Haare reichten ihr bis zu den Schultern. Die rosa braune Hautfarbe gab ihr ein berauschendes Aussehen. Sie bevorzugte ihre geklonten Körper, in der Altersstufe 35 Jahre bis 45 Jahre auszuwählen. Atlanta hatte Zugriff auf ein modernes DNA-Klon-Bad aus den geheimen wissenschaftlichen Abteilungen des Kaisers.

Ihr Wissen konnte sie in jeden neuen Köper downloaden. Sie war die heimliche Geliebte des Kaisers und verstand sich gut mit ihm. Entsprechend dieser Tatsache durfte sie sich auch spezielle Eigenarten leisten. Sie konnte Geheimnisse für sich bewahren. Denn auch der Kaiser war ein geheimer Spender für ihr gemischtes und optimiertes DNA-Material. Sie konnte gedanklich eine Verbindung zu ihrer M-KI herstellen. Nach einigen Jahren erlosch das Interesse des Kaisers an ihrem Körper, nicht aber an ihrer Person und ihren Fähigkeiten. Atlanta wurde von ihm als eigenständige Kommandantin der großen Tarid-Basis mit weitreichenden Befugnissen eingesetzt.

Sie war nur ihm unterstellt und durfte sich nach ihrem Ermessen über Befehle der Natrid Hypertronic-KI hinwegsetzen. Das kaiserliche imperiale Oberkommando verstand diese Befehle zwar nicht, doch man akzeptierte die Entscheidungen des Kaisers. Später sollte sich zeigen, dass seine Entscheidungen wichtig waren, für den Erhalt des Imperiums.

Atlanta suchte sich widerstandsfähiges Personal aus den genmodifizierten Kämpfern von Tarid aus. Das Urvolk dieses Planeten, speziell die Einwohner der großen Insel, auf welcher die Atlantis-Basis stand, wurden bereits erfolgreich von den natradischen Wissenschaftlern modifiziert. Sie zeigten sich wissbegierig und lernfähig. Ihre Ausbildung konnte rasend schnell durchgeführt werden. Das implantierte Wissen breitete sich ohne Probleme, wie bei anderen Rassen leider erkannt, in den robusten Gehirnen der Ureinwohner aus.

Die lange Suche der Natrader in der weiten Galaxie nach einem geeigneten Hilfsvolk war beendet. Direkt vor ihrer Haustüre, auf dem dritten Planeten ihres Heimat-Systems, war eine urbane humanoide Rasse herangewachsen, die für die natradischen Genmanipulationen hervorragend geeignet war. Diese mutigen, kräftigen und wissensdurstigen Barbaren, sollten sich später zu dem wichtigsten Hilfsvolk der Natrader entwickeln.

Die M-KI versuchte gedanklich, ihren mobilen Arm zu erreichen. Doch Atlanta antwortete nicht. Die weibliche Hypertronic-KI wusste, dass sie mit einem Gast zu der nördlichen Insel aufgebrochen war. Gerade in dem Moment eines möglichen Angriffes, hätte die M-KI Atlanta lieber in der Leitstelle ihrer Basis gesehen. Sie löste Großalarm für ihre Basis aus. Ihre Anweisung an den 1. Offizier Sor-Gun war eindeutig. Er sollte über den globalen Flottenfunk versuchen, ihren mobilen Arm zu erreichen.

»Ich kümmere mich darum«, antwortete der 1. Offizier der Leitstelle.

Er blickte die Offiziere der Atlantis-Basis an.
»Haben wir Hinweise auf einen Fremdkontakt registrieren können? «, fragte er.» Die imperiale Leitstelle in Tattarr hat Systemalarm ausgelöst. «

Die Ortungs-Offiziere der Basis schüttelten ihren Kopf.
»In unseren Raumsektoren und in dem inneren planetaren Bereich wurden keine Fremdreflexe geortet«, meldete der diensthabende Offizier.»Das hätte ich sofort mitgeteilt. «

»Alle Abwehrtürme ausfahren und den Schutzschirm einschalten«, befahl Sor-Gun. »Geben sie die gleichen Befehle auch an das Kommandoteam der Mondfestung weiter. Jeglicher nicht identifizierte Anflug eines Fremdobjektes muss unterbunden werden. «

»Ihre Befehle wurden übermittelt«, teilte der Funk-Offizier mit.

»Alle Systeme befinden sich in Bereitschaft«, ergänzte der Ortungs-Offizier.

Der 1. Offizier blickte zufrieden auf die Monitore. In wenigen Sekunden wurden die aktuellen Scan angezeigt und erneuert. Nichts mehr würde den natradischen Überwachungs-Systemen entgehen.

»Stellen sie mir eine Flottenverbindung zu dem Garde-Gleiter unserer Kommandantin her«, befahl er. » Ihre Mutter bittet um ihren Rückruf. «

»Dann wird sie nicht erfreut sein«, lächelte der Funk-Offizier.

»Beeilen sie sich«, erwiderte der 1. Offizier. »Wir können ein Tarnschiff in unserer näheren Umgebung nicht ganz ausschließen. «

»Der Ruf geht heraus«, meldete der Funk-Offizier. Es knisterte in der Leitung.

»Hier ist Commander Fin-Lahl«, tönte es aus den Lautsprechern.

»Ich bin der stellvertretende Commander der Atlantis-Basis«, sprach Sor-Gun in den Communicator. »Spreche ich mit dem Piloten des Garde-Gleiters unserer Kommandantin? «

»Das ist richtig«, antwortete der Commander. »Was kann ich für sie tun? «

»Ich muss Atlanta sprechen«, antwortete der stellvertretende Kommandant. »Die imperiale Leitstelle in Tattarr hat Systemalarm ausgerufen. Ist sie in der Nähe? «

»Leider nicht«, antwortete Fin-Lahl. »Sie nimmt an einer Beisetzung der Barbaren teil. «

»Das ist mir egal«, schimpfte Sor-Gun. »Holen sie Atlanta unverzüglich zurück. Das ist ein direkter Befehl der M-KI. Haben sie mich verstanden. «

»Das dauert jetzt etwas«, antwortete Fin-Lahl. »Sie ist eine gute Wegstrecke von mir entfernt. « Der Commander des Garde-Gleiters saß in dem Cockpit und blickte irritiert auf seine Anzeigen. Ein rotes Warnlicht leuchtete auf.

»Einen Augenblick«, sagte er zu Sor-Gun. »Ich habe etwas auf dem Schirm. «

Warnsignale heulten auf. Ein grelles Piepsen füllte das Cockpit.

Der stellvertretende Kommandant der Atlantis-Basis erkannte den Ton sofort.

»Das ist das Alarmsignal von einer fremden Annäherung«, sprach er in seinen Communicator. »Was geht bei ihnen vor? «

Commander Fin-Lahl antwortete nicht. Er blickte aus der Cockpitkanzel in den Himmel. Weit über oben erkannte er etwas langes Metallisches auf sich zu stürzen. Vier blendende Strahlen lösten sich aus dem Fluggefährt. Der

Aufschrei blieb ihm im Hals stecken. Er bemerkte nicht mehr, wie der ungeschützte Gardegleiter von den Lasersalven getroffen wurde. Es zersplitterte in unzählige Einzelteile, die Antriebe explodierten in einer hellen Stichflamme und verbrannten den atlantischen Piloten in Sekunden zu Asche. Nichts mehr blieb von dem schwarzen Gleiter übrig.

Die Funkverbindung brach ab. Kommandant Sor-Gun bemerkte das eintönige Signal in der Leitung.

»Die Verbindung ist abgebrochen«, bemerkte er. »Irgendetwas muss passiert sein. «

Er blickte seinen Ortungs-Offizier an. »Haben wir die letzte Position des Gleiters orten können? «, erkundigte er sich.

Dieser nickte. »Das Signal kommt von der nördlichen Insel Traxinn«, antwortete der Ortungs-Offizier. » Ich habe ihn in dem südlichen Teil der Insel, nahe dem Bergrücken, der sich durch diesen Teil des Landes zieht, geortet. Ich lege die Daten auf den Bildschirm. «

Der zentrale Bildschirm der Leitstelle flammte auf und gab die Landkarte der Insel wieder. Ein rotes Signal markierte den letzten Ortungspunkt des Gleiters.

»Die ID-Kennung des Gleiters ist von unseren Bildschirmen verschwunden«, ergänzte der Ortungs-Offizier. »Entweder wurde der Tarnschirm aktiviert, oder der Gleiter muss als vernichtet betrachtet werden.«

»Da ist etwas passiert«, sorgte sich Sor-Gun. »Ich brauche eine Eingreiftruppe. Sofortiger Einsatz für das Nahkampf-Regiment unserer Basis. Ich leite persönlich den Einsatz. Wir fliegen mit vier Tarin Jets. Ich brauche die vollständige Besetzung. Vierzig Elite-Soldaten und vierzig Kampf-Roboter begleiten mich. Es ist nicht möglich, dass die Barbaren einen Garde-Gleiter von uns ausschalten können.«

»Die Einheit wurde informiert«, antwortete der Funk-Offizier.

Er blickte den Ortungs-Offizier an. »Grin-Trin«, sagte er. »Sie haben das Kommando über unsere Basis. »Halten sie Kontakt zu uns und setzen sie ein weiteres Eingreifkommando in Bereitschaft. Ich muss mir erst ein Bild vor Ort machen.«

Er lief zur dem Schott. Plötzlich blieb er stehen. »Ich glaube unsere Kommandantin war mit einem Gast der Lantraner unterwegs«, erklärte er. »Ihre Führung spricht mit unserem Kaiser auf politischer Ebene. Informieren sie die Gruppe über den Zwischenfall. Teilen sie ihnen mit, dass Atlanta und ihr Gast angegriffen wurden. Sie sollen selbst entscheiden, wie sie handeln wollen. «

»Das mache ich«, erwiderte Grin-Trin, der Ortungs-Offizier.

Der stellvertretende Kommandant hatte sich bereits abgewendet und war aus der Schleuse gelaufen.

»Stellen sie eine Verbindung nach Natrid her«, befahl der Ortungs-Offizier. »Ich brauche das Büro der imperialen Verhandlungsführer. «

***

Atlanta, Thoran und Oeclin standen vor einer tiefen Grube, die kräftige Männer des Clans ausgehoben hatten. Auf dem Hügelfeld, außerhalb des Dorfes nahe dem dichten Wald gelegen, wurden die Toten des Stammes beerdigt. Fast alle Bewohner waren dem Aufruf des Häuptlings gefolgt und nahmen an der Trauerfeier teil.

Aurin und seine Begleiter trugen ihre Freunde zu dem Grab. Langsam ließen vier kräftige Männer den ersten Toten, der auf einer Bahre lag, an kräftigen Lederschnüren in das Grab gleiten. Würdevoll verneigten sich die Männer vor dem getöteten Krieger. Dann drehten sie sich ab und machten Platz für die nächste Gruppe. Erneut wiederholte sich die Zeremonie. Der zweite Getötete wurde in das Grab gesenkt. Nachdem sich die Männer entfernt hatten, trat der Druide an das Grab. Er hob seine Hände über seinen Kopf und malte heilige Zeichen in die Luft. Leise sprach er mächtige Beschwörungen aus, die den Getöteten ein besseres Leben auf ihrem Weg bescheren sollten.

Atlanta drehte sich um. Von dem Hügel hatte sie einen guten Blick auf die Siedlung und die Umgebung. Links unterhalb des Hügels stand der Garde-Gleiter an dem Waldrand. Sie bemerkte, wie der Pilot in das Cockpit stieg. Bisher hatte er außen an der Bordwand des Gleiters gelehnt und dem Schauspiel zugeschaut.

»Es scheint ihn nicht zu interessieren«, schmunzelte Atlanta.

Sie blickte zu dem Dorf hinüber und sah, wie einige Frauen ein erlegtes Tier über ein Feuer drehten. Sie schienen Essen für das Dorf zuzubereiten.

Plötzlich erkannte sie ein lauter werdendes Pfeifen am Himmel. Sie hob ihren Kopf und sah die Form eines Raumschiffes im Himmel. Noch konnte sie die Bauart nicht erkennen. Entsetzt erkannte sie, wie sich vier Laserstrahlen lösten und in dem Gardegleiter einschlugen. Die gewaltige Detonation ließen die Köpfe der Trauergäste herum schnellen. Sie sahen, wie der Flugvogel in zahlreiche Splitter zerbarst und die explodierenden Antriebe eine meterhohe Flammensäule zum Himmel schlugen. Die heiße Glut verbrannte innerhalb von Sekunden die letzten Reste des Gleiters.

»Wir werden angegriffen«, fluchte sie. »Wir müssen in Deckung gehen. «

Erschreckt lief die Trauergruppe in den angrenzenden Wald. Atlanta und Thoran blickten in den Himmel. Das fremde Schiff war viel zu schnell. Es schien seinen Bremsvorgang nicht mehr kontrollieren zu können. Dann zischten drei massive Lasersalven von der Seeseite auf das Schiff zu. Zwei von ihn verfehlten es knapp. Der dritte Strahl schlug in das Heck mit den Triebwerken ein. Der Treffer schien großen Schaden angerichtet zu haben. Das

Raumschiff fing an zu trudeln. Es zog eine dunkle Rauchwolke hinter sich her.

»Das waren Strahlen von einem Abwehrturm unserer Basis«, flüsterte Atlanta. »Die Leitstelle muss alarmiert worden sein.«

Sie sahen, wie zahlreiche Brems- und Abfangdüsen aktiviert wurden. Doch es war zu spät. Sie konnten die enorme Geschwindigkeit des Flugkörpers nicht mehr abfangen. Mit lauten pfeifenden Geräuschen schlug der Flugkörper unterhalb des Hügels in den Wald ein. Eine laute Explosion war zu hören. Dann stiegen erneut grelle Stichflammen auf und verpufften zum Himmel hin.

»Wer war das?«, fragte Thoran. »Das kann kein natradisches Schiff gewesen sein.«

»Das habe ich auch bemerkt«, antwortete Atlanta. »Wir müssen uns das ansehen. Vielleicht braucht jemand Hilfe. Leider kann ich meine Mutter nicht erreichen. Es besteht kein gedanklicher Kontakt mehr, seit wir aus der Höhle gekommen sind. Es ist so, als ob der Kontakt gestört ist.«

»Vielleicht eine Para-Abschirmung der Raguner«, antwortete der Lantraner. »Wir wissen nicht, ob wir unabsichtlich etwas aktiviert haben.«

»Eine Vorsichtsmaßnahme?«, erkundigte sich Atlanta.» Falls es so ist, dann waren sie technisch sehr weit entwickelt.«

»Davon gehe ich aus«, lächelte Thoran. »Sie haben Kontakte mit uns immer abgelehnt. Nur auf einigen Zusammenkünften der ältesten Rassen im Universum konnten wir mit ihnen sprechen.«

Er blickte Atlanta an. »Um deine Frage zu beantworten«, erwiderte er. »Hilfe werden die Eindringlinge vermutlich nicht brauchen. Sie scheinen eher feindselig zu sein. Wie sonst würdest du den Angriff auf den Garde-Gleiter bezeichnen?«

Aurin und Oeclin waren neben Atlanta und Thoran getreten. Auch sie starrten auf den Qualm, welcher aus dem Wald in den Himmel aufstieg.

»Midir ist zurückgekommen und will uns bestrafen«, bemerkte Aurin. »Wir können dieser nur entgehen, wenn wir ihn töten.«

»Das muss nicht Midir sein«, beruhigte Atlanta den Eingeborenen. »Es gibt auch noch andere Krieger, die uns gefährlich werden können.«

»Wir sollten auf Verstärkung warten«, schlug Thoran vor. »Für solche Fälle trainiert ihr doch die Eingreiftruppen. Sie werden bestimmt schon auf dem Weg hierhin sein. «

Atlanta lächelte Thoran an. »Ich bin für Tarid verantwortlich«, erwiderte sie. »Durch die Vernichtung unseres Garde-Gleiters können wir keine Funkverbindung mit meiner Basis aufnehmen. Ich werde selbst nach den Verantwortlichen suchen. «

»Ich bemerke bereits, dass ich dir die Idee nicht aus dem Kopf schlagen kann«, entgegnete Thoran. »Doch ich lasse dich nicht alleine gehen. «

»Wir kommen auch mit«, sagte Oeclin. »Wir stehen in eurer Schuld. Ihr habt unsere getöteten Freunde zurückgebracht. Aurin hat Midir flüchten sehen. «

Er zeigte auf den Waldrand, unterhalb des Hügels. »Euer Flugvogel wurde auf unserem Territorium angegriffen«, sagte er ernst. » Es ist unsere Pflicht unsere Gäste zu beschützen. «

»Das möchte ich nicht«, antwortete Atlanta.

Der Übersetzer hatte mittlerweile viele Wörter der Kombrogi gespeichert. Der gesprochene Satz wurde detailliert übersetzt.

»Das kann gefährlich werden«, ergänzte sie. »Vermutlich verfügen die Fremden über fortschrittliche Waffen. Ich möchte nicht, dass ihr noch einen Krieger verliert.«

Oeclin verbeugte sich.
»Wir wissen eure Fürsorge zu schätzen«, antwortete er. »Doch wir lassen uns nicht umstimmen.«

Ehe Atlanta hierauf etwas antworten konnte, drehte er sich zu seinen Kriegern um.

»Wer will uns begleiten?«, fragte er.» Ich möchte niemanden bestimmen. Einige von euch müssen hierbleiben, um unser Dorf zu beschützen.

Fast gleichzeitig hoben 40 Krieger ihre Hände. Der Häuptling schüttelte seinen Kopf.

»Wir dürfen nicht auffallen«, sagte er. »10 Kämpfer werden ausreichen. Diese nehmen das Messer von Midir mit und unsere Wurfsperre. Wir werden die Eindringlinge ergreifen.«

Aurin und seine Begleiter traten vor. Weitere 5 kräftige Krieger drängten sich an ihre Seite.

»Das reicht«, sagte der Häuptling.

Er drehte sich zu Atlanta und Thoran um.

»Wir kennen den Wald, wie unser eigenes Dorf«, erklärte er. »Ihr werdet unsere Hilfe brauchen. «

»Wir sind einverstanden«, erwiderte Atlanta. »Bringt uns zu der Absturzstelle. «

Oeclin winkte den Druiden zu sich.

»Bringe unsere Leute ins Dorf und schließe die Palisade«, befahl er. »Niemand kommt während unserer Abwesenheit hinein, oder wieder hinaus. Achtet auf Fremde, die anders aussehen als wir. «

Die Gruppe wartete noch, bis alle Dorfbewohner unter der Führung des Druiden sich auf den Weg zu ihrer Siedlung gemacht hatten. Schließlich drehte sich Oeclin um.

»Wir sind bereit«, sagte er. »Unsere Seher weisen euch den Weg. «

Dann schritt er stolz auf den Wald zu.

Die großen Bäume ließen nur wenig Licht in den Wald eindringen. Das dichte Astwerk verhinderte ein schnelles Vorankommen. Aurin gehörte mit zu den Sehern. Seine Blicke flogen zwischen den Bäumen hindurch. Sie suchten nach etwas. Er winkte den Begleitern zu, ihm zu folgen. Fast leichtfüßig, ohne Geräusche zu verursachen, sprang er über heruntergefallene Äste und umgefallene Bäume. Die Gruppe der Kombrogi folgten ihnen. Auch Atlanta und Thoran versuchten so wenig Lärm zu verursachen, wie möglich. Die Kampf-Roboter hatten ihre Anti-Gravitations-Servos aktiviert. Sie schwebten leicht über dem Boden, den Vorauseilenden hinterher. Langsam näherte man sich der Absturzstelle. Aurin hob seine Hand und blieb stehen. Die Gruppe stoppte und lauschte. Fremde Geräusche drangen an die Ohren der Kombrogi. Es hörte sich für sie an, wie das Grunzen von Schweinen.

Das 250 Meter lange Spähschiff der Rigo-Sauroiden materialisierte tief in den Wolkenschichten von Natrid. Sofort alarmierten zahlreiche Warnsignale die Besatzung. Hektik war auf der Brücke des Schiffes ausgebrochen.

»Der Sprung war falsch berechnet«, tobte Commander Grak-Rah.»Könnt ihr nicht einmal etwas richtigmachen. Alle Brems- und Abfangdüsen aktiveren, Laserwerfer und die Schutzschirme ausfahren, auf Automatikmodus stellen. Den Bildschirm aktivieren.«

»Das wird nicht ausreichen«, antwortete Groh-Suh, der Offizier der Steuerung. »Wir sind zu schnell.«

Die Crew sah, wie das Schiff rasend schnell die Wolken des Planeten durchflog.

»Automatische Zielerfassung erfolgt«, meldete der Ortungs-Offizier. »Unsere Automatik feuert auf etwas.«

Vier Lasersalven verließen die Geschütztürme. Sie rasten zu Boden und trafen einen Gleiter, der in einer feurigen Explosion verging.

»Auf Aufschlag vorbereiten«, warnte der Commander. »Die Bremsdüsen schaffen es nicht, die Geschwindigkeit unseres Schiffes rechtzeitig zu reduzieren.«

»Die Steuerung ist ausgefallen«, meldete der Pilot des Schiffes.

Dann riss der Einschlag eines Lasertreffers die Offiziere auf der Brücke von den Füßen. Commander Grak-Rah saß in seinem Kommando-Sessel und hatte sich angeschnallt. Die anderen Offiziere lagen auf der Brücke am Boden verteilt. Sie regten sich nicht mehr.

Nur mühsam richtete sich der Ortungs-Offizier wieder auf. Unter Schmerzen zog er sich an seinen Gerätschaften hoch. Er blickte auf die Anzeigen.

»Wir haben einen Treffer in unsere Antriebseinheit erhalten«, fluchte er. »Er ist nicht mehr zu gebrauchen. Die Bremsdüsen werden aufgrund von Überlastung ausfallen.«

»Wie viel Meter noch bis zum Aufschlag«, fragte der Commander.

»Derzeit sind es noch 2.000 Meter, aber schnell fallend«, antwortete der Ortungs-Offizier.

»Suchen sie sich einen festen Platz«, befahl der Commander. »Wir können nichts mehr hieran ändern.«

»Der Abstand beträgt jetzt 1.000 Meter«, meldete der Ortungs-Offizier.

Langsam und mühsam stand der 1. Offizier auf. Blut tropfte aus einer Wunde an seiner Stirn.

»Aufschlag in 500 Metern«, sagte der Ortungs-Offizier.

»Festhalten«, warnte der Commander.

Der gewaltige Aufschlag trennte ganze 50 Meter des Hinterschiffes ab. Die bereits beschädigten und ausgefallenen Triebwerke explodierten in einer gigantischen Feuersäule. Qualm und Rauch stiegen aus dem eingedrückten Raumschiff aus. Überall waren Verstrebungen gerissen. Auf der Brücke waren Geräte aus den Verankerungen gefallen. Lose funkensprühende Kabelenden hingen herunter.

Commander Grak-Rah kam wieder zu sinnen und sah sich um. Ein Bild des Grauens umgab ihn. Einige seiner Brücken-Offiziere waren von Metallstreben durchbohrt worden. Andere lagen verletzt auf dem Boden und bluteten aus mehreren Wunden. Wieder andere hingen verdreht in ihren Sesseln, das Genick des Kopfes gebrochen. Sie atmeten nicht mehr.

Geistesgegenwärtig schlug der Commander mit seiner Faust auf den Schalter für die Notabschaltung der Energie. Das Knistern und Prasseln der abgerissenen Kabelenden hörten schlagartig auf.

»Grak-Sur«, fragte er. »Wo sind sie, leben sie noch? «

Er hörte Geräusche aus einer Ecke kommen. Langsam drehte er sich um. Sein Hals schmerzte, vermutlich hatte auch er einen Schlag abbekommen. Unter einigen heruntergefallenen Metallplatten der Deckenverkleidung, nahm er eine Bewegung wahr. Die Platten rutschten zur Seite und ein mitgenommener 1. Offizier erhob sich. Vorsichtig hielt er sich an einer Stange fest. Er blickte über die restlos zerstörte Brücke.

»Der Aufschlag war extrem«, bemerkte der Offizier. »Wir sollten schleunigst das Schiff verlassen. «

»Ist noch jemand am Leben? «, fragte der Commander.

Ein Röcheln kam aus einer anderen Ecke.
»Ich bin noch hier«, meldete sich Grink-Krah. »Mir geht es gut, ich bin unverletzt. «

»Was ist mit den anderen? «, erkundigte sich der Commander.

»Sie haben es nicht überlebt«, antwortete der 1. Offizier.

»Versuchen sie, ob der Schiffsfunk noch intakt ist«, befahl der Commander. »Alle Überlebenden sollen das Schiff verlassen. «

Grak-Sur suchte nach der Funkkonsole. Dann hatte er sie unter einer heruntergefallenen Wandverkleidung gefunden. Er stieß sie beiseite und griff nach dem Communicator.

»Der Funk scheint noch zu funktionieren«, erklärte er.

»Hier ist der 1. Offizier«, sprach er in das Gerät. »Alle Überlebenden verlassen sofort das Schiff. Bewaffnen sie sich nach Möglichkeit. Alle überlebenden Besatzungsmitglieder sammeln sich außerhalb des Schiffes. Beeilen sie sich. Sicherlich werden in Kürze feindliche Kampftruppen auftauchen, um nach uns zu suchen.«

Dann warf er den Communicator in die Ecke.
»Aktiviert die Selbstzerstörung des Schiffes«, befahl Commander Grak-Rah. »Wir benötigen ein Zeitfenster von 40 Minuten. Die Technik unserer Herren darf nicht in fremde Hände gelangen.«

Der Ortungs-Offizier lief auf eine Wand, rückseitig der Brücke zu. Er riss die herunterhängenden Deckenverkleidungen ab und schlug das Sicherheitsglas ein, welches über einen großen roten Hebel angebracht war. Er griff nach ihm und zog in fest herunter. Dann gab er auf der herausgefahrenen Tastatur die Uhrzeit ein.

Schließlich drückte er auf einen roten Knopf. Die Ziffern bewegten sich und zählten die Zeit herunter.

»Die Selbstzerstörung wurde eingeleitet«, hörten die Offiziere die Hypertronic-KI mitteilen. »Alle Besatzungsmitglieder werden aufgefordert das Schiff zu verlassen.«

»Gut«, sagte der Commander. »Wir sind hier fertig. Verlassen wir das Schiff.«

Die Offiziere schritten auf den offenstehenden Schott zu. Sie suchten sich einen Weg aus dem völlig zerstörten Schiff. Es waren lange 15 Minuten vergangen, als das Außenschott aufgesprengt wurde und die ersten Rigo-Sauroiden ins Freie gelangten.

Sie blickten sich um. Das Schiff war in einen Wald abgestürzt. Es hatte eine tiefe Schneise geschlagen. Nach dem Aufschlag schien es fast 70 Meter gerutscht zu sein. Das Schiff hatte große Bäume umgerissen. Diese waren zum Teil auf das Oberdeck des Schiffes gestürzt. Vereinzelt brannten Bäume bis zur Krone hin. Erst jetzt erkannten die Rigo-Sauroiden, dass ein großes Stück ihres Hinterschiffes abgebrochen und explodiert war. Geborstene Einzelteile lagen überall im Wald verteilt. Die heiße Explosion musste die Bäume entzündet haben. Das Feuer griff immer mehr auf Nachbarbäume über. Die Hitze machte sich unangenehm bemerkbar.

Commander Grak-Rah sprang aus dem Schott des Schiffes. Er sah sich um. Die heißen Brände von zahlreichen Bäumen blendeten ihn. Er hielt sich die Hand vor seine Augen.

»Sind das alle Überlebenden? «, fragte er.

Ein Soldat kam auf ihn zugetreten.
»Ich bin Grah-Juh«, sagte er. »Der Anführer unserer Bodentruppen.«

Commander Grak-Rah nickte.
»Danke, dass sie mitgekommen sind«, antwortete er. »Jetzt haben sie doch noch eine Aufgabe bekommen. «

Der Befehlshaber der verbliebenen Bodentruppe sah den Commander an.

»Sie helfen uns so lange am Leben zu bleiben, wie das eben möglich ist«, erklärte er. »Wir befinden uns in einem fremden Universum. Unser Schiff ist auf einen Planeten gestürzt, auf dem die am meisten gehasste Species unserer Herren lebt. Die Humanoiden werden nicht eher ruhen, bis sie uns gefangen genommen haben. Doch wir werden nicht ohne Kampf und Ehre in die Gefangenschaft gehen. Sehen wir es als Vorsehung der göttlichen Bestimmung an.

Sie hat diese Prüfung für uns vorgesehen. Wir nehmen die Aufgabe an und werden uns als Rigo-Sauroiden diesem Kampf stellen. Hierfür wurden wir unseren Herren gezüchtet. Ich kann nicht sagen, ob der Notruf unseres Funkers unsere Herren erreichen wird. Doch wenn dieser durchkommt, dann werden wir gerettet werden. Die Arthropoden werden eine Rettungsmission ausrüsten und mit ihrer Kampf-Flotte kommen, um nach uns zu suchen. Das haben sie mir bei dem letzten Gespräch zugesagt. «

Lauter Jubel war zu hören. Die Überlebenden machten sich Mut. Ihr Kampfeswille war zurückgekehrt.

Commander Grak-Rah sah seinen 1. Offizier an. Dieser wusste, dass die Aussage des Commanders nicht der Wahrheit entsprach.

Grak-Sur nickte.
»Sie haben ihnen wieder Mut gemacht«, sagte er. »Das wird uns hilfreich sein. «

»Über wie viele Einsatzkräfte verfügen wir noch?«, erkundigte sich der Commander.

Der 1. Offizier blickte den Commander an. »Leider haben nur 51 Besatzungsmitglieder überlebt«, antwortete er. »Es wurden alle Abteilungen des Schiffes durchsucht. Die Schwerverletzten wurden eliminiert. Sie wären eine Behinderung für uns gewesen.«

»Ich verstehe«, antwortete der Commander. »So sehen es die Befehle der göttlichen Bestimmung vor.«

Der Commander blickte seine Crew an. »Wir bilden Kampfgruppen mit je drei Personen«, befahl er. »Unser Ziel ist der Bergrücken, nicht weit von hier entfernt. Dort werden wir Höhlen finden, die sich gut verteidigen lassen. Wir müssen ausharren, bis Verstärkung eintrifft. Alle humanoiden Wesen, die sich uns in den Weg stellen, müssen ausgelöscht werden.«

Lautes Gegröle wurde hörbar. Die Soldaten der Rigo-Sauroiden rissen ihre Lasergewehre hoch und drohten hiermit.

Commander Grak-Rah hob beide Hände in die Luft.

»Versucht euch leise zu verhalten«, sagte er. »Wir müssen den Feinden nicht direkt einen Hinweis auf uns geben. «

Er zeigte nach Osten. »Da ist die Hügelkette«, erklärte er. »Lasst uns einen Weg aus dem Wald suchen. «

Der Commander suchte sich zwei Begleiter aus. Dann schritt er voran in das Dickicht des Waldes. Die Gruppen zu je drei Rigo-Sauroiden teilten sich auf und folgten ihrem Anführer. Leise, ohne große Geräusche, bahnten sie sich einen Weg durch das Dickicht. Sie waren bereits 20 Minuten gelaufen, als Grak-Sur, der 1. Offizier, stehen blieb und eine Hand hob. Er legte seinen Kopf in den Nacken und roch. Seine Nase bewegte sich, wie bei einem Hund, der eine Fährte witterte. Andere Rigo's folgten seinem Beispiel.

»Humanoide«, flüsterte er. »Sie müssen hier ganz in der Nähe sein. «

»Versteckt euch im Dickicht«, befahl der Commander. » Wir müssen sie überraschen. Dann haben wir einen Vorteil. Stellt die Laser-Strahler auf die stärkste Stufe ein. Wir machen keine Gefangenen. «

Die 17 kleinen Gruppen hockten sich hinter das dichte Gebüsch, andere schmissen sich auf den Boden und bedeckten sich mit Moos und Laub. Wiederum andere suchten sich dicke Bäume als Schutz aus. Ihre grünrötlichen Augen wurden zu kleinen Schlitzen.

Geduldig warteten sie ab.

Vor ihnen bewegte sich etwas. Die Rigo's waren angespannt. Einige von ihnen gaben ein lautes Grunzen ab.

»Ruhe«, flüsterte der Commander. Dann sahen sie die Gegner. Es waren 10 kräftige Humanoide mit freiem Oberkörper. Ihre Gesichter waren rot blau bemalt. Zwei weitere Personen trugen schwarze Kampfanzüge. Sie wurden von 2,20 Meter großen Kampf-Robotern begleitet. Die Augen dieser Maschinen leuchteten tiefrot. Die Humanoiden stoppten. Eine Person mit nacktem Oberkörper hob seine Hand. Er blickte in das Dickicht.

»Die Kampf-Roboter als Erstes ausschalten«, flüsterte der Commander. »Sie sind äußerst gefährlich. Konzentriert die Strahlen eurer Waffen auf die Metall-Kolosse. «

Wieder grunzten einige der Sauroiden, die vermutlich hiermit ein Zeichen des Verstehens gaben.

»Wir werden beobachtet«, flüsterte Aurin. »Dort im Dickicht verstecken sich die Fremden. Ich kann ihre grünrötlichen Augen sehen. «

»Grüne Augen? «, flüsterte Thoran. » Das ist nicht gut. Achtet auf ihre Krallen. Sie können tiefe Wunden reißen.«

Atlanta blickte ihn fragend an, doch Thoran ließ sie im Ungewissen. Er zog seinen Energiering aus der Halterung und klappte ihn mit einer Handbewegung auf. Sofort aktivierte sich die Energie des zwölfteiligen Ringrades lantranischer Fertigung.

Plötzlich wurde eine laute Explosion hörbar. Das abgestürzte Raumschiff war durch die eingeleitete Selbstzerstörung explodiert. Eine gewaltige Feuerwand raste dem Himmel entgegen. Metallsplitter regneten zu Boden. Das helle Feuer leuchtete das Dickicht aus. Atlanta und ihre Begleiter sahen grünhäutige Wesen durch das dicke Unterholz schimmern.

Aurin und seine Begleiter griffen nach ihren Wurfspeeren. Der spitzgeschliffene Steinkeil an dem Speer war eine tödliche Waffe.

Als ob die Explosion der Startschuss gegeben hätte, brachen 6 Gruppen unförmiger Wesen aus dem Unterholz hervor. Sie schienen sich sicher zu sein, die Humanoiden im Nahkampf zerreißen zu können. Ihre Laserstrahler setzten sie nicht ein.

Das Kreischen und das fremdartige Gebrüll der animalischen Sauroiden wurden lauter. Es lag ein fremder stechender Geruch in der Luft. Atlanta blickte nach rechts. Das dichte Gestrüpp neben ihr schien explodieren zu wollen. Eine der grünen Kreaturen kam aus dem Dickicht gesprungen und auf sie zugelaufen. Sein Maul war aufgerissen. Spitze scharfe Zähne schauten hervor. Atlanta riss ihre beiden natradische Strahler aus dem Holster und feuerte beidhändig auf den heran tobenden Sauroiden.

Der wurde dreimal getroffen und um seine eigene Achse gewirbelt. Doch anstatt liegen zu bleiben, richtete er sich wieder auf. Nicht auf zwei Füßen, sondern wie ein übergroßes lebendes Schwein, kam er auf allen Vieren schnaufend auf Atlanta zugelaufen. Dieser sprang auf Seite und ließ den Sauroiden ins Leere rennen. Als er gleichauf mit ihr war, stieß sie ihren Dolch in seinen Rücken. Der Rigo-Sauroid sackte ausgestreckt auf den Boden. Mühsam wollte er sich wiederaufrichten. Atlanta setzte ihren Laserstrahler auf seinen Hinterkopf und drückte ab. Gelbliche Flüssigkeit spritzte aus dem brennenden Loch am Kopf des Getroffenen. Endlich blieb er bewegungslos auf dem Boden liegen.

Thoran warf einem Sauroiden seinen Energiering entgegen. Der Sauroid wollte sich ducken, doch der Energiering vollzog die Bewegung mit. Er durchtrennte den Hals des grünen Ungeheuers. Der heranstürmende Sauroid blieb schlagartig stehen. Im Zeitlupentempo sackte sein Kopf zur Seite und fiel auf den Boden. Der Körper des Sauroiden stand noch zuckend an der gleichen Stelle. Dann hörten die Bewegungen auf. Der Körper fiel rückwärts auf den Waldboden. Der Energiering flog eine Schleife, ähnlich wie ein Bumerang und raste in die Richtung von Thoran zurück. Dieser fing ihn mit einer Hand auf.

Die Sperre von Häuptling Oeclin, Aurin und ihren Begleitern schlugen in die Körper der Sauroiden ein. Gelbes Blut rann aus den Wunden. Doch sie konnten die Sauroiden nicht aufhalten. Sie rissen sich die Wurfsperre aus ihren Körpern und stürmten weiter auf die Gruppe zu.

Thoran hatte seinen lantranischen Laser auf diese Gruppe gerichtet. Er feuerte auf den ersten Sauroid. Dieser stand plötzlich in Flammen und brannte lichterloh. Der Lauf seiner Füße erstarrte. Er schlug wild um sich, wollte die Flammen löschen. Doch der Glutbrand fraß sich durch seinen ganzen Körper weiter. Langsam sackte die grüne Gestalt zu Boden und brannte vollständig aus. Nur schwarze Asche blieb von ihm übrig.

Atlanta drehte sich um und feuerte im Dauerfeuer auf die heranstürmenden Sauroiden. Sie erkannte, dass die grünen Wesen bei jedem Treffer zuckten, aber ihren Ansturm nicht einstellten. Sie konzentrierte ihr Feuer auf den vordersten der Angreifer. Ihre massiven Strahlen fraßen sich durch den Schutz-Panzer des Wesens, bis tief zu seinem Herzen. Der Sauroid erstarrte im Lauf und sackte in sich zusammen. Leblos fiel er auf den Erdboden des Waldes.

Die Kampf-Roboter feuerten im Dauerbeschuss auf unterschiedlichen Angreifer. Ihre massiven Strahlen rissen die anstürmenden Sauroiden von den Beinen.

Etwas raschelte über Atlanta. Schnell hob sie ihren Kopf und blickte nach oben. Etwas Grünes fiel von oben auf sie herunter. Atlanta erkannte einen Sauroiden, mit weit aufgerissenem Maul auf sie zu stürzen. Geistesgegenwärtig riss sie ihre Strahler nach oben und drückte ab. Drei Schüsse fraßen sich feurig in den

Körperpanzer des Sauroiden. Dann war er über ihr. Ihr Individualschirm war in der Höhle von Midir ausgefallen.

Sie kämpfte ohne ihren Körperschirm. Der Sauroid verbiss sich tief in ihrer Schulter. Mit den Krallen seiner rechten Hand schlug er zweimal in ihren Körper. Blut spritzte aus den Wunden. Atlanta bemerkte, wie ihre Kräfte nachließen. Ein stinkender Geruch strömte ihr entgegen. Sie hob ihren Kopf und sah in die grünen funkelnden Augen des Sauroiden, der sich siegessicher fühlte. Sie hob ihren Strahler und setzte ihn auf die Stirn des Sauroiden an. Ohne weiter nachzudenken, drückte sie ab. Gelbgrünes klebriges Blut spritze ihr ins Gesicht.

Widerwärtig stieß sie das fremde Wesen von ihrer Schulter.

Sie drehte sich nach Thoran um. Der war mit der Abwehr von Sauroiden beschäftigt. Er hatte ihr den Rücken zugedreht. Thoran schien nichts von ihrer Verletzung mitbekommen zu haben. Sie biss ihre Zähne zusammen und steckte ihre rechte Waffe in den Holster. Mit der gleichen Hand drückte sie eine ihrer stark blutenden Wunden ab.

Die Kampf-Roboter lagen unter einem starken Laserfeuer, welches aus dem Dickicht kam. Sie erwiderten zwar das

Feuer, doch es gelang ihnen nicht, die Angreifer zielgenau ins Visier zu nehmen. Mit Schrecken sah Atlanta, wie der Schutzschirm eines Roboters rot aufleuchtete und kollabierte. Die nachfolgenden Laserstrahlen trafen sein Energiezentrum. Der Shy-Ha-Narde explodierte in einem lauten Knall. Der Brustpanzer zersplitterte in viele kleine Einzelteile. Leblos sackte der Kampf-Roboter qualmend zusammen. Sein Kollege blickte kurz auf seine Überreste. Dann rannte er feuernd auf das Dickicht zu.

Er hatte seine Waffen auf die stärkste Stufe gestellt. Das Gehölz fing an zu brennen und loderte auf. Das interessierte den Roboter nicht. Feuernd raste er durch das lodernde Gehölz und schoss wild um sich. Ein lautes schrilles Grunzen ertönte. Dann sah Atlanta, wie der Roboter einen Sauroiden an einem Bein erfasst hatte und ihn hoch über seinen Kopf hob. Dann schlug der den Sauroiden mehrmals auf den Boden auf, bis er sich nicht mehr rührte.

Aus den Augenwinkeln sah sie, wie fünf grüne Wesen auf die Kombrogi zuliefen. Diese hatten ihre Schwerter gezogen. Jeweils zwei von ihnen erwarteten einen Angreifer. Der vorderste von ihnen stach mit seinem Schwert dem Sauroiden in die Brust. Gleichzeitig drehte er sich schnell von ihm ab. Das genügte, um den Lauf des grünen Wesens zu stoppen. Es verharrte einen

Augenblick. Dieser kurze Moment reichte dem zweiten Kämpfer. Er holte aus und schlug dem Sauroiden in einer Drehbewegung seines Körpers den Kopf ab.

Die vier anderen Gruppen der Ureinwohner kämpften gleichermaßen. Sie schienen vor den stinkenden Wesen keine Angst zu haben. Sie stießen ihre Schwerter in die Körper und verlangsamten ihren Lauf. Dann rissen sie ihre Schwerter hoch und trennten Arme ab und schlugen die Schwerter in die Beine. Als die Rigo-Sauroiden stürzten, trennten sie ihnen die Köpfe ab. Leblos sackten ihre grünen Körper zu Boden.

Die letzten acht Sauroiden hatten den Tod ihrer Kollegen beobachtet. Wütend stürzten sie sich auf die Gruppe. Wieder verging einer von ihnen unter dem Laserfeuer von Thorans Waffe. Mit seiner anderen Hand warf er seinen Energiering, der erneut einem heranstürmenden grünen Wesen den Kopf abtrennte.

Atlanta feuerte mit ihrer Waffe auf die Wesen. Doch sie merkte, wie ihre Hand schwerer wurde. Aus den Augenwinkeln sah sie, wie ihr letzter Kampf-Roboter das Dickicht absuchte. Plötzlich wurde er von 8 Laserstrahlen eingehüllt. Im Dauerfeuer schlugen die Salven auf seinem Schirm ein. Dieser verfärbte sich zusehends tiefrot. Dann explodierte der Roboter in einer grellen Explosion.

»Wir sind auf uns allein gestellt«, schluckte Atlanta. »Wann kommt die Verstärkung? «

Thoran hatte seinen Kopf gedreht und lächelte sie an. Plötzlich versteinerte sich sein Gesicht.

»Vorsicht«, hörte sie ihn rufen.

Sie sprang zur Seite, drehte ihren Kopf. Sie starrte in zwei grünliche, rot unterlaufene Augen. Laut stießen die Sauroiden im Wald wieder ihre nervenaufreibenden kreischenden Schreie aus. Ein Krallenarm stieß ihr von hinten in den Rücken. Sie bemerkte, wie die Hand des Sauroiden sich drehte. Atlanta schrie vor Schmerzen auf. Der Sauroid hob sie mit der Leichtigkeit einer Feder auf und warf sie gegen einen Baum. Vor ihren Augen wurde es schwarz. Sie sackte auf den Boden.

Aus den fast geschlossenen Augen erkannte sie, wie Thoran den Sauroiden von hinten ansprang, und ihm seine zwei Vibrationsmesser in den Kopf stach. Zuckend kippte die grüne Bestie nach vorne auf ihr Gesicht. Thoran drehte sich um und schoss auf einen weiteren Fremden. Auch dieser flammte auf. Sein ganzer Körper wurde von einer feurigen Glut ergriffen. Das Feuer breitete sich sekundenschnell weiter aus. Der Körper des Sauroiden verbrannte rasend schnell. Dann rieselte seine Asche langsam zu Boden.

Die restlichen Rigo-Sauroiden wurden von den Kombrogi erledigt, die anscheinend nicht zum ersten Mal mit dem Schwert kämpften. Äste raschelten, stapfende fliehende Schritte wurden hörbar. Die restlichen im Gebüsch verborgenen Angreifer waren geflüchtet.

Thoran lief auf Atlanta zu. Vorsichtig nahm er sie auf den Arm. Sie lächelte ihn an.

»Ich war nicht vorsichtig genug«, flüsterte sie ihm zu. »Verzeihst du mir? «

»Thoran gab ihr einen Kuss auf die Stirn.
»Wir flicken dich wieder zusammen«, flüsterte er. »Das nächste Mal bekommst du einen Schutzschirm unserer Fertigung. Der lässt sich nicht so schnell überlasten. Ich möchte doch noch etwas länger etwas von dir haben. «

»Das wirst du«, schmunzelte sie gequält. »Das wirst du ganz bestimmt. «

Dann schloss sie ihre Augen und starb in den Armen ihres Geliebten.

Thoran fühlte die Wut und den Schmerz in sich. Verzweifelt schrie er auf.

»Verfluchte Rigo-Sauroiden, dafür werdet ihr bezahlen.«

Die 10 Kombrogi waren unverletzt. Sie hatten tapfer gekämpft. Thoran hatte nicht mitbekommen, wie sie sich um ihn versammelt hatten.

Leise stimmten sie ein Klagelied an. Ihre Körper bewegten sich rhythmisch. Nach einigen Minuten kam der Häuptling auf Thoran zugeschritten und legte ihm eine Hand auf seine Schulter.

Thoran nahm den Übersetzer von Atlanta und hing ihn sich in seinen Kampfgürtel.

»Ein Verlust ist für uns immer schwer zu ertragen«, sagte Oeclin. »Wir fühlen mit dir. Alle Freunde, die vor uns gegangen sind, werden an höherer Stelle auf uns warten. Das wurde uns von unseren Ahnen beigebracht.«

Thoran blickte ihn an.
»Der Weg des Aufstiegs kann nicht von allen Lebewesen beschritten werden«, antwortete er.» Es ist ein beschwerlicher Weg.«

»Ich muss sie auf unsere Insel bringen«, sagte er. »Sie muss zu ihrer M-KI. «

Bevor er weitersprechen konnte, fasste ihn Aurin am Arm.

»Ich höre Geräusche«, sagte er. Sein Arm griff nach seinem Schwert.

»Es sind viele Füße«, ergänzte er. »Es ist möglich, dass die Bestien zurückkommen. «

Der Communicator von Atlanta summte. Thoran zog ihn heraus und öffnete ihn

»Ja«, sprach er hinein.
»Hier ist Sor-Gun«, tönte es aus dem Gerät.» Ich bin der 1. Offizier der Atlantis-Basis. Wir suchen sie und unsere Kommandantin.

»Gehen sie weiter geradeaus«, erwiderte Thoran. »Wir haben bereits ihre Schritte gehört. Wir sind von grünen Bestien angegriffen worden. Atlanta wurde getötet. «

Er hörte, wie es dem 1. Offizier die Sprache verschlug. Es dauerte einige Sekunden, bis er weitersprach.

»Bleiben sie, wo sie sind, wir kommen zu ihnen«, antwortete der Offizier der Basis.

Das Gespräch brach ab. Thoran blickte Oeclin und Aurin an. »Wir bekommen Verstärkung«, sagte er. »Jetzt sind die Krieger unserer Insel eingetroffen. Wir werden die restlichen Bestien auslöschen. «

Sein Blick war hasserfüllt.

Es raschelte hinter ihnen. Sor-Gun mit vierzig Elite-Soldaten und vierzig Kampf-Robotern traten aus dem Dickicht. Ihr abstoßender Blick fiel auf die umherliegenden grünen Sauroiden. Dann erkannte der 1. Offizier die tote Atlanta auf Thorans Armen. Er winkte zwei Soldaten und zwei Roboter zu sich.

»Bringen sie unsere Kommandantin zu unserer M-KI«, befahl er. »Nehmen sie einen Jet und begleiten sie Atlanta sicher nach Hause. «

Die Soldaten bestätigten. Ein Roboter nahm Thoran den Körper von Atlanta ab. Dann lief die kleine Gruppe den Weg zurück, den sie gekommen war.

Sor-Gun drehte sich um und ging auf einen der toten grünen Wesen zu. Mit seiner Stiefelspitze stieß der dem Rigo-Sauroiden in die Seite.

»Wer sind diese Wesen?«, fragte er.» Warum erdreisten sie sich, in unser Sternensystem zu springen und einen unserer Gleiter zu zerstören?«

Er blickte Thoran an.
»Es sind Wesen aus einer anderen Galaxie«, antwortete der Lantraner.»Sie hassen humanoide Lebensformen. Warum sie heute auf Tarid gelandet sind, kann ich ihnen nicht sagen. Vermutlich wollten sie etwas ausspionieren. Ich vermute, dass sie ihren Hyperraumsprung falsch berechnet haben. Sie sind innerhalb der Atmosphäre materialisiert. Aufgrund der hohen Geschwindigkeit blieb ihnen keine Zeit mehr das Raumschiff abzubremsen.«

»Trotzdem erklärt das nicht, warum sie hier auf Tarid auftauchen?«, fragte Sor-Gun.

»Sie wissen vieles nicht«, antwortete Thoran verärgert. »Die Rigo-Sauroiden haben Atlanta getötet. Ich werde sie rächen. Es sind noch mehr von ihnen auf der Insel.«

»Es sind noch mehr da?«, staunte Sor-Gun irritiert.» Wo sind sie hin?«

»Sie werden sich Schutz suchen«, erwiderte Thoran. »Vermutlich eine Höhle, die sich leichter verteidigen lässt. Diese Wesen lassen sich durch ihre natradischen Strahler schlecht töten. Ich habe beobachtet, wie ihre Kommandantin drei Strahlen in einen ihrer Körper geschossen hat. Dieses Wesen hat nur hierüber gelacht und weitergekämpft. Sie besitzen eine Art Brustpanzer, der ähnlich wirkt, wie bei einer Schildkröte. «

Der stellvertretende Kommandant der Atlantis-Basis drehte sich um und blickte die Kombrogi an.

»Wer sind diese Personen? «, erkundigte er sich. » Sind sie gefährlich? «

»Sie gehören zu uns«, antwortete Thoran. »Das ist Häuptling Oeclin und 10 seiner Krieger. Sie haben ebenfalls zwei Opfer zu beklagen. Sie kämpften an unserer Seite. «

Der Häuptling und seine Krieger verbeugten sich. »Gut«, sagte Sor-Gun. »Ihr könnt mitkommen. Habt ihr gesehen, wohin diese Wesen geflüchtet sind? «

Der Übersetzer von Atlanta hing in Thorans Kampfgürtel. Er übersetzte die Worte detailgetreu.

»Sie sind nach Norden gelaufen«, antwortete Aurin. »Auf den Bergrücken zu. Dort gibt es einige Höhlen und unzugängliche Gebiete.«

»Verlieren wir keine Zeit«, antwortete Sor-Gun. »Könnt ihr uns führen. Wir folgen euch.«

Aurin nickte.

»Wir sind gute Seher und Spurenleser«, antwortete er.

Dann drehte sich Aurin um und lief voraus. Thoran und die Elitetruppen der Atlantis-Basis folgten im Eilschritt. Die Kampf-Roboter sicherten die Flanken.

***

Commander Grak-Rah hatte den Rückzug befohlen. Aus dem Versteck des dichten Dickichts heraus hatten er und seine Besatzung gesehen, wie sich die gehassten Humanoiden wehren konnten. Alle 18 ausgesandten Soldaten wurden von den Feinden getötet. Niemand der militärischen Gruppe hatte überlebt. Obwohl sie mit ihren Lasergewehren auf die Stahlkolosse geschossen hatten, konnten ihre Schutzschirme die einschlagenden Salven ableiten.

»Sicherlich konnten wir die Kampf-Roboter zerstören«, dachte er. »Doch nur mit einem konzentrierten Beschuss aller Lasergewehre. Dieses Mal waren es nur zwei dieser Roboter. Was machen wir, wenn fünfzig von ihnen kommen? Wir sind auf ihrer Welt. Es wird ein Leichtes für sie sein, Verstärkung anzufordern.«

Er bellte knappe Befehle an seine Mitstreiter. »Vorwärts«, befahl er. »Beeilt euch, sonst erwischen sie uns noch.«

Die Gruppe lief los Richtung Norden. Dort hatten sie eine Bergkette gesehen.

»Vermutlich werden dort auch Höhlen und gute Verstecke sein«, dachte der Commander. »Wir sind auf uns gestellt. Ob der ausgesandte Notruf durchgekommen ist, kann nicht beantwortet werden. Die zweite Frage ist, ob die Arthropoden entgegen ihrer Aussage eine Rettungsmission ausrüsten werden. Vermutlich opfern sie uns«

Er wischte seine Gedanken beiseite.
Die Gruppe sprang über Äste und umgestürzte Bäume. Sie wollten Abstand zwischen sich und den Humanoiden bringen. Vor ihnen wurde es hell. Tageslicht schien den Wald zu teilen. Die Gruppe lief aus dem Wald und blieb

ruckartig stehen. Vor ihnen lag eine tiefe Schlucht. Am Boden floss ein Fluss durch den Canyon.

Grak-Sur, der 1. Offizier trat neben den Commander. »Da kommen wir nicht hinunter«, sagte er. »Wir haben keine Sicherungen dabei. Unsere Leute würden abstürzen.«

Der Commander nickte.
»Wir haben uns verlaufen«, fluchte er. »Die einzige Möglichkeit ist es, die lange Schlucht zu umgehen.«

»Wir verlieren viel Zeit«, antwortete der 1. Offizier. »Die Humanoiden werden uns einholen.«

Commander Grak-Rah nickte.
»Es nützt nichts«, erwiderte er. »Welche anderen Möglichkeiten gibt es für uns? Wir können hier auf unsere Verfolger warten, oder wir versuchen ihnen zu entkommen. Solange wir noch laufen können, haben wir eine Chance.«

Der Commander hob seinen Arm.
»Hier geht es nicht weiter«, erkannte er. »Wir müssen zurück in den Wald.«

Grak-Rah ließ keine Antwort zu. Er lief mit seinen Begleitern los, seitlich der Schlucht entlang. Nach einer kurzen Wegstrecke hob er den Arm. Die Gruppe blieb stehen. Sie hörten Antriebsgeräusche in der Luft. Die Rigo-Sauroiden schmissen sich auf den Boden. Ihre grünen Körper wurden eine Einheit mit dem Moos und dem Laub des Waldes.

Commander Grak-Rah blickte durch die Kronen der Bäume. Er sah, wie vier Kampf-Jets über die Gruppe hinweg flog. Scheinbar hatten sie seine Gruppe nicht bemerkt.

Fluchend stand er wieder auf und schüttelte den Schmutz von seiner Einsatzkleidung ab.

Er blickte den sich entfernenden Flugobjekten nach. »Sie sind weg«, sagte er. »Laufen wir weiter. Es ist noch ein langer Weg zu dem Bergrücken.«

Die Gruppe spurtete weiter.
Commander Grak-Rah wusste innerlich, dass sich die Überlebenschance seiner Leute immer mehr verkleinerte.

Aurin führte die Gruppe der Elite-Soldaten der Atlantis-Basis durch den Wald. Er kannte eine Abkürzung. Der Kombrogi wusste, dass der direkte Weg auf eine

Steilschlucht zuführte. Nur wer sich in dem Wald auskannte, konnte diese Schlucht rechtzeitig umgehen.

Gor-Sun, der 1. Offizier der Atlantis-Basis kam im Eilschritt zu Aurin und Thoran gelaufen. »Grenzt dieser Wald direkt an den Bergrücken? «, fragte er.

»Direkt an den Fuß der Berge«, antwortete der Kombrogi.

»Ich verstehe«, antwortete Gor-Sun. »Meine Kampfgleiter werden dort auf die grünen Wesen warten. Unsere Piloten werden das Ende des Waldes beobachten. Falls die Wesen auf die freie Fläche gelangen, dann werden sie von unseren Gleitern unter Beschuss genommen. «

»Wollen sie nicht einige der Wesen befragen? «, erkundigte sich Thoran. » Sie wissen nichts über sie und ihre Absichten. Wäre es nicht hilfreich mehr zu erfahren?

«»Sind sie sicher, dass diese Wesen uns Informationen geben werden«, fragte der Offizier der Basis. » Das sind schreckliche Ausgeburten aus dem dunklen Universum. Wir sind ihnen noch nie begegnet. Vermutlich verstehen sie unsere Sprache nicht«.

Der 1. Offizier ließ sich zurückfallen und griff nach seinem Communicator. Er informierte die Piloten der vier Tarin-Jets, dass sie am Ende des Waldes Patrouille fliegen sollten.

Nahe der Siedlung der Kombrogi, hatten die Piloten den Funkspruch des 1. Offiziers erhalten. Der Tarin-Jet, der die Kommandantin zur Basis gebracht hatte, war rechtzeitig wieder zurückgekommen. Nacheinander stiegen die Jets auf und überflogen den großen dichten Wald. Ihre Instrumente scannten den Untergrund. Doch die vielen Lebenszeichen in dem Wald irritierten sie. Die zahlreichen Wildtiere bildeten eine Grundlage für das Überleben der Ureinwohner.

Sor-Gun hatte die Verbindung zu den Piloten seiner Kampfjets aufrechterhalten.

»Wir haben den Waldrand erreicht«, tönte es aus dem Gerät. »Von den grünen Wesen fehlt jede Spur. Es wurden zahlreiche Lebensformen ausgemacht, jedoch konnte keine erfolgreiche Identifizierung der Sauroiden durchgeführt werden.

»Bleiben sie wachsam und halten sie den Waldrand im Auge«, befahl der 1. Offizier. »Nach unserer Meinung wollen sich die Fremden ein Versteck suchen. Eine Höhle, oder eine unzugängliche Stelle, wäre für sie ideal.«

»Wir lassen niemanden aus dem Wald heraus«, antwortete der Staffelführer. »Hier entgeht uns nichts. «

Das Gespräch brach ab. Gor-Sun beschleunigte sein Tempo. Er holte Aurin und Thoran wieder ein.

»Wie weit ist es noch? «, erkundigte er sich. Aurin blickte ihn an. Er war durchtrainiert. Kein einziger Schweißtropfen glänzte auf seinem Oberkörper. Er blickte den 1. Offizier an.

»Es ist nicht mehr weit«, erwiderte er. »Wir haben bald das Ende dieses Waldes erreicht. «

Gor-Sun blickte Thoran an.
»Wissen sie, mit wie vielen Wesen wir rechnen müssen? «, fragte er.

Der Lantraner schüttelte seinen Kopf.
»Die Anzahl der Besatzung ist uns nicht bekannt«, erwiderte er. »Den Absturz des Schiffes werden einige von ihnen nicht überlebt haben. Weitere 18 Bestien wurden von uns getötet. Mit wie vielen Personen würden, sie ein Raumschiff der 250 Meter-Klasse bemannen? «

Der 1. Offizier überlegte. »Unsere Taluk-Schiffe werden mit 25 Personen besetzt«, antwortete er. »Das ist ein Schiff unserer 100-Meter-Klasse. Wenn ich von einem Schiff von 250-Metern Länge ausgehe, dann würde ich eine Besatzung von 70 bis 120 Personen berücksichtigen.«

»Da haben sie ihre Antwort«, lächelte Thoran. »Wenn wir davon ausgehen, dass ein Teil von ihnen den Absturz nicht überlebt hat, wir 18 von ihnen getötet haben, dann könnten wir es noch mit 40 Überlebenden zu tun haben. Diese sollten wir einfangen können.«

»Bei ihnen hört sich das alles so leicht an«, erwiderte der 1. Offizier. »Doch sie konnten unsere Kommandantin nicht beschützen. Der Kaiser ist über diesen Zwischenfall nicht begeistert. Er überlegt derzeit, alle Gespräche mit ihrer politischen Führung abzubrechen.«

Thoran blickte ihn an.
»Wir sind nicht für den Angriff dieser Wesen verantwortlich«, erklärte er. »Entsprechend dieser Tatsache kann ich die Absicht ihres Kaisers nicht nachvollziehen.«

»Der Angriff ist die eine Sache«, antwortete Gor-Sun. »Doch sie haben Atlanta, ein nach seinen Vorstellungen durch die M-KI entwickeltes Kunstwesen, durch ihren gewünschten Besuch auf dieser Insel in Gefahr gebracht. Vielleicht wissen sie es nicht. Die Atlantis-Basis und gerade die Kommandantin liegen ihm sehr am Herzen. Da versteht er keinen Spaß. «

Thoran blickte den 1. Offizier der Basis an.
»Ich habe lediglich einen Wunsch ausgesprochen«, sagte er. »Mein Interesse galt der Entwicklungsepoche von humanoiden Lebensformen auf diesem Planeten. Gerade hier auf Tarid explodiert das Leben. «

Gor-Sun lachte.
»Warum ist das wohl so? «, fragte er. » Haben sie nicht erkannt, dass die Eingeborenen unseres Planeten etwas ganz Besonderes sind. Sie werden seit geraumer Zeit durch die Wissenschaftler des kaiserlichen Imperiums unterstützt. Wir versuchen ihnen einen schnellen Evolutions-Sprung zu ermöglichen. «

»Sie meinen hiermit, ihre Genmanipulationen an den Eingeborenen? «, fragte Thoran abfällig. » Ich sehe hierin ein Eingreifen in die natürliche Entwicklung von Tarid.«

Gor-Sun blickte ihn an.

»Sie nennen es Genmanipulation«, erwiderte er. »Unsere Wissenschaftler nennen es eine beschleunigte Intelligenzreife. Die Ureinwohner unseres Planeten sind robust und widerstandsfähig. Sie sollen nach dem Willen unseres Kaisers zu unserem wichtigsten Hilfsvolk erhoben werden. Erzählen sie mir nicht, dass die Lantraner nicht vor langer Zeit auch den Samen für das Heranwachsen humanoider Species in der Milchstraße gelegt haben. «

Thoran wusste, dass er das Argument von Gor-Sun nicht widerlegen konnte. Auch seine Rasse hatte vor vielen Jahrtausenden in die natürliche Evolution der Sterneninsel eingriffen.

»Wir waren nur eine von vielen Species«, dachte Thoran. »Jede alte Rasse wollte ihren Samen im Universum verstreuen, um die Population der Lebewesen nach ihrem eigenen Vorbild zu vergrößern. «

Er blickte Sor-Gun an.
»Sie sind für einen Atlanter sehr intelligent«, bemerkte Thoran. »Interessieren sie sich für die Anfänge des Universums? «

»Ich bin nur einer von vielen Atlantern, die in den Genuss der natradischen Wissensimplantationen gekommen sind«, antwortete er. » Auch wir haben viele

Jahrhunderte unserer Entwicklung übersprungen. Dank der Hilfe unserer Nachbarn sind wir zu einem vollwertigen Mitglied in dem kaiserlichen Imperium geworden. Auf die hieraus resultierenden Vorteile möchten wir nicht mehr verzichten. «

Aurin blieb stehen. Thoran lief auf ihn. Der Kombrogi blickte ihn an.

»Ich rieche ihren stinkenden Gestank«, flüsterte er. »Die grünen Wesen müssen in der Nähe sein. «

Gor-Sun blickte seine Soldaten an.
»Wir bilden 16 Dreiergruppen«, befahl er. »Jeweils zwei Soldaten und ein Kampfroboter werden eine Kampfgruppe bilden und sich um eines dieser grünen Wesen kümmern. Denkt daran, wir brauchen Überlebende zur Befragung. «

Er winkte mit seinem Arm.
»Vorrücken und Ausschweifen«, ergänzte er.
Langsam schritten die Gruppen in dem dunklen Wald weiter vor. Thoran hatte seinen Energiering mit seiner rechten Hand aus dem Waffengürtel gezogen und ausgeklappt. In seiner linken Hand hielt er seinen Laser in das Dunkle gerichtet. Vorsichtshalber hatte er die Leistungsstufe des Körper-Schutzschirmes erhöht.

Commander Grak-Rah blieb stehen. Er hatte Geräusche gehört. Auf sein feines Gehör konnte er sich verlassen. Er hob seinen Arm. »Sie haben uns eingeholt«, flüsterte er. »Die Humanoiden sind in unserer Nähe. «

Der 1. Offizier war neben ihn getreten. »Das wird vermutlich unser letzter Kampf werden«, erklärte er. »Ehrt die göttliche Bestimmung und macht sie stolz auf uns. Unser erster Flug war ein Erfolg. Wir haben Aufnahmen über die Flottenbewegungen, Basen und Stationen übermitteln können. Seid nicht traurig. Wir werden gerächt werden. Die Flotten der Arthropoden werden ihren Himmel verdunkeln. Sie werden von unseren Brüdern gesteuert. Dann werden sie über die gehassten Humanoiden herfallen und ihr Imperium dem Erdboden gleichmachen. Nichts wird mehr an sie erinnern. Unsere Kinder werden mit Stolz von euren Taten berichten. Ihnen wird es an nichts fehlen. Die göttliche Bestimmung wird sie reich belohnen. «

Commander Grak-Rah lächelte seine Kämpfer an. »Ich habe dem nichts mehr hinzuzufügen«, sagte er. »Ein letztes Mal kämpfen wir Seite an Seite, um das vorhergesehene Unheil der göttlichen Bestimmung von uns abzusehen. Die Ausbreitung der humanoiden Species muss Einhalt geboten werden, ansonsten breiten sie sich immer weiter aus und bekämpfen alle Species, die anders sind als sie selbst. Wir sind hier, um die Weichen für die Zukunft zu stellen. Kämpft mit all eurer Kraft und tötet so viele von ihnen, wie ihr könnt. Nur so ist euch der Segen der göttlichen Bestimmung garantiert.«

Lautes Kreischen und Grunzen schallte durch den Wald. »Seid still und verteilt euch«, ergänzte der Commander. »Fallt über sie her und zerreißt sie mit euren scharfen Krallen. Zeigt keine Gnade, labt euch an ihrem Blut, denn sie würden es nicht anders machen.«

Der Commander hob seine Hände. »Verteilt euch jetzt und wartet eine günstige Gelegenheit ab«, befahl er. »Schließt eure grünen Augen. Das Funkeln eurer Pupillen kann euch verraten.«

Die Rigo-Sauroiden liefen auseinander und suchten sich dunkle Verstecke. Sie warteten auf das Eintreffen der Feinde.

Commander Grak-Rah blickte seinen ersten Offizier an. »Wir kämpfen Rücken an Rücken«, empfahl er. »So wie das schon unsere Väter in den Provinzkriegen gemacht haben.«

»Ich danke, für diese Mission«, flüsterte der 1. Offizier. »Es war mir eine Ehre unter Commander Grak-Rah dienen zu dürfen. «

Dann versteckten sich die beiden Anführer hinter dichtem Dickicht und grünen Blättern. Ihre Haut nahm die Farbe des Waldes an.

Langsam schritt die atlantische Kampftruppe durch den Wald. Unter den Füßen der schweren Kampf-Roboter zerbrachen knirschend Äste. Unter der Führung von Oeclin und Aurin schlich die Gruppe weiter vor. Die beiden Seher verlangsamten ihr Tempo. Sie drehten sich nach allen Seiten um. Aurin zog sein Schwert aus der Scheide.

»Sie sind hier«, flüsterte er. »Doch dieses Mal verstecken sie sich gut. «

Oeclin hob seine Nase und schnüffelte. »Der Geruch der Wesen ist für uns sehr intensiv«, flüsterte er. »Seid achtsam. «

Plötzlich brachen aus dem Dickicht grüne Wesen hervor. Mit ausgerissenen Mäulern stürzten sie sich auf die atlantischen Soldaten. Ein Soldat verlor den Bodenkontakt. Ein Sauroid ergriff ihn und schleuderte ihn mit erstaunlicher Leichtigkeit durch die Luft. Anderen Soldaten wurden die spitzen Krallen in ihre Körper geschlagen. Verwundet sanken sie zu Boden. Ein Sauroid hatte sich in dem Arm eines Soldaten verbissen. Der Angriff kam überraschend und lautlos. Nach einer kurzen Schreck-Sekunde hatten die Elite-Soldaten ihre Laser-Waffen gezogen und sprangen auseinander, um in ein besseres Schutzfeld zu gelangen. Zahlreiche Laser-Schüsse fauchten auf und brannten sich in die übelriechenden Panzer der Sauroiden.

Die brüllenden, grunzenden Schreie der Fremd-Wesen erstarben. Fünf Sauroiden hatten sich von den Bäumen fallen lassen und schlugen auf die Krieger der Kombrogi ein. Diese waren sehr flink und trugen nur oberflächliche Verletzungen davon. Diese reichten jedoch aus, um wütend ihre Schwerter in die Körper der Sauroiden zu stoßen. Die Ureinwohner hatten sich in Gruppen gruppiert. Jeweils zwei Schwertstiche von vorne in die Brust und zwei von hinten in den Rücken der grünen Wesen, stoppten ihren mörderischen Angriff. Eine Sekunde der Irritation der Sauroiden reichte den Kombrogi aus, um ihnen den Kopf abzuschlagen. Zuckend fielen sie zu Boden und hauchten ihr Leben aus. Thoran schoss sich einen Weg frei, durch die kämpfenden Truppen.

Erschreckt stellte er fest, dass auch einige atlantische Soldaten ihre Leben verloren hatten. Gerade wollte sich ein Sauroid auf einen weiteren Soldaten stürzen. Dieser hatte bereits sein Gleichgewicht verloren und war auf seinen Rücken gefallen. Der Sauroid setzte zum Sprung an, doch in diesem Moment wurde er von Thorans Waffe getroffen. Der Körper des grünen Wesens wurde zu einer Fackel und brannte wie Magnesium aus. Das Feuer griff immer weiter vor und verbrannte den sich noch im Sprung befindlichen Sauroid zu schwarzer Asche.

Der atlantische Soldat sprang auf und nickte Thoran zu. In diesem Moment merkte Thoran den Einschlag einer Energiesalve in seinem Rücken. Der Aufschlag ließ ihn zwei Schritte vorwärts taumeln. Blitzschnell drehte er sich um. Fünf Schritte hinter ihm stand ein grünes Wesen, das einen Laserstrahler in seiner Hand hielt. Doch sein Gesicht war verzerrt. Drei Lasersalven aus den Waffen von Sor-Gun und zwei seiner Soldaten ließen den Sauroid der Länge nach hinstürzen. Thoran nickte Sor-Gun zu. Schnell lief er auf den Sauroid zu und trat mit seinem Fuß in die Seite. Ein tiefes Grunzen quoll aus seinem Mund. Mit nicht vermuteter Schnelligkeit sprang der Sauroid wieder auf.

Er drehte sich Sor-Gun und den Soldaten zu. Thoran halfterte seinen Laserstrahler mit der Präzision eines

Revolverhelden in dem Gürtelholster und zog zwei Vibrationsmesser heraus. Die vibrierenden Klingen wurden durch heiße Energiefelder verstärkt. Diese rammte er dem Sauroiden von hinten in den Kopf. Das grüne Ungeheuer erstarrte in seinen Bewegungen. Es zitterte am ganzen Körper und war zu keiner Bewegung mehr fähig. Langsam fiel er nach vorne auf sein Gesicht.

Thoran blickte sich um. Noch immer waren ausreichend Sauroiden da. Ein Angreifer sprang aus dem Dickicht und attackierte Oeclin und Aurin. Die spitzen Krallen seiner rechten Hand bohrten sich tief in das Fleisch des Häuptlings. Schmerzvoll schrie er auf. Aurin zögerte keinen Augenblick. Sein Schwert zuckte vor und trennte dem Angreifer den Arm ab. Dann war weitere Unterstützung der Kombrogi heran.

Sieben Schwerter stachen auf den Angreifer ein. Gelbgrünes Blut spritzte aus zahlreichen Wunden. Aurin stieß einen Schrei aus. Die Angehörigen seines Volkes ließen von dem Angreifer ab. In der Drehbewegung schlug er dem Angreifer seinen Kopf ab. Der grüne Sauroid hauchte sein Leben aus. Das Dauerfeuer der Kampf-Roboter hatten weitere Angreifer erledigt. Noch immer fauchten ihre Lasergewehre auf. Thoran schaute die Kombrogi an.

»Traut niemals einem Sauroiden«, sagte er. »Sie sind hinterhältig und mordlüstern.«

Dann drehte er sich um und warf seinen Energiering auf einen weiteren heranstürmenden Sauroiden.

Die Kombrogi staunten, als sie sahen, wie der Energiering den Kopf des grünen Wesens abtrennte und zurück in die Hand von Thoran flog.

Dieser hatte bereits wieder seinen Strahler gezogen und unterstützte das Feuer der Kampf-Soldaten.

Commander Grak-Rah und sein 1. Offizier hatten noch nicht in den Kampf eingegriffen. Mit Erschrecken sahen sie, wie ihre Kameraden abgeschlachtet wurden.

»Die Humanoiden mit den nackten Oberkörpern schlagen unseren Leuten die Köpfe ab«, flüsterte Grak-Rah. »Sie sind noch schlimmer als wir.«

»Davor hat man uns gewarnt«, erwiderte der 1. Offizier. »Was können wir jetzt noch tun?«

»Nichts mehr«, entgegnete der Commander. »Unsere Leute werden getötet.«

»Wir müssen hier weg«, flüsterte der 1. Offizier. »Verschwinden wir und suchen uns ein Versteck. Hier ist nichts mehr auszurichten. «

Der Commander überlegte kurz. Dann sprangen die beide Offiziere auf und liefen in das Dunkle des Waldes. Nach einigen Minuten hatte sie eine Vertiefung entdeckt. Wagemutig sprangen die Sauroiden hinein.

»Hier bleiben wir, bis sie uns nicht mehr suchen«, sagte Commander Grak-Rah. »Die Scanner und die Suchstrahlen werden uns in der Vertiefung nicht finden. «

Grak-Sur grunzte laut auf.
»Das machen wir«, antwortete er.
Dann legten sie sich in eine Grube, verteilten Äste, Laub und Moos über ihre Körper und warteten ab.

Wie Regentropfen, ließen sich grüne Schatten aus den Bäumen auf die Kämpfenden fallen. Sie begruben atlantischen Kampf-Soldaten unter sich, welche die schweren Körper nicht halten konnten. Die letzten Sauroiden versuchten den Kampf für sich zu entscheiden. Aus dem Boden erhoben sich gepanzerte Sauroiden und griffen die Gruppe an. Der Feind fletschte seine Zähne und stürzte sich auf die atlantische Truppe. Grüne Augen, mit den blutunterlaufenen Adern, stachen hervor. Sie kämpften mit allem, was sie hatten. Das Fauchen aus unzähligen Laser-Waffen war zu hören. Einige der Kombrogi stürzten heran und versuchten im Nahkampf die grünen Wesen auszuschalten. Sie hatten ihre Schwerter erhoben und stachen auf die Angreifer ein. Die Flut der Gegner lichtete sich. Dicht vor den Füßen der Kombrogi verendeten die Angreifer zuckend und qualvoll. Die Strahlen aus Thorans Laserwaffe fauchten über ihre Köpfe hinweg. Auch die Laser-Strahlen von Sor-Gun und seinen Soldaten, konzentrierten sich auf die letzten Angreifer.

Endlich war es geschafft. Alle Angreifer konnten eliminiert werden. Überall auf der Kleidung der Soldaten tropfte grüngelbes Blut herunter. Es war ein harter verbissener Kampf gewesen, den sie so noch nie erlebt hatten.

Ein stinkender Geruch lag den Männern in der Nase. Überall lagen tote Sauroiden verstreut herum, teilweise mit abgeschlagenen Köpfen. Die Verwesung der Geschöpfe hatte bereits eingesetzt.

Thoran blickte sich zu den Kombrogi um.
»Immer wenn ihr diesen Geruch erkennt, nehmt euch in acht«, erklärte er.»Diese Wesen sind nicht von hier. Sie kennen keine Gnade. «

»Ich möchte gerne wissen, wo sie herkommen?«, fragte Sor-Gun. » Solchen Wesen sind wir bisher noch nicht begegnet. «

Thoran zuckte mit seinen Schultern.
»Das wissen wir auch nicht«, antwortete er. »Es scheinen Kunstgeschöpfe aus einer anderen Galaxie zu sein. Sie wurden erschaffen für den Krieg. In ihnen steckt ein Kampftrieb, der sie bis zum letzten Atemzug auf den Beinen hält. Ihre Brustpanzer sind künstlich verstärkt worden, dass Laserstrahlen nicht sofort durchdringen. «

»Unsere Wissenschaftler werden sich über sie hermachen«, antwortete Sor-Gun. » Wir müssen mehr über diese Wesen erfahren. «

Thoran nickte
»Das sollten sie«, erwiderte er. »Konstruieren sie Waffen, welche diese Geschöpfe mit dem ersten Strahl erlegen können. Nur so können sie ihrer habhaft werden. «

»Sie scheinen ihnen bekannt zu sein? «, erkundigte sich Sor-Gun irritiert.

Thoran schüttelte seinen Kopf.
»Doch es wird eine Zeit kommen, in der sie öfter auf sie stoßen werden«, antwortete Thoran. »Ihr Kaiser sollte

unsere Vorschläge annehmen. So ist ihm unsere Unterstützung sicher.«

»Der Kaiser wird die richtige Entscheidung treffen «, antwortete Atlantas Stellvertreter.»Warten wir es ab. «

Er zog einen Scanner aus seiner Tasche und hielt ihn auf den Wald gerichtet. Das Gerät summte auf und scannte die Umgebung.

»Wir scheinen alle erwischt zu haben«, sagte Sor-Gun. »Mein Gerät kann keine Fremdwesen mehr ermitteln.

Thoran nickte.
»Dann können wir zurückfliegen? «, fragte er.» Ich möchte mich nach dem Befinden von Atlanta erkundigen.«

»Sicher«, antwortete Sor-Gun.»Sie wird jetzt bereits über ihren neuen Körper verfügen. «

Er griff nach seinem Communicator.
»Hier ist Sor-Gun«, sprach er in das Gerät.»Wir sind hier fertig. Schickt einige Medi-Roboter und Anti-Grav-Bahren. Wir haben verletzte und getötete Soldaten. Informiert auch die Wissenschaftler, die für Untersuchungen an fremden Species eingeteilt wurden.

Sie sollen die Überreste der fremden Rasse abtransportieren und untersuchen. Wir stellen einen Pfeilsender auf.«

Die Gegenstelle bestätigte den Befehl. Offizier Sor-Gun beendete die Verbindung.

»Die Ärzte und Wissenschaftler sind auf dem Weg«, teilte er Thoran mit.

Beide drehten sich um und gingen auf die Kombrogi zu. »Wir möchten uns bei euch bedanken«, sagte Thoran. »Euer Kampf war dem eines Löwen gleichzusetzen. «

»Was ist ein Löwe? «, fragte Aurin. »Das ist ein mächtiges, starkes Tier«, lächelte Thoran. »Es ist nur durch List zu besiegen. «

»Danke«, antwortete der Häuptling. »Wir standen in eurer Schuld. Diese ist jetzt beglichen. Es ist alles gutgegangen.

»Nehmt auch unseren Dank an«, sagte der 1. Offizier der Basis. »Ohne eure Hilfe wäre es schwieriger gewesen, die Fremden auszuschalten. Jetzt gehört die Insel wieder euch. «

»Danke«, antwortete der Häuptling. »Das war unser eigentliches Ziel.«

Sor-Gun zog ein Armband aus seiner Tasche. Er reichte es dem Häuptling.

»Das ist ein Notrufsender«, erklärte er. »Wenn ihr doch noch einige grüne Wesen entdecken solltet, dann drückt den Knopf, in der Mitte des Displays. Das Gerät gibt uns eine Nachricht, wenn ihr es betätigt.«

Sor-Gun wies den Häuptling in der Handhabung des Armbandes ein.

Zwischenzeitlich waren die Medi-Kräfte eingetroffen. Zahlreiche Roboter hoben die Verletzten auf die Bahren und transportierten sie ab. Die Wissenschaftler der Basis schienen freudig überrascht über ihr Geschenk zu sein. Sie sammelten alle Überreste der Sauroiden ein und verstauten sie in Kisten und Särgen.

»Wir fliegen zurück, wies Sor-Gun seine Soldaten an. Er blickte Thoran an.

»Fliegen sie mit uns, oder möchten sie noch etwas bleiben? «, fragte er.

»Nicht länger als nötig«, erwiderte der Lantraner. »Mein Bedarf an indigenen Völkern ist erst einmal gedeckt. «

Die Tarin-Jets, die Medi-Gleiter und die Transportgleiter der wissenschaftlichen Abteilung näherten sich der großen Atlantis-Basis. Die Jets der Soldaten drehten ab und flogen zu ihrem Hangar und zu ihren Einheiten.

Gor-Sun zeigte aus dem Fenster.

»Wir haben Besuch erhalten«, sagte er ernst. »Ihre 10 lantranischen Schiffe sind auf dem Landedeck für offizielle Besucher ausländischer Regierungen gelandet.«

Thoran blickte aus dem Seitenfenster.
Er verzog sein Gesicht, als er das 1.500 Meter messende Evolutions-Schiff seines Vorgesetzten erkannte.

»Das ist nicht gut«, murmelte er. »Was macht er hier auf der Basis? Aritron wollte Gespräche mit ihrem Kaiser führen. «

»Ich hatte es ihnen bereits mitgeteilt«, erwiderte Sor-Gun. »Der Kaiser reagiert unberechenbar, wenn es um die Atlantis-Basis und ihre Kommandantin geht. Sicherlich wird er die Gespräche vertagt haben. «

Thoran nickte zögernd.

»Landen sie den Gleiter am kaiserlichen Gezeiten-Eingang«, befahl Sor-Gun dem Piloten.

Er blickte Thoran an
»Vielleicht befinden sich ihre Leute in der Lounge des Empfangsbereiches und warten auf sie«, ergänzte er.

Der Pilot bestätigte den Befehl und setzte zum Landeanflug an. Vorsichtig flog er eine Schleife und senkte den Jet tief auf die Plattform zu. Er drosselte den Schub und flog auf die Landeplattform zu. Gekonnt setzte er den Jet auf das markierte Landezeichen auf.

Sor-Gun öffnete das Schott. Thoran sprang heraus. Der 1. Offizier der Basis folgte ihm einen Schritt später.

» Ist es möglich Atlanta zu sehen? «, fragte Thoran.

Sor-Gun lächelte ihn an.
»Ich weiß von ihrer Beziehung mit ihr«, entgegnete er. »Letztendlich begrüße ich das sogar. Sie hat leider sehr wenig Ablenkung. Atlanta scheint ihnen sehr zu vertrauen. Sie lebt immer auf, wenn sie zu Besuch kommen. Für uns Atlanter ist sie als Kommandantin unersetzlich. Von daher können wir froh sein, dass sie auf ein modernes DNA-Klon-Bad, aus den geheimen wissenschaftlichen Abteilungen des Kaisers zugreifen

kann. Die M-KI schätzt sie als ihren mobilen Arm und will nicht hierauf verzichten. Sie kann Atlanta unendlich viele neue Körper anfertigen. Durch ihren geistigen Kontakt zu unserer M-KI, werden alle Informationen von ihr gespeichert und falls nötig, in jeden ihrer neuen Köper heruntergeladen. «

»Was passiert, wenn zeitweise kein gedanklicher Kontakt zu der M-KI möglich ist? «, fragte Thoran.

»Das gibt es nicht«, antwortete Sor-Gun. »Überall auf Tarid kann unsere M-KI die geistige Präsenz von Atlanta empfangen. Warum fragen sie? «

»Wir waren in einer Höhle, die ein Felsrutsch freigelegt hat«, erklärte der Lantraner. »Sie teilte mir mit, dass sie keinen Kontakt zu ihrer Mutter herstellen könnte. «

»Das verstehe ich nicht«, sagte der 1. Offizier. »Bisher ist das noch nie vorgekommen. In diesem Fall gehen alle Daten verloren. Ihre Eindrücke, ihre Empfindungen und ihre Erlebnisse werden für alle Zeit verloren sein. «

»Dann wird sie sicherlich einige Fragen haben, wenn sie wieder aufwacht«, vermutete Thoran. »Selbst auf der Insel, als wir von den grünen Bestien angegriffen wurden, konnte sie keinen Kontakt zu ihrer M-KI herstellen. «

»Danke für ihren Hinweis«, erwiderte Sor-Gun. »Ich werde das untersuchen lassen. Meine einzige Vermutung ist, dass die grünen Wesen einen Störsender für Para-Beeinflussung installiert haben könnten. Doch diesen werden wir finden, falls er vorhanden ist.«

Langsam schritten beide Personen auf die imposante Eingangspforte zu. Zwei atlantische Garde-Soldaten salutierten, als sie den 1. Offizier und seinen Begleiter erkannten. Sor-Gun und Thoran erwiderten den Gruß.

Die Soldaten öffneten ihnen bereitwillig beide Türen. Der Innenbereich war gewaltig. Es war als große Lounge und Wartebereich konzipiert. Hübsche Natraderinnen mit langen Haaren, kümmerten sich um die Gäste. Sie trugen einheitliche Uniformen, auf denen das Logo der Atlantis-Basis hervorstach. Eine breite Rezeption mit drei freundlichen Bediensteten gab Neuankömmlingen bereitwillig Auskunft. Die vielen Fenster wurden von Springbrunnen, Bäumen und Dekorationen aus den unterschiedlichen Regionen von Tarid aufgelockert. Service-Roboter servierten Getränke und Obst.

Thoran schaute sich interessiert um. Sein Blick schweifte durch die große Halle. Rechts hinten, in einem gemütlichen Teil, sah er die Abordnung des lantranischen

Verhandlungsführers sitzen. Aritron saß mit seinem Rücken zu ihm.

»Da hinten sind meine Leute«, sagte Thoran. Er zeigte mit seiner Hand nach rechts.

Sor-Gun nickte.

»Ich bringe sie hin«, antwortete er.

Thoran und Sor-Gun gingen gemächlich auf die Gruppe zu. Ein lantranischer Politiker hatte Thoran erkannt. Er informierte Aritron und zeigte mit der Hand auf ihn. Der Weiser des lantranischen Volkes drehte sich um und schaute Thoran mit ernstem Gesicht an.

»Du bist schon zurück? «, erkundigte sich Aritron fast spöttisch. »Ich hoffe, dein Ausflug hat dir Spaß bereitet?«

Thoran bemerkte, die wie die Politiker hinter Aritron aufhörten zu flüstern. Ihre Augen musterten ihn.

»Es war interessant«, lächelte Thoran seinen Vorgesetzten an.

»Interessant ist wohl der falsche Ausdruck«, fragte Aritron ihn an. »Gibt es etwas, dass ich wissen sollte? «

»Wir hatten alles im Griff«, erwiderte Thoran. »Es gab kleinere Probleme, doch die konnten wir dank der Unterstützung der Kombrogi lösen.«

»Ein atlantischer Gleiter wurde zerstört, der Pilot getötet«, wetterte Aritron. »Das Rettungskommando konnte nur noch den Tod ihrer Kommandantin attestieren und fünf weitere Soldaten durften den Einsatz mit ihrem Leben bezahlen. Andere wurden schwer verletzt. Das alles für einen von dir geplanten Ausflug? Du erzählst uns hier etwas von kleineren Problemen. Erkläre mir das bitte.«

Thoran senkte seinen Blick zu Boden.

»Der Informationsfluss scheint hier noch zu funktionieren«, erwiderte er. »Unser Ziel war ein indigenes Volk auf der nördlichen Insel zu besuchen, von hier ausgesehen. Das hatten wir auch gefunden. Doch bei einer Trauerfeier wurden wir von dem abstürzenden Raumschiff angegriffen. Er hat das Feuer auf unseren wartenden Gleiter eröffnet. Es war ein Spähschiff der Rigo-Sauroiden.«

Aritron blickte Thoran an.

»Ein Spähschiff der Rigo-Sauroiden hier in der Milchstraße?«, entgegnete er ernst. »Sagst du mir auch die Wahrheit?«

Thoran nickte.

»Sie waren es«, antwortete er. »Die Ureinwohner halfen uns, die geflüchteten Sauroiden zu verfolgen. Wir wussten nicht, dass noch 49 von ihnen den Absturz überstanden haben. Sie fielen über uns her. Der erste Angriff konnte für uns entschieden werden. Doch bei dem zweiten Angriff wurde Atlanta getötet. «

»Dann beginnt es jetzt«, erwiderte Aritron. »Der Untergang von Natrid wird in den Tiefen des Universums geplant. Der Kaiser hätte besser unsere Unterstützung angenommen. «

Sor-Gun hatte zugehört, aber nur die Hälfte verstanden.

»Entschuldigen sie«, sagte er. »Was reden sie da von dem Untergang von Natrid? «, fragte er.

Aritron blickte ihn an.
»Sie sind der 1. Offizier dieser Basis? «, erkundigte er sich.

Sor-Gun nickte zustimmend.
»Das bin ich«, antwortete er. »Von daher möchte ich alle Informationen erhalten, die wichtig für uns sind. «

»Das verstehe ich sehr wohl«, antwortete Aritron. »Doch wir können die Zeitlinie nicht beeinflussen. Ich sage ihnen nur so viel, dass wir mit unserer Technik in eine fiktive Zukunft schauen können. Ob es später auch so passiert, wie von uns gesehen, das hängt von vielen Einflüssen ab. Nach den uns vorliegenden Informationen werden diese Rigo-Sauroiden in 50.000 Jahren das kaiserliche Imperium von Natrid zu Fall bringen und ihren Heimat-Planeten zu einer unbewohnbaren, atomar verseuchten Wüste bombardieren. «

»Das sind ungeheuerliche Aussagen«, ereiferte sich der 1. Offizier. »Wollen sie uns Angst machen? «

»Nein«, antwortete Aritron. » Ich weise sie auf Informationen aus der Zukunft hin, die wir ermitteln konnten. Aus diesem Grunde war unsere politische Führung hier, um einen Sicherheitspakt für unsere Sterneninsel zu schmieden. Leider hat ihr Kaiser die Gespräche aufgrund der Vorfälle mit Atlanta und ihren getöteten Soldaten abgebrochen. «

»Warten sie eine Zeit«, entgegnete der 1. Offizier. »Die Wogen werden sich wieder legen. «

»Das bezweifele ich«, antwortete der Weiser des lantranischen Volkes. »Der Kaiser hat uns für ewige Zeit verboten in das lantranische Imperium einzufliegen. Mit anderen Worten. Der Zwischenfall hat ausgereicht, um den Kontakt zu uns abzubrechen. Wir werden diesem Wunsch folgen und nicht mehr in ihr System einfliegen. «

»Verstehe ich das richtig«, bemerkte Thoran. »Wir dürfen nicht mehr nach Natrid fliegen? «, fragte er.

Aritron blickte ihn an.
»Drücke ich mich undeutlich aus? «, fragte er. » Das gilt insbesondere für dich. Dein Verhältnis mit der Kommandantin dieser Basis ist heute offiziell von dem natradischen Kaiser beendet worden. Hast du das verstanden? «

»Aber«, stammelte Thoran.
»Nichts aber«, erwiderte Aritron. »Du bist dir hoffentlich darüber im Klaren, falls du gegen die Anordnung unserer Hohen-Empore verstößt, wirst du von allen deinen Ämtern enthoben und als unerwünschte Person betrachtet. Verspiele dir nicht unsere Gunst. «

»Darf ich mich von Atlanta noch verabschieden? «, erkundigte sich Thoran.

»Nein«, sagte Aritron hart. »Das hast du dir selbst verspielt. Wir hatten lediglich die Zeit, hier auf dich zu warten. Jetzt wo du eingetroffen bis, müssen wir unverzüglich das System verlassen.«

Thoran blickte Sor-Gun an.
»Würden sie mir einen Gefallen tun? «, fragte er.

Der 1. Offizier blickte ihn an.
»Sicher«, sagte er. »Ich werde Atlanta informieren. »Bitte teilen sie ihr mit, dass ich sie liebe und ich sie nicht vergessen werde. Irgendwann werden sich unsere Wege wieder begegnen. «

Sor-Gun lächelte ihn an.
»Das waren schöne Worte«, erwiderte er. »Ich werde ihren Gruß ausrichten. «

»Wir verlassen das System«, entschied Aritron. »Hier sind wir nicht länger als Gäste erwünscht. «

Die Gruppe der Lantraner drehte sich um und schritt auf den Ausgang zu. Schweren Herzens folgte Thoran ihnen. Er drehte sich noch einmal um und blickte in den Empfangsbereich der Basis. Dann folgte er schnellen Schrittes seinen Leuten.

Es vergingen nur wenige Minuten, dann hoben die Evolutions-Raumer von dem Landedeck ab. Langsam flogen sie der Atmosphäre von Tarid entgegen und verschwanden im hellen Blau.

Sor-Gun blickte ihnen nach.

Er wusste nicht genau, wie er die Entscheidung des Kaisers einordnen sollte.

»Eigentlich waren sie umgänglich«, dachte er. »Selbst bei ihrem Rauswurf blieben sie noch freundlich. Hoffentlich hat unser Kaiser dieses Mal nicht die falsche Entscheidung getroffen. Es gibt nicht allzu viele humanoide Rassen im Universum, die so überzeugend zu ihren Vorsätzen stehen. «

Drei Tage waren vergangen. Atlanta betrachtet ihren nackten Körper und war angenehm überrascht.

»Er gleicht dem Alten bis ins kleinste Detail«, dachte sie. Sie drehte sich um und betrachtete sich in dem großen Spiegel.

»Alles ist an seinem Platz«, dachte sie. »Danke Mutter, für deine große Fürsorge. «

»Nicht dafür«, antwortete die M-KI. »Du warst unvorsichtig. Warum hast du nicht eine Eskorte mitgenommen, wie es unser Kaiser für alle wichtigen Offiziere seines Imperiums vorschreibt?«

Atlanta schmunzelte. »Ich wollte mit Thoran einige Stunden allein sein«, sandte sie ihre Gedanken zurück. »Es kam mir nicht in den Sinn, dass etwas passieren könnte. Ich war nur glücklich, dass er etwas Zeit für mich finden konnte.«

»Solche Emotionen sind nicht Grundlagen meiner Programmierung«, erwiderte die Mutter.» Ich kann aber errechnen, wie du dich gefühlt hast. Leider war der Kaiser über deinen Ausflug nicht erfreut.«

Atlanta dachte nach. Verzweifelt versuchte sie die Geschehnisse an dem besagten Tag zu rekonstruieren.

»Ich hatte Besuch von der Kaiserin Torin-Arel auf meiner Basis«, sagte sie. »Es gab noch einen Eklat, weil sie es nicht für nötig hielt, ihren Landeanflug einweisen zu lassen. Ich erinnere mich, dass sie den Protokoll-Roboter Jahol-Sin für ihren Mann abgeholt hat. Nachdem sie wieder die Basis verlassen hatte, fragte Thoran mich, ob wir nicht einen Ausflug machen könnten. Er interessiere sich für die Entwicklung der Eingeborenen auf unserem Planeten. Ich hatte keine Einwände, da ich selbst lange nicht mehr auf den anderen Kontinenten von Tarid gewesen war.

Ich forderte einen Garde-Gleiter an und nahm die von dir bereitgestellten zwei Kampf-Roboter mit. Wir flogen zu den nördlichen Insel Traxinn. Dort stießen wir auf ein indigenes Volk, das sich bereits deutlich von den Ureinwohnern abhob. Sie schienen einer neueren Rasse von humanoiden Wesen anzugehören.«

»Das habe ich auch festgestellt«, erwiderte die Mutter. »Gerade im Umkreis um unsere Basis kommt es zu sehr schnellen Veränderungen in der Entwicklung und dem Körperbau der Eingeborenen. Unsere Wissenschaftler geben es zwar nicht zu, doch nach meinen Berechnungen lassen sie bewusst genmodifizierte Barbaren frei, damit sie sich mit den restlichen Eingeborenen vermischen. Sie hoffen hierdurch, die Evolution auf Tarid beschleunigen zu können. Seit exakt 50.000 Jahren beobachte ich, dass sich die Ureinwohner zu einer neuen kräftigen und belastbaren humanoiden Rasse entwickeln. Diese unterscheidet sich durch einen aufrechten Gang, aber auch durch den Aufbau des Schädels, von der früheren Lebensform her. Er ist größer und runder geworden. Ihr ganzer Körperbau gleicht immer mehr einem Abbild unserer Atlanter.«

»Das konnte ich auch beobachten«, bestätigte Atlanta. »Wir stießen auf ein Volk, das sich Kombrogi nannte. Sie bauen bereits Hütten, leben in einer Art Dorf zusammen und betreiben Viehzucht. Ich erinnere mich, dass wir auf eine Gruppe von fünf Krieger stießen, die uns auf Hilfe ansprachen. Sie vermissten zwei ihrer Freunde, die in eine neue Höhle gegangen waren. Ein Erdrutsch hatte sie freigelegt. Ich war sehr erstaunt, als ich bemerkte, dass sie über verzierte, hochwertig verarbeitete Schwerter verfügten. Sie sagten uns, ihre vermissten Freunde hätten die Schwerter gefunden. Wir nahmen sie in unserem Gleiter mit und flogen zu der Höhle. Ab diesem Zeitpunkt verblassen meine Erinnerungen. «

»Das deckt sich mit meinen Aufzeichnungen«, antwortete die M-KI. »Das sind die letzten Informationen, die ich von dir aufzeichnen konnte. Doch plötzlich versiegten deine Gedankenübertragungen. Aus diesem Grunde konnte ich dir auch nur die von mir abgespeicherten Informationen wieder übertragen. «

»Das ist nicht weiter schlimm«, antwortete Atlanta. »Thoran kann mich über den weiteren Verlauf unserer Expedition aufklären. «

Die M-KI verstummte einige Sekunden. »Mutter? «, fragte Atlanta. » Hörst du mich noch? «

»Ich höre dich, mein Kind«, antwortete die Hypertronic-KI. »Thoran wird dir deine Fragen nicht beantworten können. Der Kaiser hat die politischen Gespräche mit den Lantranern abgebrochen. Quoltrin-Saar-Arel war sehr verärgert, als er hörte, dass euer Ausflug und einem Piloten das Leben gekostet hat. Ein Garde-Gleiter wurde zerstört und weitere fünf Rettungs-Soldaten unserer Elite-Einheit verloren ihr Leben. «

Atlanta zeigte sich irritiert.
»Hieran habe ich keine Erinnerungen mehr«, sagte sie. »Thoran wird das erklären können. «

»Thoran wurde von seinem Vorgesetzten verwarnt«, antwortete die M-KI. »Nach dem Abbruch der Gespräche mit den Lantranern, hat Kaiser Quoltrin-Saar-Arel jeglichen Kontakt zu ihnen abgebrochen. Er hat ihnen offiziell untersagt, in das Einflussgebiet des kaiserlichen Imperiums einzufliegen, oder nochmals nach Natrid zu kommen. Aritron, der politische Weiser ihres Volkes akzeptierte den Wunsch. «

»Das darf er nicht«, empörte sich Atlanta. »Thoran gehört zu mir. Ich fühle mich wohl in seinen Armen. «

»Quoltrin-Saar-Arel ist der Kaiser«, sandte die M-KI eine Antwort. »Er befiehlt nicht nur, er hat uns sprichwörtlich auch erschaffen. Seine Anordnungen müssen befolgt werden.«

Die M-KI verstummte kurz. Dann fuhr sie fort. »Spreche mit Sor-Gun«, antwortete die Mutter. »Er konnte kurz vor dem Abflug noch mit Thoran sprechen. Vielleicht hat er eine Information für dich? «

»Das werde ich«, antwortete Atlanta.

Sie dachte einen Augenblick nach. »Warum wurden so viele Personen getötet? «, fragte sie. » Was ist auf der Insel geschehen? «

»Dir fehlen einige Erinnerungen«, teilte die M-KI mit. »Aus diesem Grunde konnte ich nur die Daten von Sor-Gun und seines Rettungskommandos auswerten. Durch eine Verquickung unglücklicher Umstände ist ein fremdes Raumschiff in der Atmosphäre von Tarid materialisiert. Die natradische Hypertronic-KI hat zwar den Ortungsschatten des Schiffes für eine Sekunde nahe den Sarid-Ringen registriert, sie dachte aber es handele sich um einen fehlerhaften Hinweis aufgrund der massiven Stürme, die dort seit einigen Tagen herrschen. Sie verfolgte den Ortungsreflex nicht weiter.

Nur durch einen wachsamen Ortungs-Offizier in der Leitstelle von Natrid wurden wir eines Besseren belehrt. Es wurde Systemalarm ausgelöst. Doch hierzu war es bereits zu spät. Ich ortete den Eintritt dieses fremden Raumschiffes in der Atmosphäre unseres Planeten. Ein Abwehrturm konnte noch das Schiff anvisieren. Der Lasertreffer schaltete die Antriebe des Schiffes aus. Er trudelte dem Boden entgegen. Die Besatzung hatte scheinbar die Waffensysteme auf Automatik geschaltet. Während des Absturzes des Schiffes gelang es diesen Waffensystemen, deinen am Boden wartenden Garde-Gleiter zu vernichten. «

Atlanta schüttelte ihren Kopf.
»Hiervon weiß ich nichts mehr«, antwortete sie.

»Weil diese Erinnerungen von dir nicht abgespeichert wurden«, bestätigte die M-KI. »Zu diesem Zeitpunkt bestand keine gedankliche Synchronisation mehr. «

»Ich verstehe«, sagte Atlanta. »Welche Informationen hast du noch für mich? «

»Nach meinen Berechnungen müssen zweidrittel der Besatzung des fremden Schiffes den Absturz überlebt haben«, teilte sie mit. » Sie flüchteten in den angrenzenden Wald. Ab dort liegen mir nur die Einsatzberichte von Sor-Gun vor. Er berichtete von einer schrecklichen unbekannten Lebensform, die uns bisher nicht bekannt war. Diese Wesen besitzen eine grüne Hautfarbe und scheinen von Sauroiden abzustammen.

Obwohl sie Laserwaffen besessen haben, zogen sie es vor, mit den scharfen Krallen ihrer ledrigen Hände zu kämpfen. Die Wesen besitzen eine Art knochigen, modifizierten Brustpanzer, der mindestens drei Laserschüsse aus unseren Waffen auffangen konnte. Nach den vorliegenden Informationen von Sor-Gun, war es für seine Soldaten sehr schwierig, diese Wesen zu töten. Bei diesen Kämpfen wurdest du nach Aussagen von Thoran von zwei dieser Bestien schwer verletzt. Später bis du in den Armen von Thoran deinen Verletzungen erlegen.«

»Konnten wir einige Exemplare für unsere Wissenschaftler bergen?«, erkundigte sich Atlanta.

»Sicherlich«, antwortete der M-KI.»Der Wald war voller Leichen dieser Wesen. Die Kombrogi und das Rettungsteam haben tapfer gekämpft. Auch Thoran hat nach Beobachtung von Sor-Gun mehrere dieser Wesen erledigt. Doch es war leichtsinnig von euch, sich alleine auf diese Expedition zu begeben.«

»Es war nicht vorherzusehen, dass ein fremdes Raumschiff in der Atmosphäre von Tarid materialisierte«, entgegnete Atlanta. »Ich habe schon öfter Besuche auf anderen Kontinenten durchgeführt.«

»Aber nicht alleine mit Thoran«, sandte die M-KI ihre Gedanken. »Gewöhne dich endlich hieran, dass du die vorgeschriebene Eskorte mitnimmst. Du hast eine Verantwortung für unsere Basis. Dein Personal schätzt und liebt dich. Sie will keinen natradischen Kommandanten.«

Atlanta griff nach ihrer dünnen Unterkleidung und zog sie an. Diese schien aus einem seidenähnlichen Material zu sein. Sie schmiegte sich an ihren muskulösen Körper an. Dann stieg sie ihn ihren schwarzen Kampfanzug. Die Taja zog sich zusammen und legte sich wie eine zweite Haut um ihren Körper.

Atlanta griff nach ihrem Waffengurt und schloss ihn über ihre Hüften. Zwei schwere natradische Laserwaffen saßen in dem rechten und linken Holster.

»Ich gehe zu Sor-Gun und suche nach meinen verlorenen Erinnerungen«, dachte sie. »Vielleicht kann ich noch mehr Daten rekonstruieren.«

»Mache das«, antwortete die M-KI.

Dann zog sie sich zurück.

Atlanta schritt aus ihrer Unterkunft. Auf den Gängen nickte das Personal der Station ihr freudig zu. Sie alle schienen von dem Tod ihrer Kommandantin informiert worden zu sein. Nach einiger Zeit hatte sie die Leitstelle der Basis erreicht. Sie schritt hinein.

»Kommandantin auf der Brücke«, meldete ein atlantischer Offizier.

Die diensthabenden Offiziere drehten sich um und applaudierten Beifall.

Atlanta lächelte ihnen zu und winkte.
»Danke, für den freundlichen Empfang«, sagte sie. »So schnell wird meine Position nicht frei. «

Die Offiziere lachten und wandten sich wieder ihren Gerätschaften zu.

Atlanta schritt auf Sor-Gun zu.
Dieser war aus dem Kommandosessel aufgestanden und lächelte sie an.

»Sie sind schon wieder hergestellt? «, fragte er. » Die M-KI hat ganze Arbeit geleistet. Sie wirken noch hübscher als vorher. «

Irritiert blickte Atlanta Sor-Gun in die Augen. Dieser senkte seinen Blick.

»Sollte ich etwas von ihnen wissen? «, fragte die Kommandantin.

»Alles ist in Ordnung«, erwiderte der 1. Offizier. »Ich habe lediglich meine Meinung geäußert. «

Atlanta bemerkte eine kleine Unsicherheit an ihm. »Wie ist der Status? «, erkundigte sie sich.

»Alles ist ruhig, wie immer«, teilte Sor-Gun mit. »Die natradische Leitstelle hat den Systemalarm aufgehoben. Es wurden keine weiteren Eindringlinge mehr registriert.«

»Ich möchte die Wesen sehen«, sagte Atlanta. » Werden sie von unseren Wissenschaftlern seziert? «

Der 1. Offizier nickte.
»Sie waren doch dabei«, antwortete er. »Sie kennen die Wesen. «

Atlanta schüttelte den Kopf.

»Die Wesen scheinen einen Störsender installiert zu haben«, antwortete sie. »Während wir auf der Insel waren, konnte ich keinen gedanklichen Abgleich mit der M-KI durchführen. Aus diesem Grunde fehlen mir die letzten Stunden an meiner Erinnerung.«

»Ich verstehe«, erwiderte Sor-Gun. »Diese Daten konnten nicht in ihrem neuen Körper übertragen werden.«

»Gehen wir zu den Wissenschaftlern«, befahl Atlanta. »Ich möchte mehr erfahren.«

Atlanta winkte dem Funk-Offizier zu.

»Sie haben in unserer Abwesenheit das Kommando«, befahl sie. »Informieren sie uns sofort, wenn etwas Unvorhergesehenes passiert.«

»Ich habe verstanden«, antwortete der Offizier. Atlanta und ihr 1. Offizier verließen die Brücke. Sie schritten durch die langen Gänge der Basis. Der nächste erreichbare Antigravitations-Lift brachte sie zu den unteren Ebenen. Hier waren die Sicherheitsabteilungen, Forschungs- und Wissenschafts-Bereiche untergebracht. Eine breite Glastür wurde von zwei Soldaten bewacht. Sie salutierten, als sie Atlanta und Sor-Gun erkannten.

Atlanta nickte ihnen zu, Sor-Gun erwiderte den Gruß. Die Kommandantin gab ihren Code an dem Türschloss ein. Die Türen öffneten sich und verschwanden in der Wandverkleidung.

Der weiße sterile Gang roch nach Desinfektionsmitteln. Kleine Reinigungsmaschinen fuhren selbstständig jedem Meter des Bereiches ab und scannten nach Verunreinigungen.

»Haben sie Informationen von Thoran für mich? «, fragte Atlanta ihren Stellvertreter.» Ich habe von meiner Mutter gehört, dass die politischen Konsultationen abgebrochen wurden. Quoltrin-Saar-Arel hat den Lantranern scheinbar ein Einreiseverbot in unser Imperium erteilt? «

»Hiervon habe ich auch gehört«, erwiderte Sor-Gun. »Der Kaiser scheint über den Zwischenfall sehr verärgert zu sein. Ich habe mitbekommen, wie Aritron sich mit Thoran unterhielt. Der lantranische Weiser schien ebenfalls sehr ungehalten gewesen zu sein. Er gab Thoran die Schuld an dem Abbruch der Verhandlungen. «

»Das verstehe ich nicht«, erwiderte Atlanta. » Er kann doch nichts für den Einflug einer fremden Rasse in unser System. «

»Dafür nicht«, lächelte Sor-Gun sie an. »Doch für den Tod unserer Soldaten ist er verantwortlich. Durch seinen Wunsch nach einer Zusammenkunft mit den Eingeborenen unseres Planeten, ist es erst zu diesem Unglück gekommen.«

»Wir waren zum falschen Zeitpunkt an dem falschen Ort«, antwortete Atlanta. »Geben sie nicht Thoran die Schuld hierfür.«

Verärgert blickte sie Sor-Gun an.
»Sie haben es gerade richtig ausgedrückt«, sagte sie. »Unser Planet beschränkt sich nicht nur auf diese Basis hier. Auch die Kontinente gehören dazu. Wenn wir uns dort nicht mehr frei bewegen können, dann ist es nicht mehr unser Planet. Ist ihnen das klar?«

»Ich wollte sie nicht verärgern«, erwiderte Sor-Gun. »Mir ist bekannt, wie nah sie und Thoran sich gestanden haben. Doch leider hat der Kaiser jetzt entschieden, dass kein Lantraner mehr unser Sternensystem betreten darf.«

»Ich werde noch mit dem Kaiser persönlich sprechen«, sagte sie. »So einfach lasse ich mir meinen Geliebten nicht nehmen.«

»Sie haben wichtigere Aufgaben«, antwortete Sor-Gun schroff. »Diese Basis braucht ihre volle Aufmerksamkeit. Hiermit stimme ich den Gedanken von Kaiser Quoltrin-Saar-Arel überein. «

»Das bedeutet also, dass ich kein privates Leben führen darf«, fluchte Atlanta. »Alle scheinen sich hierüber einig zu sein, dass ich nur zu funktionieren habe. «

»Es steht ihnen sicherlich frei, ihre Aufgaben in andere Hände zu legen«, entgegnete der 1. Offizier. »Ich wäre begeistert, diese Aufgabe übertragen zu bekommen. «

Atlanta blickte ihn an.
»Hat Thoran etwas für mich ausrichten lassen? «, fragte sie.

Der 1. Offizier überlegte.
»Nicht das ich wüsste«, antwortete er. »Er wurde von seinem Vorgesetzten angewiesen, sofort den Planeten zu verlassen. Diesem Befehl ist er gefolgt. «

»Er hat keine Nachricht für mich hinterlassen? «, fragte sie erneut.

»Nein«, antwortete der 1. Offizier. »Er ist mit der lantranischen Abordnung fortgeflogen. «

»Es fällt mir schwer, das zu glauben«, antwortete Atlanta. »Ich muss versuchen, ihn irgendwie zu erreichen. «

»Wie wollen sie das bewerkstelligen? «, erkundigte sich Sor-Gun.» Niemand weiß, wo sich ihr Heimatplanet befindet. Auf Funksprüche reagieren sie nicht. Vielleicht ist es gar nicht so weit her, mit der von ihnen angesprochenen hochstehenden Technik. «

»Sie scheinen die Lantraner nicht zu mögen? «, fragte Atlanta.» Sehe ich das richtig? «

»Sie spielen sich immer so wissend und übermächtig auf«, antwortete Sor-Gun.»Leider geben sie dann aber keine Technik von ihnen weiter. Sie fordern nach einer Schutzmacht für die Milchstraße, füllen diesen Platz selbst aber nicht aus. Aus diesem Grunde sind sie mir suspekt. «

»Wenn ich einmal Zeit habe, erzähle ich ihnen bei einem privaten Treffen mehr von dieser Rasse«, konterte Atlanta.»Sie werden sich wundern, was sie alles erfahren werden. «

Ihr Blick trübte sich.

»Ich hätte wirklich gedacht, Thoran hätte eine Botschaft für mich hinterlassen«, flüsterte sie.

»Ich sehne mich schon lange nach einem privaten Treffen mit ihnen«, sagte Sor-Gun.

Scheinbar hatte er den letzten Satz von seiner Kommandantin nicht mitbekommen.

»Seit ich sie das erste Mal gesehen habe, begehre ich sie aus vollstem Herzen«, ergänzte er.

Atlanta blickte ihn irritiert an.
»So war das nicht mit dem privaten Treffen gemeint«, antwortete sie. »Uns verbindet lediglich unsere Basis. Ihnen sollte doch nicht entgangen sein, dass mein Herz Thoran gehört. Das wird sich so schnell auch nicht ändern.«

»Ich habe verstanden«, erwiderte Sor-Gun. »Thoran darf nicht mehr einreisen. Ich werde auf sie warten. «

»Hoffentlich wird ihnen die Zeit nicht zu lange werden«, fluchte Atlanta und ging weiter den Gang entlang.

Nach einer kurzen Wegstrecke, hatten sie die wissenschaftlichen Büros entdeckt.

Atlanta betätigte den Türmechanismus. Ruckartig zogen sich die beiden Glastüren auseinander.

Die Wissenschaftler blickten auf, als sie eintraten. Schnell nahmen sie Haltung an.

Ein stinkender Geruch lag in der Luft.

»Ich bin der leitende Wissenschaftler für die Untersuchungen an fremden Lebensformen«, stellte er sich vor. »Mein Name ist Vronkar. Wie kann ich ihnen helfen, Kommandantin? «

Er zog zwei Gesichtsmasken aus seiner Arbeitskleidung. Diese reichte er Atlanta und Sor-Gun.

»Setzen sie diese auf«, empfahl er. »Hiermit wird der Verwesungsgeruch abgehalten.

Atlanta setzte die Maske auf, Sor-Gun verzichtete hierauf. »Ich kenne den Gestank von unserem Kampf gegen die Bestien bereits«, sagte er. »Das ist nichts Neues für mich.«

»Was sind das für Wesen? «, fragte sie Vronkar. » Können sie mir bereits erste Informationen liefern. «

Der Wissenschaftler schüttelte seinen Kopf. »Solche schnell verwesenden Kreaturen sind uns noch nicht vorgekommen«, beantwortete er die Frage. »Diese Wesen scheinen von einer noch nicht spezifizierten Echsenart abzustammen. Sie besitzen zwei Herzen. Eines hiervon kontrolliert den Zustand ihrer grünen Hülle und die Regeneration ihres Brustpanzers. Das Zweite scheint für die motorischen Eigenschaften zuständig zu sein. Der massive Knochenbau lässt extreme Kräfte vermuten. Ihre Haut besitzt ein multidimensionales Wachstumsgen, das diese Wesen innerhalb von kurzer Zeit ausreifen lässt. Ihre spitzen Krallen sind schärfer als Messer. Nach unserer Meinung handelt es sich bei diesen Kreaturen um gezüchtete Wesen. «

»Ist das jetzt gut, oder schlecht für uns? «, erkundigte sich die Kommandantin.

»Wir sind erst am Anfang unserer Untersuchungen«, erwiderte Vronkar. »Doch eines scheint klar zu sein. Von diesen Wesen können innerhalb kürzester Zeit viele neue erschaffen werden. Sie wurden ausschließlich für den Kampf gezüchtet. «

»Wenn sie ihre Untersuchungen beendet haben, vernichten sie bitte alle Überreste in einem Atombrand«, befahl Atlanta. » Ich möchte nichts mehr von diesen

Wesen auf meiner Basis wissen. Ferner machen sie Aufzeichnungen für den Kaiser. Er muss hiervon unterrichtet werden.«

Vronkar nickte. »Selbstverständlich«, antwortete er. »Wir verbrennen die Überreste.«

Atlanta und Sor-Gun verließen die Labors. »Wie haben sie den Kampf gegen die Bestien empfunden?«, fragte die Kommandantin.

Der 1. Offizier blickte sie an. »Unser Team von Elite-Soldaten wurde bestens ausgebildet«, antwortete er. »Doch auch diese Sauroiden besitzen eine gewisse Schläue. Sie haben dazugelernt. Bei ihrem ersten Angriff konnten wir sie noch in ihrem Dickicht erkennen und waren gewarnt. Ihr zweiter Angriff kam überraschend. Sie überfielen uns von allen Seiten. Einige Sauroiden ließen sich aus den Baumkronen fallen und stießen mit ihren Krallen zu. Es ist nur unseren Kampf-Robotern zu verdanken, dass es nicht mehr Verletzte gegeben hat.«

»Es ist wirklich ärgerlich, dass mir diese Erinnerungen fehlen«, sagte Atlanta. »Es ist so, als ob ein Loch in meinem Kopf wäre.«

»Das wird schon wieder«, antwortete Sor-Gun. »Ich helfe, so gut ich eben kann. «

Atlanta hatte andere Gedanken.
»Ich muss Thoran erreichen«, dachte sie. »Nur er kann mir den genauen Ablauf des Tages schildern. Bei den Aussagen von Sor-Gun bin ich mir nicht sicher, ob sie der Wahrheit entsprechen.«

Vergeblich dachte sie nach, wie sie ihren lantranischen Freund erreichen könnte. Leider waren auch ihr die Koordinaten der lantranischen Heimatwelt unbekannt.

Die 10 lantranischen Schiffe traten aus dem Wurmloch-Fenster, nahe dem schwarzen Loch im Mittelpunkt der Milchstraße, in den Normalraum über. Die kleine Flotte verzögerte kurz, dann aktivierte sie ihre Hyperraumantriebe und sprangen in den künstlichen Orbit von Centros. Die Flotte reduzierte ihre Geschwindigkeit und setzte langsam auf dem bekannten Raumhafen auf. Die politische Abordnung stieg aus. Aritron und Thoran gingen auf den Gleiter zu, der beide zu der Hohen-Empore befördern sollte. Dort wartete man gespannt auf die Ergebnisse der Verhandlungen.

Der Gleiter hob ab und flog über die prächtige Stadt. Das Leben unterhalb pulsierte und vermittelte einen fortschrittlichen Eindruck. Der Gleiter näherte sich dem Verwaltungsgebäude und dem Sitz der hohen Empore. Langsam flog das Regierungsgefährt die reservierte Landebucht an. Aritron und Thoran stiegen aus. Die Wachen am Regierungseingang öffneten bereitwillig die Türen. Aritron blickte Thoran an.

»Wir teilen der Hohen-Empore nichts über deine Eskapaden mit«, sagte er. »Sie reagiert schon mal sehr komisch, wenn es um die Durchsetzung ihrer politischen Gedanken geht. Es reicht, wenn wir mitteilen, dass der natradische Kaiser auf eine Zusammenarbeit mit uns verzichtet. Hast du das verstanden?«

»Danke«, sagte Thoran. »Eigentlich bin ich mir keiner Schuld bewusst. Ich habe lediglich darum gebeten, mir die Eingeborenen von Tarid näher ansehen zu dürfen.«

»Wärst du auf der Basis geblieben, würde es diese Diskrepanz jetzt nicht geben«, murrte Aritron ihn an. »Sicherlich kannst du nichts dafür. Trotzdem hat dieser unverhoffte Angriff der Rigo-Sauroiden unsere Pläne mit den Natradern zu Nichte gemacht.«

»Warum konnte Brontan das nicht vorhersehen?«, fragte Thoran. » Er hätte uns warnen können. «

»Weil Brontan sein allwissendes Energie-Rad nicht jeden Tag in Richtung Natrid dreht«, antwortete Aritron. »Nur in Verbindung mit seinem Akteur-System kann er die Ereignisse der Zukunft herausfiltern. «

Beide Lantraner schritten auf eine große Pforte zu. Hierhinter tagte die hohe Empore und entschied über die weitere Zukunft des lantranischen Volkes.

Aritron pochte an der Pforte und öffnete sie. Die Geräuschkulisse verstummte.

»Treten sie ein, Weiser des lantranischen Volkes«, sagte der Vorsitzende des Rates. »Sie kommen hoffentlich mit guten Nachrichten zu uns. «

Aritron und Thoran verbeugten sich und ehrten den Rat. Mit zusammengekniffenen Augen blickte er jedes einzelne Mitglied des Rates an.

»Ich will sie nicht länger auf die Folter spannen«, teilte Aritron mit. »Der natradische Kaiser ist nicht bereit, die Schutzfunktion für alle Rassen in der Milchstraße zu übernehmen. Er hat unsere Vorschläge rigoros abgelehnt und uns wissen lassen, dass er eine Expansion nach Andromeda plant. Erste Kolonien wären bereits etabliert, weitere würden folgen. Wir haben ihn auf eine von uns erkannte Gefahr hingewiesen, die Natrid an den Rand des Unterganges bringen würde.

Der Kaiser glaubte uns nicht. Vielmehr hat er uns vorgeworfen, dass wir das natradische Imperium in seiner Expansion eindämmen wollten. Unsere Abordnung widersprach energisch. Doch es gelang uns nicht den Kaiser zu überzeugen. Quoltrin-Saar-Arel verbittet sich jede weitere Einmischung in seine inneren Angelegenheiten. Er hat uns ein striktes Einreiseverbot in sein Imperium erteilt. Wir haben seinen Wunsch akzeptiert. «

Der Sprecher des Rates sah seine Kollegen an.
»Das widerspricht den erwarteten Vorstellungen dieser Empore«, antwortete er langsam.» Wir hatten gehofft, der natradische Kaiser wäre seinen Expansions-Wünschen schon lange entwachsen. Dem scheint nicht so zu sein. Nach unseren Vorstellungen hätte das natradische Imperium den Schutz aller Species in der Milchstraße übernehmen können. Die Ressourcen hätten ausgereicht. Doch wir akzeptieren die Ablehnung des Kaisers. «

Die Mitglieder des Rates standen auf.

»Wir verkünden unsere lange diskutierte und aufgeschobene Entscheidung zum Wohl des Volkes«, sagte der Sprecher des Rates. »Viele der von uns unterstützen Rassen wollen sich nicht mehr helfen, oder belehren lassen. Einige von ihnen haben mit unserer Technik Kriege mit ihren Nachbarn begonnen und sich selbst vernichtet. Ihre fruchtbaren Planeten wurden zu Atomhöllen. Diese Erkenntnisse lassen uns zu folgendem Schluss kommen. Die lantranische Unterstützung für sich entwickelnde Rassen wird mit sofortiger Wirkung eingestellt.

Eine Einmischung unsererseits, oder durch Einzelpersonen des lantranischen Volkes wird unter Strafe gestellt. Zum Wohl unseres Volkes werden wir uns von der Sicherung und Beobachtung der Milchstraße zurückziehen. Ab heute gilt ein Reise- und Flugverbot für alle natradischen Raumschiffe. Jeglicher Kontakt zu anderen Rassen ist unerlaubt. Kontaktanfragen junger Species dürfen nicht angenommen, oder beantwortet werden. Die lantranische Rasse wird sich nur noch um sich selbst kümmern. Die heranwachsenden Species in der Milchstraße werden sich auf ihre eigene Evolution verlassen müssen.

Alle lantranischen Spezialisten, die im Außendienst tätig waren, werden neuen Aufgaben im inneren System übereignet. Eine Nichteinhaltung unserer Gesetze wird strenge Strafen zur Folge haben. «

Der Sprecher sah seine Kollegen an.

»Ich bitte um die einstimmige Genehmigung dieser Vorlage«, sagte er.

Die Ratsmitglieder drücken einen von zwei Knöpfen an ihrem Pult. Ein grünes Licht leuchtete oberhalb ihrer Köpfe auf.

Der Sprecher nickte.

»Das Gesetz ist einstimmig angenommen«, erklärte er. Aritron der Weiser unseres Volkes wird angewiesen, die Umsetzung und Einhaltung zu gewährleisten. «

Die Ratsmitglieder verbeugten sich und verließen den Saal. Aritron und Thoran blickten sich an.

»Jetzt haben wir ein Problem«, sagte Aritron. »Weißt du, was gerade passiert ist? «

»Ich habe es mitbekommen«, erwiderte Thoran. »Unserer Hohen-Empore ist der Geduldsfaden gerissen.

Sie hat befohlen, dass sämtliche Unterstützung für heranwachsende Species eingestellt wird.«

»Wir sitzen die nächsten Jahrhunderte auf Centros fest«, erkannte Aritron. »Wer weiß, wann die Empore ihren Entschluss revidiert.«

»Atlanta wird nicht begeistert sein«, schluckte Thoran. »Hiermit sind mir alle Möglichkeiten verbaut, sie kurzfristig wiederzusehen.«

»Nicht nur dir, Thoran«, antwortete Aritron. »Nicht nur dir.«

Suche nach dem Stützpunkt der Raguner

Realzeit, Sol-System, Neues-Imperium

Einige Tage waren vergangen. Der größte Teil der Alliierten-Flotte des Neuen-Imperiums wurde bereits durch den Wurmloch-Bahnhof in das heimatliche System verlagert. Dort formierten sich die Schiffe nahe Titan in ihre nationalen Geschwader.

Die Offiziere waren noch zu Gast bei Kanzler Tarn-Lim. Hier wurde die weitere Kontrolle der Adramelech durch die redartanische Flotte festgelegt.

Die Flotte von Admiral Tarin wurde zurückerwartet. Er hatte sich bereit erklärt, den Verband von Admiral Jordin'Rorxon zu begleiten. Sie sollten die verbliebenen Schiffe der Uylaner in den Außenbezirk des zeitversetzten Imperiums der Adramelech bringen. Dort flogen sie durch eine Sicherheitsschleuse in das normale Universum. Hiernach sollte ein neuer Code die Schleuse für immer verschließen.

Suterin, Informations-Offizier der Evakuierungsflotte von Admiral Tarin, war auf das Flaggschiff von Kanzler Tarn-Lim gewechselt. Er hatte sich bereit erklärt, das neue Konsulat, auf dem fünften Planeten des Adramelech-Systems zu leiten. Es mussten noch Vorbereitungen getroffen werden. Der Aufbau des Konsulats sollte mit modernen, vorgefertigten Wohnmodulen durchgeführt werden. Diese fanden bereits auf dem Heimatplaneten der Morina ihren ersten Einsatz. Wie Commander Stuart mitteilte, waren sie zweckmäßig und ausreichend groß genug konzipiert worden. Neben einem Dreifach-Kreuzfeld-Schutzschirm, der nach den Vorgaben lantranischer Wissenschaftler entwickelt und produziert wurde, beinhaltete das Konsulat 12 natradische Abwehrtürme, eine eigene Energieversorgung und zahlreiche Raumschiffe zum eigenen Schutz und als Kurierschiffe.

Der Kanzler hatte 30.000 redartanische Zerstörer in dem Heimat-System der Adramelech belassen. Sie sollten die erste Zeit den reibungslosen Ablauf des Friedens-Vertrages kontrollieren. Major Travis befahl ebenfalls 5.000 Schiffe des Neuen-Imperiums als Schutz für die eintreffenden Unterstützungs-Transportschiffe in diesem Sektor belassen. Die zahlreichen Wissenschaftler, Techniker und Spezialisten des Imperiums halfen den Adramelech bei dem Aufbau der überbrachten Anlagen und wiesen sie in die Bedienung ein.

In der neuen Hauptstadt des fünften Planeten, der zukünftig die leitende Rolle in dem Hoheitsgebiet zugedacht wurde, begannen die Adramelech mit der Modernisierung und der Erweiterung vorhandener

Gebäude. Hier sollten in wenigen Wochen alle Daten zusammenfließen.

Die politische Führung der Republik Redartan hatte sich in der ehemaligen kaiserlichen Pyramide versammelt und bedankte sich bei der Führung der Flotte des Neuen-Imperiums.

Kanzler Tarn-Lim hatte sich erhoben.
»Im Namen der Republik Redartan danke ich ihnen für ihre Unterstützung«, sagte er. »Dank ihrer entschlossenen Hilfsleistung, konnte das Imperium der Mächtigen in seine Schranken gewiesen werden. Es hat sich für uns das erste Mal gezeigt, dass wahre Freunde durch nichts zu ersetzen sind. Wir werden unsere Aufgaben im Rahmen des Neuen-Imperiums erfüllen. Sobald wir Anzeichen für Unstimmigkeiten finden sollten, werden wir Natrid informieren.

Wir haben erkannt, so unterschiedlich auch die Mitglieder sein mögen, sie alle stehen für das gleiche Ziel ein. Für die Sicherheit und den Schutz ihrer Rassen. Aus diesem Grunde sind wir ausgerückt und konnten rechtzeitig die Vernichtung der Heimatwelt der Adramelech durch die Uylaner verhindern. Unser ursprüngliches Ziel war es, die Flotte der Mächtigen zu schwächen, um sie von einem Angriff auf das redartanische Hoheitsgebiet abzuhalten.

Nach dem heutigen Stand der Dinge, scheinen uns die Adramelech dankbar zu sein, dass wir sie von ihrem Regenten befreit haben. Es ist möglich, dass sie sich nach geraumer Zeit als Verbündete erweisen werden. Doch erstmals müssen sie mit den neuen Gegebenheiten, unserem Konsulat und dem Aufbau von Wohneinheiten, Industriegebäuden und ihrer Infrastruktur zu Recht kommen. Unsere Spezialisten begleiten sie hierbei. Ich hoffe, dass sie auch noch in einigen Wochen so euphorisch ans Werk gehen, um ihre geplante Republik zu verwirklichen. «

Major Travis erhob sich.

»Wir haben gerne geholfen«, antwortete er. »Unser Ursprung ist das Sol-System in der Milchstraße. Wir alle stammen von natradischen Einflüssen ab. Was liegt ferner, als sich gegenseitig zu helfen. Wichtige Aufgaben liegen vor uns. Trotzdem werden wir den Kontakt untereinander aufrechterhalten. Hierzu zähle die auch die Flotte von Admiral Tarin. Ich schlage vor, dass wir uns vierteljährlich treffen, um neue Informationen auszutauschen. Die Orte dieses Treffens rotieren. Das wird ein Gipfeltreffen aller Rassen des Neuen-Imperiums sein.

Ich werde auch die restlichen Mitglieder informieren unseres Planetenverbundes informieren, die nicht an dieser Mission teilgenommen haben. Ich denke aber, dass diese Treffen hervorragend geeignet sein werden, um unsere Kontakte weiter zu intensiveren. Es ist egal, ob die Kanzler, Präsidenten und Anführer persönlich erscheinen, oder ob sie eine stellvertretende Abordnung entsenden. Es geht nur um den Austausch neuer Informationen und um die Weiterentwicklung der Zusammenarbeit in unserem Imperium. «

Die versammelten Politiker applaudierten. Der größte Teil war mit dem Vorschlag einverstanden.

»Ich werde nicht immer dabei sein können«, lächelte Aritron. »Aber in Heran und Thoran haben sie vertrauensvolle Vertreter des lantranischen Volkes. Sie werden die richtigen Entscheidungen treffen. «

Major Travis nickte.
»Wo ist Heran überhaupt? «, fragte er.» Er hat sich die letzten Tage unsichtbar gemacht. «

»Heran ist unser fähigster Wurmloch-Spezialist«, lächelte Aritron. »Er ist leider nicht geeignet, um immer alle Befehle konsequent durchzusetzen. Vermutlich hat er sich zurückgezogen, weil ich die lantranische Flotte geleitet habe. Das wird ihm nicht geschmeckt haben. Mein Rückflug nach Centros steht unmittelbar bevor. Ich bin sicher, wenn ich mit unserer Flotte zurückfliege, wird er sich wieder bei ihnen melden. Sagen sie ihm bitte, dass Aufgaben auf ihn warten. Es sind zahlreiche Wurmloch-Stationen zu kontrollieren. Er sollte nicht Tarid als seine neue Heimat ansehen.«

»Heran ist ein guter Mann«, erwiderte der Major. »Ich mag ihn sehr. Er ist zuverlässig und hilfsbereit. Ganz anders, als man sich einen Unsterblichen vorstellt.«

Aritron schüttelte seinen Kopf.
»Ich erkenne bereits, dass ich bei ihnen auf taube Ohren stoße«, antwortete er. »Sorgen sie mir bitte dafür, dass Thoran nicht auch noch so wird. Er hat mich gebeten, später zurückfliegen zu dürfen. Er wollte noch einige Tage bei Atlanta bleiben.«

Major Travis lächelte.
»Die beiden kennen sich schon länger«, antwortete er. »Ich schätze Atlanta sehr. Sie kennt alle Details ihrer großen Basis.«

»Das ist mir bewusst«, antwortete Aritron. »Ich habe vor wenigen Minuten einen Funkspruch erhalten, dass meine

Flotte sich oberhalb von Titan formiert hat. Ich verlasse sie jetzt und danke für ihre Unterstützung.«

»Wir haben zu danken«, lächelte Major Travis.» Auch für sie war es nach der Zurückgezogenheit ihres Volkes die erste größere Außenmission. Ich denke, ihre Hohe-Empore wird zufrieden sein.«

»Das sehe ich auch so«, erwiderte der Weiser des lantranischen Volkes.

Er gab Major Travis die Hand und verabschiedete sich. Auch bei den restlichen Befehlshabern der Alliierten-Flotte ließ er es sich nicht nehmen, sich persönlich zu verabschieden. Dann geleiteten ihn seine Sicherheits-Soldaten aus dem Gebäude zu dem Raumflughafen. Hier wartete ihr Schiff auf sie.

Kanzler Tarn-Lim kam auf Major Travis zugeschritten. »Das Schiff von Admiral Tarin setzt zur Landung an«, teilte er mit. »Er hat mit einer Flotte von Admiral Jordin'Rorxon den Rückflug der Uylaner begleitet. Der Flug verlief ohne Schwierigkeiten. Die Schiffe der Uylaner haben die Sicherheitsschleuse der Adramelech passiert. Er hat Adra'Metun und fünf weitere Adramelech mitgebracht. Sie wollen das Konsulat übernehmen.«

»Das ging aber schnell«, staunte der Major. »Ich dachte Admiral Jordin'Rorxon würde noch Zeit zum Überlegen brauchen.

»So kann man sich täuschen«, lächelte der Kanzler. »Adra'Metun hat Commander Niras-Tok als Unterstützung angefordert. Die beiden scheinen sich gut zu verstehen. Der Commander soll die Adramelech informativ begleiten, dass sie sich besser in die Kultur und die Struktur unseres Planeten einfinden. «

Major Travis nickte.
»Das ist keine schlechte Idee«, antwortete er. »Redartan ist neu für sie. Vermutlich wollen sie sich vorsichtig an unsere Lebensart herantasten. Ist das Gebäude schon geräumt, dass sie ihnen als Konsulat zur Verfügung stellen wollen? «

Der Kanzler nickte.
»Es steht der Abordnung der Adramelech zur Verfügung«, antwortete er. »Sie können sich dort einrichten. «

Die beiden schritten auf Morass und Raise Zyran und auf Admiral Dragphan und Commander Breckphan zu.

»Ihnen möchte ich ebenfalls unseren aufrichtigen Dank aussprechen«, sagte Commander Tarn-Lim. »Ihre

Unterstützung war ein freiwilliger Akt und wird von uns entsprechend hoch bewertet. Nicht nur, dass sie uns ohne Anfrage unterstützt haben, sie konnten uns auch die Angst vor fremden Rassen nehmen. Wir haben erkannt, obwohl sie ganz anders aussehen als wir, dass viele Wesen ein Herz des Mitgefühls haben. Major Travis hat Recht. Alle Rassen haben das gleiche Ziel. Ihren Planeten und ihre Rasse zu schützen. Wir haben erkannt, dass es mit Freunden wesentlich einfacher geht. «

Er gab den Green-Lizard und den Worgass die Hand. »Melden sie sich, wenn wir uns revanchieren dürfen«, erwiderte er. »Auch wir sind uns unserer Verantwortung als Mitglied des Neuen-Imperiums bewusst. «

»Das haben wir gerne gemacht«, antwortete Admiral Dragphan. »Ich hoffe sehr, dass uns Major Travis das nächste Mal informiert, wenn sich das Neue-Imperium für eine Mission formiert. Auch wir wollen unseren Beitrag leisten. «

»Das verspreche ich ihnen«, lächelte der Major. »Sie werden beteiligt werden. «

»Wir fliegen zurück«, sagte Morass. »Zu Hause wartet viel Arbeit auf uns. «

»Ich wünsche ihnen einen guten Flug«, sagte Major Travis. »Wir sehen uns bald wieder. «

Die Befehlshaber der Flotten drehten sich um und schritten zur Türe. Diese öffnete sich in diesem Moment und Admiral Tarin trat mit drei seiner Offiziere in den Saal.

Er blickte auf die Green-Lizards und die Worgass. » Sie wollen uns schon verlassen? «, erkundigte er sich. » Das ist schade. Ich habe mich gerade an sie gewöhnt.«

Morass lachte. »Sie haben erkannt, dass wir grüne Sauroiden doch nicht so schlimm sind? «, erkundigte er sich.

Der Admiral nickte. »Sie haben mich erkennen lassen, dass es auch unter ihrer Gattung zahlreiche Unterschiede gibt«, erklärte er. »Die Rasse, die unseren Heimatplaneten angegriffen hat, war anders als sie. Sie kannten keine Gnade. Nach ihnen werden wir weitersuchen. «

»Wenn sie Hilfe brauchen, melden sie sich einfach«, sagte Admiral Dragphan. »Mein Freund Morass und ich werden zur Stelle sein. «

Admiral Tarin gab den Befehlsführern die Hand.

»Es hat mich gefreut sie kennenzulernen«, sagte er. »Sie haben mein Bild von sauroiden Wesen grundlegend verändert. Kommen sie gut nach Hause.«

Die Green-Lizards und die Worgass verließen den redartanischen Versammlungsraum. Der Admiral und seine Begleiter gingen auf Kanzler Tarn-Lim und Major Travis zu.

»Die Uylaner sind fort«, sagte der Admiral. »Sie haben keine Probleme gemacht. Admiral Jordin'Rorxon lässt ihnen Grüße ausrichten und hofft auf ein schnelles Wiedersehen.«

»Danke«, antwortete der Major. »Überfordern wir die Adramelech nicht. Sie müssen in aller Ruhe ihren Weg finden. Wenn sie ihre Republik ausgerufen haben, werden wir weitere Verhandlungen führen.«

Er blickte den Admiral an.
»Ich denke, diese Vorgehensweise sollte auch Konsul Suterin berücksichtigen«, ergänzte er.

»Das wird er«, lächelte der Admiral. »Er ist in solchen Fragen geübt. Ich treffe ihn gleich noch vor unserem Rückflug und weise ihn nochmals entsprechend an. Zukünftig wird er unter ihrem Befehl stehen, Kanzler

Tarn-Lim. Bevorzugen sie ihn nicht, sondern sehen sie ihn wie ein normales Mitglied ihrer Verwaltung. «

»Das habe ich vor«, bestätigte der Kanzler. »Wo ist Adra'Metun? «

»Er ist in der Leitstelle auf Commander Niras-Tok getroffen«, erklärte Admiral Tarin. »Ein Offizier ihres Teams hat sie zu dem neuen Konsulat gebracht. Er inspiziert die Räumlichkeiten. «

»Wir kümmern uns um ihn«, sagte der Kanzler. »Er wird Personenschutz bekommen. «

»Werden sie noch etwas bei uns bleiben? «, fragte Major Travis.

Der Admiral nickte ihm zu.
»Wenn wir ihre Gastfreundschaft weiter in Anspruch nehmen dürfen, würde uns das freuen«, antwortete er. »Ich möchte mit Marin und Gareck den Datenwürfel auswerten, den ich von Admiral Jordin'Rorxon bekommen habe. Vielleicht gibt er uns neue Anhaltspunkte. «

»An dem Gespräch würde ich auch gerne teilnehmen«, entgegnete der Major. »Die Informationen interessieren mich ebenfalls. «

»Brechen wir auf«, sagte Admiral Tarin. »Wir haben schon viel zu lange den Kanzler von seiner Arbeit abgehalten. «

Major Travis nickte. »Ich gehe auf mein Schiff und fliege zurück nach Natrid«, sagte er. »Meine Flotte hat ihre Schiffe bereits verlagert.«

»Ich werde mich noch kurz bei Suterin verabschieden«, antwortete der Admiral. »Ich folge ihnen später. «

Kanzler Tarn-Lim bedankte sich noch einmal für die Unterstützung und begleite die Personen aus der ehemaligen Pyramide des Kaisers. Admiral Tarin schritt mit seinen Begleitern zu Fuß den Boulevard entlang. Das neue Konsulat war nicht weit entfernt. Major Travis bestieg einen schwarzen Regierungs-Gleiter. Dieser brachte ihn zum Raumflughafen. Hier standen die Termar 1 und das Flaggschiff von Admiral Tarin.

Die große Hypertronic-KI von Tarid informierte ihren mobilen Arm, dass die lantranische Flotte im Sol-System materialisiert war. Sie teilte Atlanta mit, dass die Flotte ein Wurmloch geöffnet hatte und hineingeflogen war.

Nur zwei der Schiffe waren im Sol-System geblieben. Eines von ihnen landete auf dem Raumhafen von Titan. Das zweite Schiff schlug einen direkten Kurs zu Tarid ein.

»Es sieht aus, als ob du Besuch bekommst«, teilte die M-KI mit. »Der Evolutions-Raumer bittet um Landeerlaubnis. Es besitzt die ID's von Thorans Schiff. «

»Landegenehmigung wird erteilt«, freute sich Atlanta. »Er ist nicht abgeflogen, ohne sich zu verabschieden. «

»Ich bemerke deine Erregung«, teilte die M-KI ihre Gedanken mit. »Ich habe in der Abwesenheit unserer Flotte meine Datenspeicher überprüft und neu konfiguriert. Dabei bin ich auf eine Unstimmigkeit gestoßen. «

»Welche Unstimmigkeit? «, fragte Atlanta.
»Es handelt sich um eine Datenlücke«, antwortete die M-KI. »Ich habe eine zeitweise Unterbrechung deiner Datenübermittlung festgestellt. «

»Das kann nicht sein«, antwortete Atlanta. »Du stehst mit mir mental in Verbindung. Eine Unterbrechung findet nur statt, wenn ich mich an einer Mission beteilige und ich mich außerhalb deines Empfangsbereiches befinde. «

»Das ist mir natürlich bewusst«, entgegnete die M-KI.» Doch es gab vor 250.000 Jahren einen Zwischenfall auf der englischen Insel. Auf Wunsch von Thoran wolltet ihr zu den Eingeborenen dieser Insel Kontakt aufnehmen. Das scheint auch gelungen zu sein. Die ersten Daten von eurem Ausflug liegen mir vor. Du teiltest mir mit, dass sich die Lebensform in dem heutigen Wales sehr verändert hätte. Die Eingeboren wiesen einen aufrechten Gang auf und hatten einen runden Kopf, wie er noch heute bei den Menschen zu erkennen ist. «

»Worauf willst du hinaus? «, fragte Atlanta ungeduldig.

»Du erklärtest mir, dass sich die Eingeborenen Kombrogi nennen«, erklärte die M-KI.»Thoran und du haben ihnen Hilfe geleistet, da sie zwei ihrer Freunde suchten, die nicht mehr aus einem freigelegten Höhleneingang zurückgekommen waren. Danach hörten die Übertragungen auf. Im Verlaufe des Tages wurdest du getötet und von einem Rettungskommando zu mir zurückgebracht. Du erhieltest einen neuen Körper, doch die fehlenden Erinnerungen des Tages konnten nicht eingespeist werden, da sie mir nicht vorlagen. «

Atlanta dachte nach.

Sie durchsuchte ihre abgelegten Erinnerungen. Nach kurzer Zeit wurde ihr Gesicht ernst. Falten legten sich auf ihre Stirn.

»Du hast Recht«, antwortete sie. »Meine Erinnerungen stimmen mit deinen Angaben überein. Die zweite Hälfte des Tages ist nicht mehr rekonstruierbar. Es ist mir nicht aufgefallen, weil die Zeitspanne so weit zurückliegt. Warum hast du nicht Thoran hiernach befragt? «

»Weil Thoran im Rahmen von politischen Konsultationen in unser System gekommen war«, teilte die Hypertronic-KI mit. »Der Zwischenfall auf der Insel, auf dem auch ein atlantischer Pilot und fünf Soldaten des Rettungs-Kommandos getötet wurden, hatten unseren Kaiser sehr verstimmt. Er brach die politischen Gespräche mit den Lantranern ab und verbot ihnen jemals wieder in das Sol-System einzufliegen. Das war auch der Grund, warum Thoran sich so lange nicht mehr sehen lassen konnte. Der lantranische Weiser hatte es ihm unter Androhung einer Strafe verboten. «

»Dann ist es wahr, dass der Kaiser ihm den Kontakt zu mir verboten hatte«, fluchte Atlanta. »Ich habe Thoran die ganze Zeit zu Unrecht Vorwürfe gemacht. «

»Indirekt schon«, erwiderte die M-KI. »Aber das betraf nicht nur Thoran, sondern die ganze lantranische Rasse. Seit Kaiser Quoltrin-Saar-Arel in einer Zelle auf Tattarr schmort, haben sich die Wogen zu den Lantranern geglättet. «

»Die positive Entwicklung hat nichts mit der Inhaftierung des Kaisers zu tun«, korrigierte Atlanta ihre M-KI. » Seit Major Travis sich mit Heran anfreunden konnte, profitieren wir von dieser Verbindung. Muss ich erst die technischen Weiterentwicklungen aufzählen, die wir mit Hilfe lantranischer Technik bewerkstelligen konnten? «

»Du hast Recht«, bestätigte die M-KI. »Entschuldige, ich hatte zu oberflächlich argumentiert. Alles dreht sich in die gleiche Richtung. Nur wer die Technik versteht, kann sie weiterentwickeln. «

Atlanta winkte ab.
»Ich werde Thoran nach den Geschehnissen, während meines Datenverlustes befragen«, antwortete Atlanta. »Diese Informationen übersende ich dir, zwecks vervollständig deiner Daten. «

»Ich freue mich hierauf, die Lücke in meinem Speicher schließen zu können«, antwortete die M-KI. »Sicherlich wird dir nicht gefallen, was du hören wirst. Du erinnerst dich nicht, aber du bist getötet worden. Dein Körper wies starke Verletzungen auf, die von den Krallen eines Rigo-Sauroiden herstammen.«

»Ich habe mit Rigo-Sauroiden gekämpft?«, erkundigte sich Atlanta.» Wie kamen diese zu der Zeitepoche auf die Insel?«

»Es handelte sich um einen Fehler der Natrid-Hypertronic-KI«, teilte die M-KI mit.»Ein natradischer Offizier der Leitstelle in Tattarr hatte einen kurzen Moment einen fremden Ortungsreflex, nahe den Satrid-Ringen bemerkt", erklärte die M-KI.»Doch die Hypertronic-KI löste keinen Alarm aus. Vermutlich war sie sich nicht sicher. Aufgrund der Nachfrage des Offiziers gab sie zur Antwort, dass es im Moment bei den Sensoren in der Nähe zu Satrid zu Störungen kommen konnte. Als Ursache wurden von ihr die starken Sandstürme auf dem Planeten und Gravitations-Anomalien angegeben. «

Atlanta schüttelte ihren Kopf.
»Hierüber fehlen mir die Informationen«, bemerkte sie.

»Zwischen uns bestand keine Verbindung«, antwortete die M-KI.»Nur durch den hartnäckigen Offizier der Leitstelle wurden die Daten nochmals geprüft. Tatsächlich wurde ein kleines unbekanntes Raumschiff entdeckt, dass anscheinend gerade in der Nähe der Staubringe von Satrid materialisiert war. Es wurde sofort ein vollständiger Systemalarm ausgeführt. Alle Flotten-Kampfstationen, Basen und Werften wurden in Alarmbereitschaft versetzt. Der diensthabende Commander befahl den Start der schnellen Abfangverbände und der Schiffe Heimatverteidigung. Ich erhielt ebenfalls die Meldung und fuhr alle Abwehrtürme aus. Plötzlich schlugen meine Instrumente an.

Ich registrierte, wie ein kleines Raumschiff in der Atmosphäre meines Planeten materialisierte. Es musste seinen Hyperraumsprung falsch berechnet haben. Ein Abwehrgeschütz erfasste das Schiff und gab drei gezielte Salven ab. Einer hiervon traf das Schiff und schlug in die Antriebe ein. Das Raumschiff fing an zu trudeln. Es zog eine dunkle Rauchwolke hinter sich her. Meine Sensoren registrierten, wie zahlreiche Brems- und Abfangdüsen aktiviert wurden. Doch es war zu spät. Das fremde Schiff konnte die enorme Geschwindigkeit nicht mehr abfangen. Trotzdem gelang der Waffenautomatik des Schiffes, den wartenden Gleiter unserer Basis am Boden mit seinen Laserstrahlen zu vernichten.

Mit lauten pfeifenden Geräuschen stürzte das fremde Schiff aus den Wolken dem Erdboden entgegen. Fast ungebremst schlug der Flugkörper unterhalb eines Hügels in den Wald ein. Eine laute Explosion war zu registrieren. Dann stiegen grelle Stichflammen auf und verpufften zum Himmel hin. «

»Dann scheinen einige Mitglieder der Besatzung überlebt zu haben?«, fragte Atlanta.

»Das ist richtig«, erwiderte die M-KI. »Sie flüchteten in den angrenzenden Wald. Du und Thoran, in Begleitung einiger Kombrogi, haben die Verfolgung aufgenommen. Hier enden meine Beobachtungen. Ich habe später erst die Daten des Rettungskommandos hinzugefügt, als sie mir deinen toten Körper übergaben. Vor und nach meinen eigenen Beobachtungen war der informative Datenfluss zwischen uns gestört. Es konnte bis heute nicht geklärt werden, warum das damals so war. «

Atlanta überlegte angestrengt. Doch sie fand keine neuen Erinnerungen.

»Ich weiß es nicht«, teilte sie ihrer M-KI mental mit. »Durch die Störung unserer Verbindung fehlen einige Stunden. Ich werde Thoran befragen. «

»Er ist gerade gelandet«, teilte die Hypertronic-KI der Basis mit. »Empfange ihn am Eingangsbereich. Er kommt in schnellen Schritten über das Landefeld. «

»Danke«, sagte Atlanta. »Ich gehe zu ihm.«

Dann verließ sie den geheimen Raum der Hypertronic-KI, den nur sie kannte.

Eiligen Schrittes und in freudiger Erwartung lief sie die Gänge entlang. Sie sprang in den nächsten Anti-Grav-Aufzug und ließ sich 12 Stockwerke höher gleiten. An den Haltegriffen zog sie sich aus dem Lift und lief den breiten Korridor entlang. Dort kam sie in den großen Eingangsbereich der Basis. Hier war immer sehr viel Betrieb. An dem Empfang standen drei freundliche Mitarbeiterinnen und kümmerten sich um die Wünsche der Besucher, Lieferanten oder Offiziere. Sie alle hatten ein Anliegen. Andere Besucher saßen in den angenehmen Lounge-Sesseln und warteten auf ihren Gesprächspartner.

Sie nickte ihren Damen an der Rezeption kurz zu und ging auf die breite Türe zu. Die zwei Sicherheits-Soldaten erkannten sie sofort und salutierten. Atlanta erwiderte den Gruß. Bereitwillig öffneten die Soldaten ihr die Doppeltüre. Atlanta trat ins Freie. Ein heißer Wind schlug ihr ins Gesicht. Es war ein schöner Tag mit warmen Temperaturen. Sie blickte in den Himmel. Nur die gelbe Sonne war in dem blauen Firmament zu erkennen.

Geblendet schloss sie die Augen und senkte ihr Gesicht. Als sie diese wieder öffnete, legte sich ein breites Grinsen auf ihr Gesicht.

Thoran war noch 500 Meter von dem Eingang entfernt. Mit einem strammen Schritt kam er über das Flugfeld. Sie winkte ihm zu. Er lächelte sie an. Er beschleunigte seinen Schritt und lief die letzten Meter. Dann umarmte er sie, hob sie hoch und drehte sich mit ihr dreimal um die eigene Achse.

Atlanta schlug ihm auf die Schulter.
»Genug«, fluchte sie. »Was sollen meine Offiziere denken?«

»Das ist mir egal«, antwortete Thoran. »Ich habe dich vermisst.«

Langsam setzte er Atlanta auf den Boden. Sie lächelte ihn verführerisch an. Dann drückte er ihr einen Kuss auf den Mund.

Verlegen drehte sie sich um und schaute zu den Soldaten am Eingang ihrer Basis. Die hatten ihre Gesichter vorsorglich abgedreht und schauten nach links und nach rechts.

»Gehen wir in meine Unterkunft«, hauchte sie ihm zu.

Thoran schmunzelte sie an.
»Darauf habe ich gehofft«, antwortete er.

Sie blinzelte ihn kurz an und zog ihre Uniform gerade.
»Ich habe nachher einige Fragen an dich«, sagte sie. »Mir fehlen einige Erkenntnisse aus der Vergangenheit. Vielleicht kannst du mir helfen, sie zu rekonstruieren. «

Thoran stutzte.
»Werden deine Eindrücke nicht direkt von der M-KI abgespeichert? «, fragte er.» So wie ich weiß, seid ihr doch mental verbunden? «

»Das erkläre ich dir später«, hauchte sie ihm zu.

Thoran lachte sie an.
»Das liebe ich an dir«, erwiderte er.

Die Sicherheits-Soldaten öffneten bereitwillig die Doppeltüre. Schnellen Schrittes durchquerten sie den Empfangsbereich. Der naheliegende Lift brachte sie in das 12. Stockwerk des Verwaltungsturmes. Hier lag ihr großzügiger Wohnbereich. Vielleicht durch ihre Kompetenz und ihr Vertrauen gegenüber Kaiser Quoltrin-

Saar-Arel, hatte er ihren Wohnbereich deutlich vergrößert und exklusiv ausgestattet.

Atlanta gab ihren Code an der Türe ein und öffnete sie. In dem Wohnbereich war es angenehm kühl. Thoran stieß sie durch die Türe.

Verärgert drehte sie sich zu ihm um. Er hob sie hoch und trug sie zu ihrem breiten Bett. Sie wollte protestieren, doch ihre Stimme versagte. Sein Charme hatte sie bereits in seinen Bann gezogen. Liebevoll legte Thoran sie auf ihr Bett und küsste sie innig. Ihre Hände griffen in sein krauses schwarzes Haar und zogen seinen Kopf zurück. Schelmisch blickten sich vier hellblaue glitzernde Augen voller Sehnsucht an. Ihr Blick suchte förmlich nach den Dingen, die noch kommen sollten.

Er spürte ihr heißes Verlangen und zog sie an sich. Langsam näherten sich ihre Lippen zu einem intensiven, feurigen Kuss. Beide sprangen auf und fingerten an den Verschlüssen ihrer Taja's herum. Nur widerwillig ließen sich die Kampfanzüge abstreifen. Atlanta zog Thoran die Unterkleidung herunter. Vor Muskeln protzend stand er in seinem Adamskostüm vor ihr. Er lächelte sie an und riss ihr dünnes Seidenhemd in zwei Teile. Dann streifte er ihr mit einer Hand den Slip herunter. Sie spannte ihre Muskeln. Thoran nickte anerkennend.

»Mir ist bewusst, dass du stark bist«, flüsterte er ihr zu. »Das beziehe ich aber nicht nur auf deine Muskeln«.

»Das kann nur von einem Experten kommen«, antwortete sie leise.

Dann wollte sie mehr. Sie fielen auf ihr Bett. Thorans Hände glitten über ihren ganzen Körper. Atlanta schwang sich auf ihn. Sie bedeckte sein Antlitz mit feurigen Küssen. Ihre blonden schulterlangen Haare fielen in sein Gesicht. Atlantas Hüfte vollführte kreisende Bewegungen. Sie fing an zu beben, zu schnaufen. Thoran zog sie zur Seite, neben sich. Seine Hände fuhren zärtlich über ihre wohlgeformten Brüste zu ihrem Bauchnabel herunter, dann weiter zwischen ihre Beine. Atlanta schrie leidenschaftlich auf. Ihre langen Schenkel rieben sich gegen seine. Dann fingen ihre Körper Feuer.

»Wir sind noch nicht gewaschen«, flüsterte sie ihm zu. »Sollten wir nicht erst einmal duschen gehen. «

Sie erhielt keine Antwort mehr. Er hatte ihre Schenkel geöffnet und legte sich auf sie. Seine Hände suchten ihre magischen Punkte. Atlanta bewegte sich wie eine

Schlange. Sie wurde ungehemmt. Ihre weiblichen Instinkte brachen aus. Ihr unsterblicher Geliebter war eingetroffen. So lange hatte sie auf ihn warten müssen. Doch er war nicht einfach fortgeflogen. Sie wusste, dass sie in seinen Gedanken war. Jetzt wollte sie sich bei ihm bedanken, mit aller weiblichen Wollust, die ihr möglich war. Thoran hatte sich das gewünscht. Sie war seit Tausenden von Jahren seine Traumfrau. Er begehrte sie, seit er sie zum ersten Mal gesehen hatte.

Sie war die Kunstfrau, wonach er immer gesucht hatte. Atlanta war nicht nur intelligent pfiffig und sportlich, sie konnte auch noch auf eine gigantische Datenbank mit Wissen zurückgreifen, die ihre M-KI für sie bereitstellte. Diese Frau hatte er Zeit seines Lebens gesucht. Er wusste, dass er dieses Geschenk nicht mehr abgeben würde. Ihre Bewegungen nahmen an Intensität zu. Seine Hände hatten sie in Ekstase gebracht. Laut schrie sie auf. Dann drang er in sie ein. Es wurde zu einem Kampf. Sie schenkten sich nichts. Immer wieder flackerte das Verlangen nach dem unsterblichen Partner auf. Erschöpft, aber glücklich und zufrieden schliefen sie nach Stunden eng umschlungen ein.

Ein neuer Tag hatte begonnen. Als Thoran die Augen öffnete, blinzelten Sonnenstrahlen in das Fenster von Atlantas Unterkunft. Ein verlockender Duft von Kaffee lag in der Luft. Geräusche aus dem Bereich der Kochnische, ließen Thoran seinen Kopf drehen. Atlanta hatte sich bereits angekleidet und bereitete ein Frühstück vor. Ihre bevorzugte Arbeitskleidung war der schwarze Kampfanzug. Wieder hingen zwei schwere natradische Laserstrahler beidseitig in den Holstern. Thoran richtete sich auf. Langsam stand er auf und schlich sich an Atlanta heran. Blitzschnell umfasste er sie und drückte ihr einen Kuss auf den Hals. Geschmeidig drehte sie sich um und lächelte ihn an. Sie blickte an ihm herunter.

Er stand nackt vor ihr und schmunzelte. »Nicht schon wieder«, sagte sie. »Wir müssen wichtige Fragen rekonstruieren. Mach dich frisch und zieh dir etwas an. Möglicherweise haben wir später noch Zeit für andere Dinge. «

Thoran verzog sein Gesicht. »Sehr schade«, antwortete er. »Ich habe die gestrige Nacht richtig genossen. Das sollten wir jetzt öfter machen. «

»Das ist mir klar«, konterte Atlanta. »An mir liegt es nicht. Dann wirst du öfter Besuche auf meiner Basis einplanen müssen. Ob Aritron hiermit einverstanden ist, das steht noch in den Sternen. «

Thoran verschwand in der Nasszelle. Sie blickte ihm nach und grinste.

»Auch ich habe die gestrige Nacht genossen«, dachte sie. »Aber alles muss ich ihm ja auch nicht erzählen.«

Als Thoran frisch geduscht und angekleidet zurückkam, hatte Atlanta bereits den Tisch gedeckt. Frische Brötchen, Käse und Marmelade rundeten das Gedeck ab. Die Tassen waren bereits mit Kaffee gefüllt. Daneben standen Gläser mit Orangensaft.

»Ich liebe dein Frühstück«, lächelte Thoran. »Bei uns gibt es lediglich unverderbliche Langzeitnahrung. Frische Lebensmittel wurden aufgrund der Verderblichkeit schon lange abgeschafft.«

»Ich verstehe«, sagte Atlanta. »Nichts wird bei euch vergeudet. Alle Ressourcen müssen verbraucht werden.«

»Langsam verstehe ich, warum sich Heran so gerne bei euch aufhält«, sagte Thoran. »Man kann sich sehr schnell an alle guten Dinge gewöhnen.«

Atlanta reichte ihm ein halbes Brötchen, bestrichen mit Butter und Erdbeermarmelade.

Thoran nahm es an sich und biss hinein. Seine Geschmackssinne explodierten.

»Nicht zu vergleichen mit unseren synthetischen Produkten«, sagte er begeistert.» Das hier ist ein Geschenk. Fantastisch, ich liebe es. «

Atlanta trank einen Schluck heißen Kaffee. Sie blickte Thoran durchdringend an.

Ihre Blicke trafen sich.
»Was ist? «, fragte er.

»Ich wollte dich etwas fragen? «, antwortete sie.» Mir fehlen einige Erkenntnisse aus der Vergangenheit. «

»Dir fehlen Daten aus der Vergangenheit? «, wiederholte er die Frage.»Du kannst diese wirklich nicht aus dem Speicher deiner M-KI abrufen? «

Atlanta grinste ihn an.
»Nein«, erwiderte sie.»Es gab eine Störung in unserer mentalen Verbindung. Ich brauche deine Erinnerungen. Sie sind nicht übertragen worden. «

Thoran schaute sie fragend an.

»Erinnere dich bitte 250.000 Jahre zurück«, sagte sie. »Die lantranische Führung war zu politischen Gesprächen mit unserem Kaiser Quoltrin-Saar-Arel zusammengetroffen. Das Treffen stand unter keinem günstigen Stern. Unser Kaiser war gerade im Aufbruch. Mit seiner großen Flotte und wollte er unsere neuen Kolonien in Andromeda besuchen. Du konntest dich von den politischen Gesprächen lösen und besuchtest mich auf der Atlantis-Basis. Ich war glücklich, dass du etwas Zeit mit mir verbringen wolltest. Damals hattest du einen Wunsch geäußert. Du wolltest einen Ausflug auf eine externe Insel von Tarid machen und Kontakt zu den Eingeborenen aufnehmen. Dir war zu Ohren gekommen, dass sie sich rasend schnell entwickelten. «

»Ich erinnere mich nur schwach«, antwortete Thoran.

Sein Gesicht verdunkelte sich.
»Die alten Erinnerungen kommen wieder ans Tageslicht«, ergänzte er. »Unsere Mission wurde zu einem Drama. «

Atlanta nickte.
»Ich kann mich noch erinnern, wie wir auf der heutigen englischen Insel landeten«, erklärte sie.» Wir waren in dem südlichen Teil, dem heutigen Wales niedergegangen. Auch die dort lebenden Eingeborenen hatten sich bereits verändert. Der Urmensch, den die Geschichtsschreibung

Neandertaler nannte, zog sich immer weiter zurück, oder vermischte sich mit einer neuen Gruppe von Menschen, die seitdem als Homo-Sapiens bekannt wurden. Eine Gruppe der Kombrogi bat uns um Hilfe. Zwei ihrer Freunde waren aus einer Höhle nicht mehr zurückgekehrt. Wir sagten zu und begleiteten sie.

Ab dem Zeitpunkt, als wir uns der Höhle näherten, unterbrach die mentale Verbindung zu meiner M-KI. Heute denke ich, es muss ein Abschirmfeld gegen gedankliche Beeinflussung existiert haben. Anders kann ich mir den Ausfall der Verbindung zu meiner Mutter nicht erklären. Tatsche ist, dass ich im Laufe dieser Mission getötet wurde. Alle Erkenntnisse dieses Tages konnten nicht in meinen neuen Körper übertragen werden, weil sie meiner M-KI nicht vorlagen. «

Thoran blickte sie an.
»Mein Langzeitgedächtnis gibt die Informationen frei«, antwortete er. »Ich erinnere mich wieder an jede Einzelheit. Willst du es wirklich wissen? «

»Ich brauche diese Informationen«, antwortete sie. »Die Lücke in meiner Erinnerung muss geschlossen werden. «

Thoran nickte.

»Ich erzähle sie dir«, lächelte er. »Dann wirst du auch erkennen, warum ich mich eine so lange Zeit nicht mehr bei dir gemeldet habe. Dieser Tag war entscheidend, in unserem zukünftigen Verhältnis zu eurem Kaiser.«

Thoran lehnte sich in seinem Stuhl zurück und fing an nachzudenken.

»Bei meinem Landeanflug hatte ich eine große Insel gesehen«, erklärte er. »Sie lag nördlich von deiner Basis aus gesehen. Du nanntest sie Traxinn. Es gab Berge, Schluchten, dichte Wälder und Wiesen. Ich dachte damals, es wäre das ideale Rückzugsgebiet für die heranwachsenden Naturvölker von Tarid. Obwohl du mit meinem Wunsch nicht einverstanden warst, erfülltest du mir diese Bitte. Mit einem deiner Gleiter flogen wir dorthin. Wir landeten in der Nähe eines Bergrückens, dessen größte Erhebung eine Höhe von 750 Metern aufwies.«

Atlanta lächelte.
»Hieran erinnere ich mich noch«, sagte sie. »Doch schon bald habe ich ein Loch in meinem Gedächtnis.«

Thoran nickte und fuhr fort.
»Nachdem wir gelandet waren, stießen wir auf einige Eingeborene«, sagte er. »Sie nannten sich Kombrogi. Ich

wunderte mich, weil sie hochwertig geschmiedete Schwerter trugen. Sie waren friedlich und teilten uns mit, dass zwei ihrer Freunde vermisst wurden. Ein Erdrutsch hatte den Eingang zu einer unbekannten Höhle freigelegt. Dort wurden auch von ihren Freunden die Schwerter gefunden. Der Anführer nannte sich Aurin. Wir begleiteten ihn zu dieser mysteriösen Höhle. «

»Auf dem Weg zur Höhle reist plötzlich die Erinnerung zu meiner Mutter ab«, erklärte Atlanta. »Ich habe es nicht sofort bemerkt, weil ich nicht immer nach einer Rückmeldung verlange. Bitte erzähle weiter. «

Thoran schmunzelte ihr zu.
»Aurin teilte uns mit, dass Midir seine Freunde für den Raub der Schwerter bestraft und sie gefangen genommen hätte«, erklärte er. »Du fragtest nach, wer dieser Midir sei. Sie informierten uns, dass es sich um einen ihrer Götter handeln würde. Als wir die Höhle untersuchten, stießen wir auf ein blaues Licht. Dieses hatte den weiteren Durchgang für die Kombrogi versperrt. Es handelt sich um einen Sperrschirm. Ich suchte nach der Entriegelung. An den Wänden der Höhlen waren alte Runenzeichen angebracht. Mein Scanner gab damals den Hinweis aus, dass sie von den Ragunern stammten. «

»Wir fanden Hinweise auf die Raguner?«, staunte Atlanta. » Diese Rasse hat lange vor uns im Sol-System gelebt. «

»Das ist mir klar«, erwiderte Thoran. »Damals verfügtest du noch nicht über diese Informationen. «

Er blickte sie an.
»Jedenfalls konnte ich den Schirm abschalten«, sagte er. »Wir gingen tiefer in die Höhle hinein. Irgendwann verengte sich der Gang zu einem Spalt, der scheinbar durch abfließendes Wasser entstanden war. Wir wollten bereits umkehren, doch die Kombrogi ließen sich nicht umstimmen. Sie mussten weiter nach ihren Kameraden suchen. Wir zwängten uns in den engen Spalt. Glücklicherweise wurde er nach wenigen Schritten wieder breiter.

Erstaunt stellten wir fest, dass er mit hochmodernen Lasermaschinen bearbeitet worden war. Seine Wände waren glatt und wirkten wie glasiert. Nach kurzer Zeit stießen wir auf ein weiteres Hindernis. Es war ein hochaktives Destroyer-Feld. Sämtliche Materie, die mit ihm in Berührung kam, wurde unweigerlich verbrannt. Dort fanden wir auch die Freunde der Kombrogi. Es waren nur noch verbrannte Leichen. Sie schienen in das Feld gelaufen zu sein. «

»Wie schrecklich«, sagte Atlanta. »Vermutlich war ihnen nicht mehr zu helfen? «

Thoran schüttelte seinen Kopf. »Hier war nichts mehr zu machen«, antwortete er. »Dank meines Scanners konnte ich die Energieversorgung ermitteln und diese unterbrechen. Das Feld fiel in sich zusammen. Auf dem weiteren Weg wurden wir von sechs fremdartig wirkenden Robotern angegriffen. Durch die Hilfe deiner zwei mitgeführten Kampfroboter, konnten wir sie schnell eliminieren. Wir kamen an eine massive breite Steintreppe, die exakt 100 Stufen nach unten in eine Halle führte.

Plötzlich flammte grelles Licht auf und leuchtete den Felsendom aus. Aus einer Plattform am Boden aktivierte sich ein blauer Energiestrahl, der sich bis zur Decke der Höhle ausbreitete. Unzählige Sternensysteme wurden angezeigt, die alle untereinander verbunden waren. Wir waren auf eine galaktische Informationshalle der Raguner gestoßen. «

»Das waren bedeutende Erkenntnisse«, sagte sie. »Sie sind bis heute nicht erforscht worden? «

Thoran zuckte mit seinen Schultern.

»Das ist nicht unsere Schuld«, entgegnete er.»Doch dazu später mehr.«

Er blickte sie an.»Soll ich mit meinen Erinnerungen fortfahren? «, fragte er.

» Selbstverständlich, mein Schatz«, hauchte ihm Atlanta zu.»Entschuldige bitte, dass ich dich wieder unterbrochen habe. «

Er lächelte zurück.»Du zeigtest plötzlich auf einen Sarkophag, der sich geöffnet hatte«, erklärte Thoran.»Eine zwei Meter große Gestalt erhob sich und stieg aus ihm heraus. Sie lief schnellen Schrittes auf eine technische Apparatur zu, welche an der rechen Seite der Wand stand. Die Gestalt wirkte männlich, jugendlich und kräftig. Seine langen goldenen Haare fielen über ein purpurfarbenes Gewand. In der linken Hand hielt er einen Speer und ein goldenes Schild. Auf seinem Rücken erkannten wir ein glitzerndes Langschwert hängen. Nach den Aussagen der Kombrogi handelte es sich um Midir. «

»Der Gott der Eingeborenen war in der Höhle? «, fragte Atlanta.» Entschuldigung, erzähle weiter. «

»Wir versuchten ihn aufzuhalten«, teilte Thoran mit. »Noch waren wir 50 Stufen von dem Boden des Doms entfernt. Halt, stehen bleiben, schriest du ihm zu. Der Fremde musste dich verstanden haben. Hektisch blickte er dir entgegen. Dann schlug er mit seiner Hand auf einen roten Schalter. Ein Transmitterbogen baute sich auf. Du gabst einen Warnschuss auf den Boden, hinter dem Fremden ab. Steinsplitter flogen durch die Luft. Der Fremde drehte sich noch einmal um und richtete einen silberblauen Handstrahler auf dich. Ohne eine Warnung drückte er ab. Dir gelang es gerade noch, zur Seite zu springen. Der Streifschuss aus der Waffe des Fremden genügte, um deinen Individualschirm zu überlasten. Funken zischten aus der Energieversorgung deines Kampfgürtels. Dein Körperschirm fiel in sich zusammen. Wie sich später herausstellte, sollte das noch Konsequenzen haben. «

Thoran griff nach dem Glas Orangensaft und nahm einen großen Schluck. Er blickte sie an.

»Ich kann auch einen schriftlichen Bericht abrufen und ihn dir zukommen lassen«, sagte er. »Dann kannst du ihn in Ruhe studieren. «

»Später vielleicht«, antwortete Atlanta. »Erzähle weiter, ich bin gespannt auf alle weiteren Erkenntnisse. «

»Midir konnte flüchten«, erklärte Thoran. »Gleichzeitig aktivierte er die Selbstzerstörung des Transmitters. Er explodierte Sekunden nach seinem Durchgang in einer grellen Detonation. Wir untersuchten den Sarkophag und fanden ein goldenes dreieckiges Amulett der Ablonder. «

»Die Höhle war ein Stützpunkt der Ablonder? «, fragte Atlanta.

»Das ist ungeklärt«, erwiderte Thoran. »Anfangs schien es so. Wir schritten auf einen weiteren Schott zu. Es war mit unbekannten Schriftzeichen versehen. Es gelang uns, den Eingang zu öffnen. Lichter flammten auf und leuchteten eine unüberschaubar große Felsenhalle aus. Wir sahen die Umrisse vieler Kuppelbauten, Hallen und kleinerer Gebäude. Sogar ein Landeplatz für Raumschiffe war zu erkennen. Unzählige Energiemeiler und Feldgeneratoren verteilten sich in der Anlage. Damals dachten wir, das letzte Rückzugsgebiet der Raguner gefunden zu haben. Mein Scanner erkannte Transmitter-Anlagen, Kraftgeneratoren, Energiewandler, Beschleuniger und Forschungseinrichtungen. Sie wurden mit einer Art Minimal-Energie versorgt, um sie frisch zu halten. «

»Und das auf Tarid«, wunderte sich Atlanta. »Wir dachten, alle Geheimnisse wären aufgedeckt worden. «

»Scheinbar nicht«, lächelte Thoran. »Langsam schritten wir durch die Straßen der Stadt. Alles schien intakt und gewartet zu sein. Nichts machte einen verfallenen Eindruck. Mit deinen Stiefeln wischtest du den Staub des Bodens beiseite. Erst jetzt erkannten wir, dass wir auf einer Glasplatte über flüssigem Magma standen. Die Raguner hatten sich die Energie des Erdkerns zu Nutze gemacht. Wir hatten genug gesehen und wollten zum Ausgang zurück. Du entdecktest einen großen runden Dom, an dem die Türe offenstand. Das breite Gebäude zog sich hoch in den Himmel der Felsenhalle. Wir gingen hinein und fanden unzählige Schwerter, wie Aurin und seine Begleiter sie auf ihrem Rücken trugen.

Es folgten 15 Vitrinen mit den glänzenden Langschwertern, 10 Schränke mit goldenen Schildern und Rüstungen. Die nächsten Vitrinen waren mit futuristisch gestalteten Laserstrahlern gefüllt. Du fandest eine Stasis-Kammer, in der ein mumifiziertes Skelett lag. Seine Haut war braun geworden und sie sah ledrig aus. Der Mund der Gestalt war halb geöffnet, so als ob sie noch nach Luft schnappen wollte. Das Skelett wies eine Körpergröße von 2 Metern auf. Es besaß jeweils 6 Finger an den Händen und 6 Zehen an den Füßen. Es schien das Skelett eines Raguners zu sein. Wir suchten nach weiteren Artefakten und fanden in einer weiteren Höhle 4 Raumschiffe. Sie besaßen eine Länge von 250 Metern und waren futuristisch konstruiert. Damals vermuteten wir, dass die Raumschiffe über ein Dekristallisationsfeld verfügen mussten, um aus dem Berg zu fliegen. Der Rückweg verlief problemlos. Deine Kampf-Roboter trugen die verbrannten Leichen der Kombrogi aus der Höhle.«

Thoran sah Atlanta an.
»Willst du noch mehr erfahren?«, fragte er.» Ab jetzt wird es leider blutig.«

»Ich brauche die Erkenntnisse der Vergangenheit«, wiederholte sie ihre Bitte.»Selbst die Höhle der Raguner wartet noch auf die Erforschung.«

Thoran nickte.
»Ich erzähle den Rest«, teilte er mit.»Höre jetzt genau zu. Wir übergaben die getöteten Kombrogi ihrem Häuptling. Dieser lud uns ein, an der Bestattungsfeier teilzunehmen. Plötzlich irritierte uns ein lauter werdendes Pfeifen am Himmel. Wir erhoben unsere Köpfe und erkannten ein fremdes Raumschiff am Himmel. Entsetzt beobachteten wir, wie sich vier Laserstrahlen lösten und in deinen Gardegleiter einschlugen. Er zerbarst in zahlreiche Splitter, die explodierenden Antriebe schlugen meterhohe Flammensäulen zum Himmel. Dann zischten drei massive Lasersalven von einem Abwehrturm seiner

Basis heran und schlugen in das Heck mit den Triebwerken ein.

Der Treffer schien großen Schaden angerichtet zu haben. Das Raumschiff fing an zu trudeln. Es zog eine dunkle Rauchwolke hinter sich her. Mit lauten pfeifenden Geräuschen schlug der Flugkörper unterhalb des Hügels in den Wald ein. Eine laute Explosion war zu hören. Dann stiegen erneut grelle Stichflammen auf und verpufften zum Himmel hin. Wir vermuteten, dass es sich um feindselige Fremde handeln musste. Wir sollten sie unschädlich machen. Die Kombrogi begleiteten uns mit einigen Kriegern. In dem Wald wurden wir von Rigo-Sauroiden angegriffen.«

»Rigo-Sauroiden?«, stutzte Atlanta. »Das war ein Spionageschiff der Echsen?«

»Es scheint so«, antwortete Thoran. »Wir haben viele von ihnen im Wald getötet. Ich will nicht auf die einzelnen Kämpfe eingehen, doch die Rigo-Sauroiden waren äußerst zäh. Ein einzelner Treffer aus einer Laserwaffe konnte sie nicht von den Beinen werfen. In unserem letzten Kampf standen wir einer Übermacht gegenüber. Die Sauroiden im Wald stießen nervenaufreibende kreischende Schreie aus. Einer von ihnen hatte sich von hinten an dich herangeschlichen. Ein Krallenarm stieß dir von hinten in den Rücken. Ich sah es zu spät. Der Sauroid hob dich mit der Leichtigkeit einer Feder auf und warf dich gegen einen Baum. Als ich den Angriff bemerkte, sprang ich den Sauroiden von hinten an und stach ihm meine zwei Vibrationsmesser in den Kopf. Entsetzt lief ich auf dich zu und nahm dich auf meinen Arm. Du lächeltest mich an. Ich war nicht vorsichtig genug, sagtest du mir zu. Verzeihst du mir?

Ich gab dir einen Kuss auf deine Stirn. Wir flicken dich wieder zusammen, antwortete ich. Das nächste Mal bekommst du einen Schutzschirm unserer Fertigung. Der lässt sich nicht so schnell überlasten. Ich möchte doch noch etwas länger etwas von dir haben.

Dann hast du deine Augen geschlossen und bist in meinen Armen gestorben. Ich schrie die ganze Wut auf die Sauroiden aus mir heraus. Kurze Zeit später erhielten wir Verstärkung von deiner Basis. Der stellvertretende Offizier Sor-Gun war mit einem Rettungskommando eingetroffen. Die restlichen Eindringlinge wurden getötet und du zu deiner Basis zurückgebracht. Dort erhieltest du einen neuen Körper von deiner M-KI. «

Thoran machte eine kleine Pause. Dann fuhr er fort.
»Der natradische Kaiser war nicht glücklich über meinen Wunsch, mehr von den Eingeborenen von Tarid zu

erfahren«, erzählte er. »Er gab mir die Schuld für dein Ableben und dem Verlust von 5 Soldaten. Er brach alle Verhandlungen mit unserer politischen Führung ab und verbot uns, jemals wieder in das Hoheitsgebiet des kaiserlichen Imperiums einzureisen. Auf deiner Basis watete Aritron bereits auf mich. Er fragte mich herablassend, warum ich schon zurück wäre und ob mir mein Ausflug Spaß bereitet hätte.

Es war interessant, antwortete ich. Doch Aritron verstand meine Antwort nicht. Ich teilte ihm mit, dass wir von einem Schiff der Rigo-Sauroiden angegriffen worden waren. Leider glaubte er mir nicht. Er informierte mich, dass eurer Kaiser uns für ewige Zeit verboten hatte, in das lantranische Imperium einzufliegen. Mit anderen Worten, der Zwischenfall hatte ausgereicht, um den Kontakt zu uns abzubrechen. Unsere Führung akzeptierte diesen Wunsch. Ich fragte erstaunt nach. Wir dürfen nicht mehr nach Natrid fliegen, erkundigte ich mich.

Aritron blickte mich unnachgiebig an.
Drücke ich mich undeutlich aus, antwortete er. Das gilt insbesondere für dich. Dein Verhältnis mit der Kommandantin dieser Basis ist heute offiziell von dem natradischen Kaiser beendet worden. Hast du das verstanden? Du bist dir hoffentlich darüber im Klaren, falls du gegen die Anordnung unserer hohen Empore

verstößt, wirst du von allen deinen Ämtern enthoben und als unerwünschte Person betrachtet. Verspiele dir nicht unsere Gunst.

Darf ich mich von Atlanta noch verabschieden, fragte ich. Nein, sagte Aritron hart. Das hast du dir selbst verspielt. Wir haben lediglich noch die Zeit hier auf dich zu warten. Jetzt wo du eingetroffen bist, müssen wir unverzüglich das System verlassen.

Ich blickte mich nach Sor-Gun um. Würden sie mir einen Gefallen tun, erkundigte ich mich. Sicher, antwortete er. Ich werde Atlanta von ihrer Abreise informieren.

Bitte teilen sie ihr mit, dass ich sie liebe und ich sie nicht vergessen werde, teilte ich ihm mit. Irgendwann werden sich unsere Wege wieder begegnen. Sor-Gun versprach mir, dir diese Mitteilung zu überbringen. «

»Das war ein erlebnisreicher Tag«, seufzte Atlanta. »Leider hat mir Sor-Gun damals deine Mitteilung nicht überbracht. Erst später bemerkte ich, dass er ein Auge auf mich geworfen hatte. «

»Interessiert blickte Thoran seine Geliebte an.

»Mach dir keine Sorgen«, antwortete sie. »Er war nicht mein Typ. «

Thoran atmete auf.
»Eine vernünftige Entscheidung«, lächelte er.

Atlanta dachte intensiv nach.
»Hast du meine Gedanken empfangen? «, fragte sie ihre M-KI.

Diese bestätigte umgehend.
»Erst jetzt kann ich die Datenlücke in meinem Archiv schließen«, erwiderte sie. »Danke auch Thoran in meinem Namen. «

»Dafür ist später noch Zeit«, erwiderte Atlanta aufgeregt. Gefährliche Gedanken rasten ihr durch den Kopf. Sie sprang auf und riss Thoran mit sich.

»Wir müssen in die Zentrale«, sagte sie. »Möglicherweise haben wir ein Nest von Rigo-Sauroiden auf Tarid. «

Thoran verstand nicht. Trotzdem folgte er Atlanta bereitwillig.

Sie liefen die Korridore entlang, weiter die Nottreppen herunter, bis sie auf die Etage mit der zentralen Leitstelle der Basis kamen. Atlanta öffnete das Schott und trat ein. Thoran folgte ihr.

»Kommandantin auf der Brücke«, meldete ein Sicherheits-Offizier.

Die diensthabenden Offiziere drehten sich um und nahmen Haltung an.

Atlanta salutierte. Die Offiziere wandten sich wieder ihren Instrumenten zu.

Senga-Hol saß in dem Kommando-Sessel und blickte sie fragend an.

»Die Gemeinschaftsflotte, unter dem Befehl von Major Travis ist von Redartan zurückgekehrt«, teilte er mit.

Atlanta reagierte nicht auf die Mitteilung. Sie stürmte wie eine Furie, an die überlagernde Steuerung der Basis. Mit einer Hand drückte sie auf einen breiten roten Knopf. Sofort schaltete das helle Licht auf ein gedämpftes Rotlicht um. Grelle Warntöne hallten durch die Zentrale.

»Systemalarm für das ganze Sol-System? «, fragte der stellvertretende Offizier.» Was ist passiert. Werden wir angegriffen? «

»Das ist noch ungeklärt«, antwortete sie. »Es ist möglich, dass wir ein Nest Rigo-Sauroiden auf Tarid haben. «

Die Notfall-Maschinerie des Neuen-Imperiums war aktiviert worden. Alle Zahnräder des Systems drehten sich bereits. Die schnellen Kampf-Verbände der Heimat-Verteidigung hoben von ihren Basen ab. Die Flotten-Kampfstationen schleusten zusätzliche Zerstörer aus, die sich den Verbänden von Commander Giacombo anschlossen. Sämtliche wichtigen Basen, Stationen und Werften hatten ihre Schutzschirme aktiviert und wurden von zusätzlichen Kampf-Verbänden gesichert.

Das Telefon der Leitstelle summte ununterbrochen. Die M-KI der Basis hatte die natradische Hypertronic-KI informiert. Sie teilte ihr mit, dass ihre Kommandantin die verlorenen Erkenntnisse der Vergangenheit zurückerhalten hatte. Sie wies daraufhin, dass sich auf Tarid eine verborgene Basis fremder Mächte befand, die möglicherweise von Rigo-Sauroiden, oder anderen Wesen betrieben wurde.

»Eingehender Anruf über das Notfall-Telefon der EWK«, meldete Senga-Hol. »General Poison verlangt eine Erklärung von ihnen. «

Atlanta griff nach dem Telefon. Sie vernahm die Stimme ihres Vorgesetzten.

»Hier ist General Poison«, tönte es aus der Leitung. »Was ist bei ihnen los? Sind sie von allen guten Geistern verlassen. Warum lösen sie einen Systemalarm aus? «

»Nein«, antwortete Atlanta sachlich. »Ich hielt ihn für angemessen. Es ist möglich, dass sich auf Tarid ein Nest mit Rigo-Sauroiden befindet. Ich habe meine verlorenen Erkenntnisse von vor 250.000 Jahren zurückerhalten. Auf der englischen Insel, genauer gesagt in Wales, befindet sich tief unter der Erde eine große Anlage fremder Wesen. Es ist möglich, dass sich dort noch Angehörige einer fremden Rasse aufhalten. In dieser Anlage wurde auch mit dem freigelegten Erdkern experimentiert. Sie wissen, was das bedeutet? «

General Poison schluckte kurz.
»Wenn in dem offenen Zugang eine Explosion stattfindet, kann das einen Einfluss auf das Gravitationsfeld der Erde haben«, erwiderte er. »Warum haben sie sich nicht schon früher gemeldet? «

»Weil ich diese Erkenntnisse verloren hatte«, antwortete Atlanta. »Ich wurde bei dieser Außenmission getötet. Durch eine Störung in der Übertragung zu meiner Mutter gingen die Daten nach meinem Tod verloren. Noel wurde von der M-KI bereits informiert. Ihm konnten alle relevanten Details überspielt werden. Er ist auf dem Weg zu ihnen. «

»In Ordnung«, antwortete der General. »Unternehmen sie nichts. Ich sende ihnen die Wissenschaftler Marin und Gareck und ein besonderes Einsatzteam. Es wird von Captain Hunter befehligt. Bereiten sie sich auf eine Außenmission vor. Nehmen sie genügend Kampf-Roboter und Elite-Soldaten mit. «

Der General brach die Verbindung ab.
Er griff nach seinem Hörer.

»Eisenhut«, meldete sich seine Sekretärin.
»Rufen sie sofort Noel und die Commodore von Häussen und McGregor in mein Büro«, befahl der General. »Ferner stellen sie mir eine Verbindung zu Commander Giacombo her. Ich muss sofort mit ihm sprechen. «

»Wird sofort erledigt«, antwortete Frau Eisenhut.
Sie erkannte bereits an der Stimme ihres Vorgesetzten, wann ein Befehl äußerst dringend war.

Die Türe zu dem Büro des Generals öffnete sich. Noel trat ein.

General Poison nickte ihm zu.

»Setzen sie sich«, sagte er zu ihm.

Erneut öffnete sich die Türe und die Commodore traten in den Raum. Das Telefon des Generals summte. Er nahm den Hörer ab.

»Was ist so dringend?«, fragte Commodore von Häussen. Der General hob seine Hand und winkte ihm zu, ruhig zu bleiben.

»Hier ist Commander Giacombo«, tönte es aus den Lautsprechern. »Sie wollten mich sprechen General?«

»Ja«, antwortete Poison. »Sie haben registriert, dass wir Systemalarm ausgerufen haben«, erklärte er. »Es ist möglich, dass fremde Schiffe von Tarid aus flüchten wollen. Ich ordne ein striktes Einflugs- und Abflugs-Verbot für das ganze Sol-System an. Falls sich irgendwelche Schiffe nicht hieran halten sollten, autorisiere ich sie, diese zu vernichten. Haben wir uns verstanden?«

»Betrifft das auch die Transportschiffe der Argoner«, fragte der Commander. »Sie haben soeben um eine

Einflugs-Genehmigung gebeten. Sie haben wichtige Medikamente an Bord. «

»Habe ich mich nicht klar ausgedrückt? «, bemerkte der General. » Mein Befehl betrifft alle Schiffe. Niemand fliegt im Moment in unser System ein, oder heraus. «

»Ich habe verstanden«, antwortete Commander Giacombo. «

»Noch etwas«, sagte General Poison. »Legen sie einen Ring aus 2.000 Schiffen der Kaiser-Klasse um Tarid. Sie werden als zusätzliche Sicherheits-Patrouille fungieren. «

»Verstanden«, antwortete der Commander knapp. » Ich leite alles in die Wege. «

General Poison beendete die Verbindung.

Er blickte seine Gäste an.
»Wie konnte das passieren? «, knurrte er Noel an. »Ich habe Informationen von Atlanta erhalten, dass möglicherweise ein Nest von Rigo-Sauroiden auf Tarid existiert. «

»Ihnen liegen noch nicht alle Daten vor«, antwortete Noel gelassen. »Beruhigen sie sich erst einmal. «

»Wie soll ich mit bei einer solchen Vermutung beruhigen«, antwortete der General in einem scharfen Ton.

»Möglicherweise existiert das Problem gar nicht mehr«, erklärte Noel. »Bei dem Angriff der Sauroiden vor 200.000 Jahren haben sich große Teile des Erdbodens von Tarid verflüssigt. Bekanntlich wurde die von unserer Basis abgewandte Seite des Planeten unter einen massiven Beschuss genommen. Dort standen leider zu wenige Abwehrtürme. Es ist möglich, dass auch England in Mitleidenschaft gezogen wurde. Die Höhle kann eingestürzt sein. «

»Das kann aber nicht exakt bestätigt werden? «, fragte General Poison.

»Leider nicht«, entgegnete Noel. »Die Daten aus dieser Zeit sind lückenhaft. «

General Poison war aufgesprungen. »Abmarsch«, befahl er. »Wir begeben uns auf die Atlantis-Basis. Dort formiert sich das Einsatzkommando. Ich möchte alle weiteren Informationen aus erster Hand erhalten. Dann entscheiden wir weiter. «

Die Gruppe stand auf und schritt aus dem Büro. Der General blickte Frau Eisenhut an.

»Wir sind auf der Atlantis-Basis«, sagte er ihr zu. »Stellen sie nur dringende Gespräche zu mir durch. «

»Ich habe verstanden«, nickte die Sekretärin ihm zu.

Atlanta blickte Senga-Hol an.

»Ich brauche eine Garnison Kampf-Roboter'«, befahl sie. »Sie sollen sich mit Schutzschirmen und schwerer Bewaffnung ausrüsten. Ferner brauchen wir ein technisches Einsatzkommando für schweres Material. Wir müssen uns vermutlich durch einen harten Felsen bohren. Zusätzlich einen Spürtrupp, der nach Fallen und Sprengstoffen sucht.«

»Was ist mit Marines?«, erkundigte sich der stellvertretende Leiter der Basis.«

Atlanta blickte Thoran an.

»Wir haben damals viele Schwerter gefunden? «, erkundigte sie sich.

Thoran nickte.

»Wir fanden eine Kammer, in der unzählige Schwerter, Schilder und Stabwaffen aufbewahrt wurden«, bestätigte er. »Es waren aber auch futuristische Laserpistolen dabei. Ein Schuss reichte aus, um deinen Körperschutzschirm ausfallen zu lassen. «

»Jetzt besitzen wir Individual-Schirme nach lantranischer Technik«, antwortete sie. »Die werden sicherlich mehr vertragen können. «

Sie blickte Fanga-Gol an.
»Bitte verbinde mich mit Lorin«, befahl sie ihrem Funk-Offizier. »Sie trainiert unser neues Amazonen-Team. Ich möchte sie sprechen. «

»Ich verbinde sie«, antwortete Fanga-Gol.
Es dauerte einen Augenblick, dann meldete sich die Teilnehmerin.

»Hier ist Lorin«, hörte sie die Stimme der Natraderin.

»Atlanta spricht«, meldete sich die Kommandantin. »Ist ihre Truppe bereits einsatzfähig? «

»Hallo Kommandantin«, antwortete Lorin. »Ich freue mich ihre Stimme zu hören. Meine Amazonen-Truppe ist so weit. Ich denke, dass sie eine Mission übernehmen kann. Was können wir für sie tun? «

»Möglicherweise kämpfen wir gegen Rigo-Sauroiden«, teilte Atlanta mit.

»Nicht schon wieder«, fluchte Lorin. »Ich kann den Namen dieser Wesen nicht mehr hören. «

»So geht es uns allen«, bestätigte Atlanta. »Ich habe verlorene Erkenntnisse aus der Vergangenheit zurückerhalten. Es gab vor 250.000 Jahren in England, ich spreche von dem Landesteil Wales, eine uns unbekannte Basis fremder Wesen. Nachdem wir diese untersucht hatten, wurden wir außerhalb von Rigo-Sauroiden angegriffen. Im Verlauf der Kämpfe wurde ich getötet. Leider bestand keine Verbindung zu meiner M-KI. Meine Erkenntnisse konnten nicht übermittelt werden. Ich bekam einen neuen Körper, leider ohne die Informationen von dem besagten Tag. Sie gingen einfach verloren. Erst heute habe ich sie zurückbekommen. Es ist möglich, dass sich dort Überlebende der Rigo-Sauroiden eingeschlichen haben. «

»Ich verstehe«, antwortete Lorin. » Warum haben sie uns für diese Mission ausgesucht? «

»Weil wir bei der Untersuchung der fremden Basis viele Schwerter in einer Waffenkammer gefunden haben«, erklärte Atlanta. »Es ist möglich, dass die Fremden das Schwert als bevorzugte Waffe eingesetzt haben.«

»In Ordnung«, antwortete Lorin. »Wie viele Kämpferinnen soll ich für diese Mission abstellen?«

»Ich denke 60 Personen werden reichen«, antwortete die Kommandantin der Basis. »Doch weitere Amazonen sollten sich bereithalten, falls wir feststellen sollten, dass wir in ein Wespennest geraten sind. Das entscheiden wir jedoch vor Ort. Wir starten von Landedeck 5 aus. Bringen sie ihre Kämpferinnen dort hin. Sie sollten auf uns warten. Wir fliegen mit einem Kreuzer der Naada-Klasse dorthin. Tarin-Jets der Basis werden den Luftraum sichern. Wir warten noch auf technische Teams von General Poison. Kommen sie zur unserer Einsatzbesprechung in den Briefing-Raum.«

»Ich habe verstanden«, antwortete Lorin. »Wir sehen uns gleich.«

Eingehender Hyperkomm-Funkspruch von der Termar 1«, meldete der Funkoffizier der Basis. Major Travis verlangt nach ihnen.«

»Auch das noch«, sagte Atlanta. »Jetzt sind wohl alle führenden Kräfte im Imperium informiert.«

»Wollten sie das vermeiden?«, erkundigte sich Senga-Hol. »Dann hätten sie keinen Systemalarm aktivieren dürfen.«

»Ihre Gedanken gefallen mir nicht«, antwortete Atlanta schroff. »Sie kennen doch auch die Vorschriften der EWK und des Neuen-Imperiums. Was wollten sie mir mit ihrer Antwort sagen?«

Senga-Hol wurde leicht rot. Er hatte den Hinweis seiner Kommandantin verstanden.

»Entschuldigen sie«, antwortete er. »Ich vergesse immer, dass wir nicht mehr für das kaiserliche Imperium tätig sind. Die EWK nimmt die Vorschriften wesentlich genauer.«

»So ist das«, bestätigte Atlanta. »Wenn sie noch länger mein Stellvertreter sein wollen, dann prägen sie sich diese Vorschriften endlich ein. Ich habe kein Interesse daran, in irgendeiner Weise hiergegen zu verstoßen. Ist ihnen das jetzt klar?«

»Ich habe verstanden«, flüsterte Senga-Hol.
Es war ihm sichtlich peinlich, von seiner Kommandantin vor allen Offizieren gerügt zu werden.

Sie griff nach dem Communicator.

»Hier ist Atlanta«, sprach die in das Gerät. »Was kann ich für sie tun, Major Travis? «

»Wir wurden von Noel über ihren Systemalarm informiert«, antwortete er. »Weisen sie uns eine Landplattform zu. Ich komme zu ihnen. Das Flagg-Schiff von Admiral Tarin begleitet mich. «

»Landen sie auf Plattform 5«, teilte Atlanta mit. »Diese wurde von uns für alle Einsatzkräfte freigestellt. «

»Danke«, erwiderte der Major. »Aktivieren sie Gildor Barenseigs und sein Team. Alte und fremde Artefakte fallen in seinen Aufgabenbereich. «

»Ich habe verstanden«, bestätigte Atlanta. »Ich erwarte sie auf meiner Basis. Bis später.«

Dann brach sie die Verbindung ab.
Sie drehte ihren Kopf Fanga-Gol zu. Der Funkoffizier erwartete bereits ihren Befehl.

»Stellen sie eine Verbindung zu Department Secret X-Natrid her«, teilte sie ihm mit. »Ich brauche den Gildoren hier auf der Basis. «

Fanga-Gol nickte.

»Das Department wird angewählt«, bestätigte er.

Atlanta hörte den summenden Ton des ausgehenden Anrufes. Nach langen sieben Sekunden meldete sich der Gildor.

»Hier ist Barenseigs«, tönte es aus den Lautsprechern. »Mit wem spreche ich? «

»Die Kommandantin der Atlantis-Basis spricht«, antwortete sie. »Major Travis hat mich gebeten sie zu unterrichten, dass sie unverzüglich auf meine Basis kommen sollen. Wir haben ein Artefakt aus der Vergangenheit wiedergefunden. «

Atlanta bemerkte, wie der Gildor überlegte.
»Haben sie eines verloren? «, fragte er plötzlich.

»Auf diese Frage habe ich natürlich gewartet«, erwiderte Atlanta. »Kommen sie auf meine Basis. Hier werden sie über alle Details informiert. Ihnen ist sicherlich nicht entgangen, dass ich einen Systemalarm ausgerufen habe.«

»Sie waren das«, antwortete Barenseigs skeptisch. »Geben sie uns etwas Zeit. Wir kommen zu ihnen per Transmitter.«

»Danke«, erwiderte die Kommandantin. »Es ist wirklich wichtig, dass wir die Angelegenheit prüfen.«

Gildor Barenseigs beendete die Verbindung. Er blickte seine Mitarbeiter an.

»Packt alles zusammen, was wir für eine neue Suche nach außerirdischen Artefakten brauchen«, befahl er. »Scanner, Sensoren, Wärmesucher, Schriftzeichen-Übersetzter, den ganzen Koffer mit unserer Ausrüstung. Wir gehen auf die Atlantis-Basis. Dort scheint ein Artefakt verlorengegangen zu sein.«

»Auch die Waffen?«, fragte der Archäologe George Brown.

Barenseigs überlegte und nickte langsam. »Auch die Waffen und unsere Taja's«, entgegnete er. » Wir wissen noch nicht, mit was wir es zu tun bekommen. Beeilt euch. Atlanta scheint etwas nervös zu werden. Sie war sehr ungehalten bei dem Telefonat.«

Sessi Seifert öffnete einen dicken Metallschrank aus Natrid-Stahl. In ihm stand Jahol-Sin in einer Ladeschale. Sessi Seifert aktivierte den Roboter. Dieser öffnete blitzschnell seine Augen.

»Zu Diensten«, sagte der einzigartige Protokollroboter. »Haben wir einen neuen Auftrag? «

»Ja«, lächelte Sessi ihn an. »Du verfügst über wichtiges Wissen beider Hypertronic-KI's unseres Systems. Zwar in komprimierter Form, doch jederzeit abrufbar. Vielleicht kannst du uns bei der Recherche behilflich sein. Wir werden uns auf die Suche nach einem alten Artefakt begeben. «

***

»Eingehender Hyperkomm-Funkspruch«, meldete Sergeant Farmer. »Es ist Heran. Er ruft sie, Herr Major. «

»Stellen sie durch«, lächelte Major Travis. »Nach dem Abflug seines Vorgesetzten scheint er wieder neue Lebensgeister in sich zu spüren. «

Major Travis griff nach seinem Communicator.
»Hier ist Major Travis«, sprach er in das Gerät. »Heran, wo hast du so lange gesteckt? «

»Wo soll ich gewesen sein«, erwiderte der lantranische Wurmloch-Spezialist. »Aritron hat mich in die Schranken verwiesen und mich als normalen Pilot in seine Flotte integriert. Es war für mich nicht möglich, seinen Befehl zu unterlaufen. Er wollte mich ruhigstellen. «

»Ich verstehe«, antwortete der Major. »Was kann ich für dich tun? «

»Ich habe registriert, dass ihr einen Systemalarm ausgerufen habt«, erklärte Heran. »Aufgefangene Funksprüche sprechen von einem alten Artefakt und von einem Stützpunkt fremder Wesen. Darf ich euch begleiten? Mein Schiff ist soeben von Titan aus gestartet. Ich folge euch zu der Atlantis-Basis. «

»Thoran ist noch hier? «, teilte der Major mit. » Ich denke aber, dass es zwischen euch keine Probleme geben wird.«

»Natürlich nicht«, hörte er seinen lantranischen Freund antworten. »Er hängt vermutlich wieder bei Atlanta ab. Für ihn sind die Frauengeschichten am wichtigsten. «

Major Travis lachte kurz auf.
»Die beiden verstehen sich eben gut«, antwortete er. »Ich sehe die Beziehung positiv, Thoran wird sicherlich Atlanta

gelegentlich einige Informationen geben, die uns hilfreich sein könnten. «

»Damit wären wir schon zwei Lantraner, die euch mit verbotenen Informationen versorgen«, erwiderte Heran. »Hoffentlich dreht uns unsere Hohe-Empore nicht irgendwann einen Strich aus dieser Tatsache. «

»Lande auf dem Flugdeck 5 unserer Basis«, wies Major Travis ihn an. »Atlanta hat dieses Deck für die Einsatzkräfte bereitgestellt. «

»Sehr gerne«, antwortete Heran. »Ich bin gleich bei euch.«

Lorin wartete bereits vor der geschlossenen Türe des Besprechungssaales, als Atlanta eintraf. Freudig begrüßten sich die beiden Frauen. Die Kommandantin öffnete die Türe und trat ein. Thoran und Senga-Hol, begleiteten sie. Automatisch öffneten sich die Schalosien und die Fenster des Raumes. Die Service-Roboter erwachten zum Leben.

Es klopfte an der Tür. Captain Hunter und Leutnant Graves traten ein.

»Captain Hunter meldet sich zum Einsatz«, lächelte er Atlanta an. »Was gibt es wieder für Probleme, Schätzchen? «

»Ich bin nicht ihr Schätzchen«, rügte sie den Captain. Lorin blickte den Captain abschätzend an.

»Wann gewöhnen sie sich endlich diese legere Art ab? «, fragte Atlanta.

»Dem General gefällt sie«, schmunzelte der Captain sie an. »Kommen noch mehr Personen zu ihrer Feier? «

»Setzen sie sich«, sagte Atlanta in einem ruhigeren Ton. »Unsere Vorgesetzten sind auf dem Weg zu uns. Ich werde nicht alles mehrmals erläutern. «

Captain Hunter und Leutnant Graves begrüßten Heran und Senga-Hol. Dann suchten sie sich einen freien Stuhl.

Die Türe klappte auf und Noel, General Poison und seine Commodore traten in den Raum. Mit ernstem Blick trat der General auf Atlanta zu.

»Da haben sie uns ja einen schönen Schrecken eingejagt«, sagte er.

Die Kommandantin zuckte mit ihren Schultern.

»Ich bedauere die Probleme«, antwortete sie. »Doch wir müssen der Angelegenheit auf den Grund gehen. Ich habe erst vor 1 Stunde meine verlorengegangenen Erkenntnisse aus der Vergangenheit zurückerhalten. Aus diesem Grunde konnte ich nicht früher aktiv werden. «

»Ich verstehe«, erwiderte der General. »Machen sie sich keine Sorgen, sie haben richtig gehandelt. Jetzt kümmern wir uns um das Problem. «

General Poison und seine Begleiter begrüßten die anwesenden Offiziere. Vor Captain Hunter blieb er stehen.

»Sie sind auch schon da? «, staunte er. » Das ist ja ganz etwas Neues. Haben sie sich vorgenommen, ein besserer Mensch zu werden? «

Der Captain grinste seinen Vorgesetzten an.

»Ich wollte sie überraschen«, antwortete er. »Mein Schiff war gerade in der Nähe. Sagt man nicht, dass man eine gewisse Zeit seine beste Seite zeigen muss, wenn man in Kürze in neue Gehaltsverhandlungen eintreten möchte. «

General Poison starrte ihn an.

»Das können sie vergessen«, knurrte er Captain Hunter an. »Vor ihnen stehen viele andere Offiziere der EWK auf der Warteliste.«

Der Captain verzog erstaunt sein Gesicht.

Major Travis, Admiral Tarin und Heran traten in den Besprechungssaal ein. Sie begrüßten die anwesenden Personen.

»Glückwunsch zu ihrer erfolgreichen Mission«, sagte General Poison. »Eine große Gefahr wurde von uns und den Redartanern genommen.«

»Die Adramelech haben mit sich selbst zu tun«, antwortete der Major. »Wir werden sie so gut unterstützen, wie wir können. Ich bin mir sicher, dass sie bald ihre Republik ausrufen werden. Ein ausführlicher Bericht geht ihnen noch zu.«

Geräusche wurden vor der Türe hörbar.
Barenseigs schaute in den Raum.

»Wir sind hier richtig?«, hörte man ihn zu seinen Mitarbeitern sagen. Dann traten er und seine Begleitung von Department Secret X in den Raum. Jahol-Sin schob einen Antigravitationsträger vor sich her, auf dem zahlreiche Koffer mit wertvollen Gerätschaften lagen.

Barenseigs ging auf den General zu.
»Wir melden uns zur Stelle«, sagte er und salutierte.
General Poison erwiderte den Gruß.

»Jetzt wo wir vollständig sind, bitte ich um einen umfassenden Bericht«, sagte er.

Die Offiziere suchten sich einen Platz.
Atlanta hatte eine Landkarte auf den großen Bildschirm projizieren lassen.

»Geschätzte Offiziere«, begann Atlanta. »Ich möchte sie über den von mir ausgelösten Systemalarm aufklären. «

Die Gäste blickten sie gespannt an.
»Vor 250.000 Jahren gab es einen Vorfall«, begann sie mitzuteilen. »Bei einer Mission verlor ich die mentale Verbindung zu meiner M-KI. Sie alle wissen, dass ich stets mit ihr in Kontakt stehe und meine Gedanken und Eindrücke an sie übermittle. Bei einer Außenmission, die ich zusammen mit Thoran durchgeführt hatte, riss diese mentale Verbindung ab. Alle Erkenntnisse und Eindrücke konnten nicht mehr übermittelt und gespeichert werden. Im Verlauf des Tages wurde ich von Rigo-Sauroiden

getötet. Später auf der Basis erhielt ich einen neuen Körper. Alle meine bis dahin gespeicherten Erinnerungen wurden mir von der M-KI zurückgegeben.

Es fehlten lediglich die Erkenntnisse des letzten Tages. Durch den Befehl unseres Kaisers musste Thoran und die lantranische Verhandlungsdelegation unser Sternensystem verlassen. Hierdurch konnte die meine Erlebnisse nicht mehr rekonstruieren. Eine lange Zeit verstrich, bis meine M-KI bei einer provisorischen Datenbankanalyse auf den leeren Speicher in meinen Erinnerungen stieß. «

Sie zeigte auf Thoran.
»Dank Thoran, der sein Langzeitgedächtnis öffnete, konnte ich mir die verlorenen Erinnerungen zurückholen«, erklärte sie. »Das ist der grobe Sachverhalt.«

»Um was, geht es exakt? «, bohrte General Poison.» Was haben sie verloren? «

Sie drehte sich um und zeigte mit einem Laserpointer auf die Karte hinter sich.

»Hier in dem kambrischen Gebirge in Wales, versteckte

sich damals ein Stützpunkt der Raguner«, teilte sie den staunenden Gästen mit. »Tief im Boden fanden wir riesige Felsenhallen, eine ausgebaute Stadt und viele Artefakte. Alle installierten Maschinen wurden mit Notstrom versorgt, die als Energiequelle den Erdkern unseres Planeten nutzten. Unglücklicherweise stützte an diesem Tag ein Spionage-Schiff der Rigo-Sauroiden in unserer Nähe ab.

Ein Teil der Besatzung überlebte. Mit der Hilfe einiger Eingeborener suchten wir sie und eliminierten sie. Doch es waren mehr Überlebende, als wir vorhersehen konnten. Während eines Angriffes wurde ich getötet. Das Rettungskommando meiner Basis konnte die letzten Rigo-Sauroiden vernichten. So steht es in den Berichten. Es konnte nie geklärt werden, ob es noch weitere Überlebende gab. Ausgesandte Suchtrupps fanden keine Hinweise mehr auf sie. Leider verfügten sie nicht über die Hinweise der Höhle, die Thoran und ich gefunden hatte. Meine M-KI erhielt diese Daten nicht von mir. «

Sie blickte die Anwesenden an.
»Wir sollten die Höhle suchen und sicherstellen, dass sich dort keine Kolonie von Rigo-Sauroiden befindet«, sagte sie.

»Sind die Aussagen gesichert?«, fragte Noel. » Wie kommen sie darauf, dass es sich um einen Stützpunkt der Raguner gehandelt hat?«

»Mein Scanner hat eindeutige Hinweise geliefert«, bestätigte Thoran. »Die Aussage von Atlanta ist über jeden Zweifel erhaben. Wir haben Runenzeichen gefunden. Das war die bevorzugte Schriftart dieser Rasse. Unabhängig hierzu hat ein Schuss aus dieser futuristischen Laserwaffe, den Körperschutzschirm von Atlanta kollabieren lassen. «

Er zog einen Strahler aus seiner Tasche und reichte ihn General Poison.

»Das ist der legendäre Nadelstrahler der Raguner«, sagte er. »Es besteht kein Zweifel. Er wurde von unseren Wissenschaftlern geprüft. Es ist ein Wunderwerk der Technik. Der Strahler besitzt keinen Energie-Kristall, obwohl er die volle Energieleistung anzeigt. Woher er seine Energie bezieht, konnte von unseren Wissenschaftlern nicht ermittelt werden. Wir haben uns die Zähne hieran ausgebissen. «

»Das bedeutet, dass wir hier auf eine Technik stoßen könnten, die unser technisches Verständnis überfordert? «, fragte General Poison.

Thoran nickte.

»Vielleicht haben ihre Genies Marin und Gareck mehr Glück«, sagte er. »Doch unsere Wissenschaftler hielten es für zu gefährlich, die Mini-Kraftwerke in seinem Innern zu öffnen. «

»Wo sind Marin und Gareck überhaupt? «, fragte Atlanta. »Sie sollten doch bei dem Gespräch dabei sein. «
»Vermutlich arbeiten sie wieder besessen an einer neuen Entwicklung«, sagte Major Travis. » Ich werde sie später informieren. «

General Poison stand auf.
»Die Angelegenheit hat äußerste Priorität«, sagte er mit einem ernsten Blick auf alle anwesenden Personen. »Unter unseren Füßen arbeiten fremde Maschinen und Kraftwerke. Wir wissen nicht, ob sie in der Lage sind unseren ganzen Planeten zu zerstören. Sie müssen abgeschaltet werden. «

Sein Blick schweifte über die Gesichter seiner Mitarbeiter.

»Wir starten unverzüglich eine neue Mission«, ergänzte er. »Major Travis übernimmt die Leitung. Setzen sie ihr Personal in Kenntnis und starten sie, sobald sie alles Nötige verstaut haben. Sie können auf alle Ressourcen des Neuen-Imperiums zurückgreifen. Halten sie mich auf dem Laufenden. Ich wünsche unverzüglich von ihnen eine Erfolgsmeldung zu erhalten. Dieser Einsatz läuft unter einem übergeordneten Codenamen. «

»Mission Fluchtpoint Ragun«

Vorschau:

MISSION FLUCHTPOINT
RAGUN

GEHEIMAKTE MARS 21

D. W. McGILLEN